U0941501

合肥盆地东部对郯庐断裂带活动的沉积响应

刘国生　著

合肥工业大学出版社

内容简介

合肥盆地为中、新生代陆相盆地，位于华北板块南缘、郯庐断裂带西侧近旁侧。合肥盆地的形成、发展和演化与郯庐断裂带的活动表现出良好的响应关系。本书通过对郯庐断裂带的构造特征及对断裂带的同位素年代学研究，探讨了郯庐断裂带（尤其是南段）的演化规律，提出了郯庐断裂带经历了碰撞造山期的转换走滑、早白垩世早期的平移运动、晚白垩世至古近纪的伸展运动和新近纪以来的逆冲反转四大演化阶段。通过对盆地东部的沉积特征研究，发现盆地的沉积可容空间、盆地的沉积与郯庐断裂带的演化有着明显的响应关系，提出了不同演化阶段盆地特征，在同造山期属于走滑盆地、早白垩世时期为走滑挠曲盆地、晚白垩世至古近纪时期为伸展断陷盆地和新近纪以来盆地产生了反转。位于郯庐断裂带旁侧的合肥盆地东部形成和演化与断裂演化密切相关，本书总结了郯庐断裂带的特征与演化，论述了盆地（东部）沉积与断裂活动的响应关系。

本书是以构造地质学研究为指导思想，以郯庐断裂带的构造特征与演化为主线，通过对合肥盆地（尤其是东部）的沉积特征的研究，深入研究了盆地的沉积可容空间与沉积对郯庐断裂带活动的响应。探讨了断裂对盆地沉积及油气的控制与影响。该成果不仅对盆地与断裂的响应关系研究方面有着一定的理论意义，而且为下一步在该区寻找石油与天然气资源提供了重要参考。

前 言

沉积盆地的研究是80年代以来国际岩石圈计划的重要内容之一，无论是地球科学理论的研究，还是矿产资源勘查，尤其在石油天然气勘探调查方面，盆地的地质研究均处于十分重要的地位。盆地的沉积可容空间、沉降史和充填序列是对构造作用的响应，盆地的记录可以用于重建岩石圈动力学过程和板块的相互作用的历史，也是反演构造演化的有利途径。80年代以来，国际盆地研究专家越来越重视将盆地内部的构造几何形态、样式、沉积环境、热沉降史等方面与其周边构造的研究相结合，从而才能建立起盆地形成演化的正确模式。

合肥盆地位于华北板块南缘，夹持于大别造山带与郯庐断裂带之间，其中连续沉积了下侏罗统至古近系。由于其所处构造部位的特殊性，该盆地不但是大别造山带北侧研究盆—山耦合的有利地区，也是探索郯庐断裂带起源与演化的重要场所。几十年来，国内众多地质和石油地质工作者在此作了大量的地质、地球物理及石油勘探工作，积累了丰富的资料，从不同的角度对合肥盆地进行了研究，对盆地赋予了不同的含义，认为合肥盆地是由于华北板块与扬子板块沿大别胶南造山带陆陆碰撞形成的前陆盆地（朱光等，1998；李曰俊等，1997；薛爱民等，2001）、后陆盆地及后继盆地（徐树桐等，1992；王清晨等，1997；李忠等，2000）、断陷盆地（杨森楠等，1987）、再生前陆盆地（周进高等，1999；赵宗举等 2000）。然而这些观点主要是基于盆地形成时期与大别造山带的耦合关系而产生。如前所述，合肥盆地处于一特殊的构造部位，盆地的形成与演化是否为单一的构造背景，即盆山耦合，盆地后期又是如何发展、演化的；盆地的形成与演化有无受到郯庐断裂带的影响、如何影响等，尚无详细研究。这些不仅牵涉到对盆地的正确认识，也关系到对郯庐断裂带的认识，牵涉到郯庐断裂带的形成机制及其与大别山一胶南造山带的关系，更涉及到中国东部许多基础地质问题。

大量研究表明，郯庐断裂带内部及两侧控制出现了一系列盆地，其中许多是中国东部重要的含油气盆地。而对于现正处于热研中的、发育在祖国腹地的较大型中、新生代陆相盆地—合肥盆地来说，在油气方勘探方面还没有突破；就盆地自身的发展、演化规律的认识，也还有待进一步深入的研究。特别是断裂—沉积响应，一直是研究的薄弱环节，直接影响到对与断裂有关盆地的油气评价。

针对上述问题，本文在国家自然科学基金(40272094)和胜利油田有限公司勘探项目管理部委托“安参1井同位素年代学法地层年龄测定”项目的支持下，选择郯庐断裂带南段及旁侧地块一合肥盆地作为研究对象。始终是以断裂—沉积响应为主线，以新的理论和有效的测试数据，通过对郯庐断裂带旁侧地块—合肥盆地的沉积响应研究，进而对控盆边界断裂—郯庐断裂带的演化进行了分析。本项目的研究中，投入了大量野外地质调查、采样和室内测试工作，对盆地内出露地层产状、原生沉积构造、砾石粒径、砾石成分进行了统计；采集了大量的光、薄片标本，进行了室内鉴定，并进行了重砂鉴定、粒度分析、粘土矿物的X射线衍射分析如伊利石结晶度测试、伊/蒙混层比测试及对自生粘土矿物进行了同位素年代学研究；收集了大量的钻井及地球物理勘探资料。对盆地的沉积可容空间、盆地的充填序列、沉积环境、沉积相、盆地的热史、埋藏史等进行了系统分析。在研究过程中，恰逢胜利油田有限公司在合肥盆地展开了新一轮的油气勘探工作。安参1井的钻探为深入认识合肥盆地存在的各种地质问题及获取盆地纵向上各项资料提供了保证。

本文是在作者的博士论文基础上完成，在整个过程中，自始至终得到了朱光教授的关怀与悉心指导，同时得到项目组宋传中教授、王道轩副教授、牛漫兰博士的关心和帮助，感谢胜利石油管理局勘探项目事业部李学田教授、徐春华高级工程师，胜利石油管理局地质科学研究院柳忠泉高级工程师、胜利石油管理局地球物理勘探研究院贾红义高级工程师所给予的大力帮助。在论文送审和评阅期间，得到常印佛院士、徐嘉炜教授、岳书仓教授，南京大学王良书教授、舒良树教授，西北大学刘池阳教授、中国地质大学(北京)吴淦国教授、合肥工业大学洪天求教授、周涛发教授、徐晓春教授等的帮助和扶正，在著作出版过程中，合肥工业大学出版社孟宪余副社长通审全稿并提出了大量宝贵建议，研究生苏蓉、黄磊对书稿进行了最终校对和相关图件的清绘，合肥工业大学博士启动基金对著作的出版给予了资助。在此，作者谨向上述个人和单位表示最诚挚的感谢！

目 录

第一章　走滑断裂与走滑盆地

第一节　走滑断裂

一、走滑断裂研究概述

走滑断裂，一般是指大型平移断层，是断层两盘沿陡立的断层面作相对水平剪切滑移的构造。走滑断裂是发育在岩石圈中的最为常见的地质构造现象之一，自1919年Heim提出走滑断层这一概念以来，国际上对其研究已有近百年的历史。在早期，人们对走滑断裂的认识，是在地震时表现出地表明显水平错移这一现象而被直接感知的。上世纪三四十年代，将走滑断层的基本概念定义为：全球剪切断裂网格（Sonder，1938）、Kennedy（1946）通过对苏格兰大谷断层的研究提出了平移断层的基本含义；继后Sonder和Vening Meinez（1947）将区域走滑断层作用作为地壳的主要运动之一。到上世纪50年代，国际上对平移断层的研究越来越广泛和深入，Hill、Wellman、Allen、Burtman等分别在北美、中亚阿富汗、西太平洋等地区开展了研究，其研究结果是发现了许多巨大的平移断层。其中最具有代表性的学者，美国的Moody与Hill（1956）基于对北美圣安德烈斯断层系的研究，提出平移断裂构造学的基本原则，并讨论了世界平移断层网。上世纪60年代，Wilson（1965）研究了大洋中的转换断层，由此而解释了大洋的扩张机制。Wilcox等1973年进行了平移构造的实验分析，Freund（1974）对平移断层的运动学进行了研究，Woodcock论述了全球走滑断层的成因分类，尤其是美国学者 Sylvester 通过长期对圣安德烈斯断层的研究，于 1984 年汇编出版了《平移断层构造》一书。在此期间，亚洲学者 Tapponier 等(1986)研究了亚洲碰撞走滑断层网，Sengor(1990)研究了地中海区走滑断层；日本学者平朝彦(1983)研究了中央构造线及有关断层，认为这些早期属于直线形构造，晚白垩世以来左行滑移达 1000km，并提出了走滑断裂带的概念。

在国内，上世纪 30 年代，著名地质学家李四光对有关旋扭构造进行了研究，提出了旋扭构造体系，这些属于世界走滑构造的重要组成部分。同期张文佑对 X 型剪破裂进行了系统研究。从上世纪 50 年代后期以来，国内学者相继展开了对境内走滑断裂的研究工作，罗灼礼(1977)对发震的鲜水河断层开展了研究；徐嘉炜(1980，1987，1993)、张用夏(1975，1984)、邓乃恭、郭振一、陈丕基、朱志文等，对郯庐断裂带进行了研究，从不同角度探讨了郯庐断裂带的成因及平移幅度。朱成男(1982)、钟大赉、吴海威等(1989)对红河—哀牢山断层进行了研究，张治洮、蔡学林(1990)对阿尔金断层进行了研究。其中以徐嘉炜教授等，通过对中国东部郯庐断裂带的研究提出了郯庐平移断裂构造，最具影响力。近些年来，随着同位素年代学在断裂形成时代研究中的应用，朱光等(2002，2003)开展了对郯庐断裂带的年代学系统定年工作，从时间维厘定了郯庐断裂带的发展、演化历史。

上述研究成果为走滑断裂的深入研究奠定了基础、作出了重要贡献。

二、走滑断裂及其相关构造

走滑断裂是地球上大规模水平运动的直接证据。大型走滑断裂的存在往往构成不同构造单元的边界，具有区域性构造特征。走滑断裂的形成机制以简单剪切为主，在走滑断裂作用下，不仅会产生对较早时期已存构造的错移，而且，受其影响还会使旁侧块体产生旋转改造。在走滑运动的同时，还可导致一系列次级别构造的产生，即受断裂活动影响而产生伴生、派生构造，直接影响断裂带周边不同属性的地质单元形成与演化。因此，对大型走滑断裂的研究不仅限于其自身，而且可以从不同侧面揭示地球动力学背景，这些研究成果对阐明大陆含油气盆地的形成、金属矿产的分布与改造、对国民经济建设中的工程地质稳定性及地质灾害的预测和预防等都有着十分重要的意义。

(一)伴生的断裂构造

1. 平移构造

地球岩石圈板块间是以相对水平运动为主，在此地球动力学环境下，产生大型走滑断层的同时，还会产生一系列与走滑断层作用有成因联系的、具有不同力学性质的伴生构造，它们之间的关系符合 Riedel 原则(图 1－1)，徐嘉炜(1995)、Wilcox R. E.、Harding T. P.、Seely D. R.(1973)、赵翔等(1989)称之为平移构造。

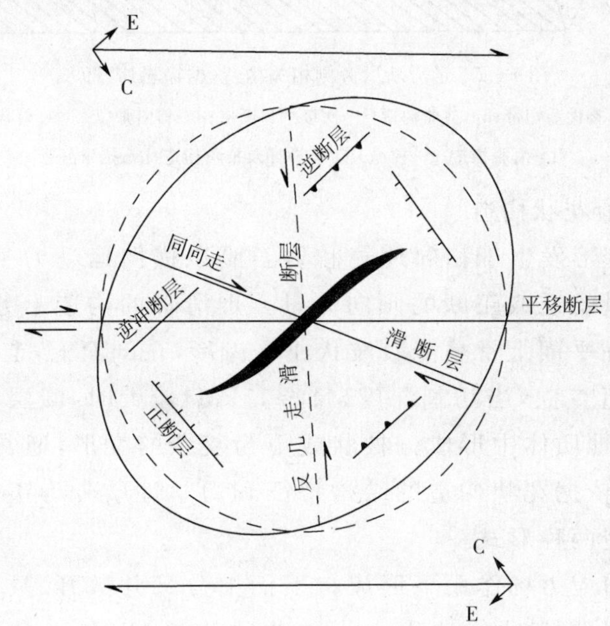

图 1－1　平移断层的剪切应变椭球及有关褶皱、断层的几何关系

(据 Harding，1974，引自徐嘉炜，1995)

主应变方向：C 压缩，E 伸长。褶皱轴迹作 S 形，示右行断层，左行相反

徐嘉炜(1995)基于对中国东部巨型断裂——郯庐断裂带平移系统的详细研究，建立了郯庐断裂带的各种平移构造的综合模型(图 1－2)。

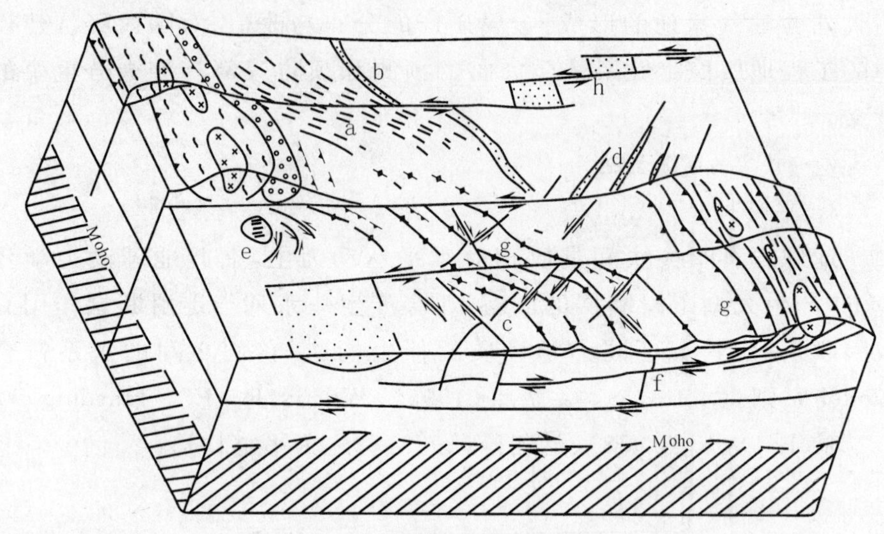

图 1-2　走滑断层旁侧相关构造(据徐嘉炜,1993)

a—韧性剪切带;b—剪曲构造;c—次级平移断层;d—斜向张裂;e—旋转构造;
f—滑脱构造;g—前缘及旁侧逆冲及推覆构造;h—拉分盆地

2. 走滑花状构造

走滑变形发生于相邻地壳和岩石圈以横向运动为主的地区,常伴有一定量的逆或正断的倾向分量。走滑带的构造十分复杂,单个走滑断层在平面上常呈舒缓波状或锯齿形,在剖面上,走滑断层倾角多陡倾或近直立,当切割深度(10～15km)较大时,断层自下而上发展,在上覆地质体中形成分枝状或更为复杂的变形,通常称之为"花状构造"。依据花状构造的结构特征和力学性质分为正花状构造和负花状构造两种形式。

在压扭应力场作用下形成自下而上分叉并散开、具有逆断分量所构成的走滑背冲构造称之为正花状构造(Wilcox R. E. et al.,1973)或棕榈树构造(Sylvester A G,1988)。正花状构造的特点是断层下陡上缓凸面向上,断层带内被切割的地层多呈背形,但不具弯滑褶皱性质(朱志澄,1990)。

在张扭性应力场作用下,形成由下而上的一组断面上凹的、具正断分量的、似地堑式构造组合,断层内地层平缓,在浅部受断层破坏影响呈不具弯滑褶皱性质的向斜(朱志澄,1990),为负花状构造(Harding T. P.,1985)或称为郁金香构造(Sylvester A. G.,1988)。

3. 走滑双重构造

走滑双重构造，是指在走滑断层作用，断裂弯转、断错和非连续的里德尔破裂等部位发生汇聚走滑和离散，形成一组次级的同向叠瓦状走滑断裂，两侧被主走滑断裂所围限，同时在断裂端部形成叠瓦扇构造（图 1－3）（Sanderson D. J. ,et al. ,1984；Davis G. H. et al. ,1996），这样的构造在平面上的表现形式为走滑双重构造（Woodcock N. H. , Fischer M. ,1986）。

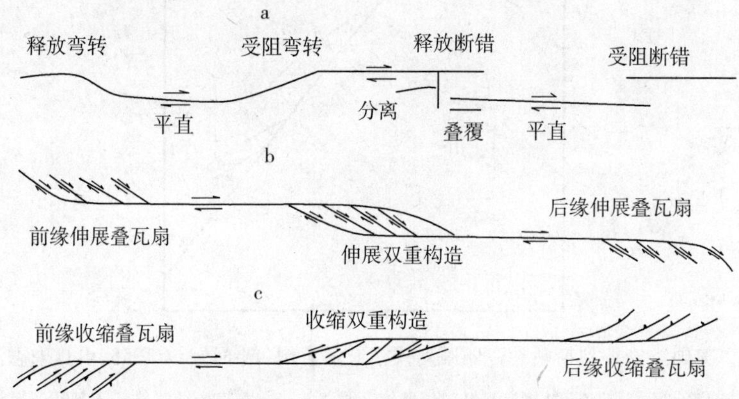

图 1－3　走滑双重构造和叠瓦扇平面模式图（据 Woodcock 等，1986）

a—受阻弯转和断错及释放弯转和断错的形成；b—伸展双重构造的形成；c—收缩双重构造的形成

（二）走滑断裂的派生构造

1. 雁列式褶皱

在平移构造系统中，雁列式褶皱是同一走滑断层的派生构造（Pavoni 1961；Wilcox 等）。褶皱以背斜为主，这些褶皱一般发育于断层的一侧，并且随着远离主断裂带而逐渐消失。Harding&Lowesll（1979）研究认为这些雁列褶皱轴在平面上与主剪切带以 10°～35°角相交，如著名的北美圣安德烈斯断裂（图 1－4）。

2. 牵引弯曲

断裂两盘的地层，在走滑断裂中常被走滑而发生牵引式弯曲（图 1－5）。我国学者徐嘉炜通过对郯庐断裂带的研究认为，除前述与走滑断层有关的褶皱构造外，还存在老的褶皱轴迹被断裂走滑牵引而弯曲，在主断裂带旁侧出现牵引弧（徐嘉炜，1980，1987，1993）。不仅如此，受断裂的简单剪切，还会在主走滑断层两侧产生旋转构造，这些旋转构造符合李四光教授的扭动构造型式，如在郯庐断裂带旁侧发育的安庆洪镇帚状构造(安徽区调队,1988)、辽宁铁岭大甸子莲花状构造(辽宁区测一队,1973)等。

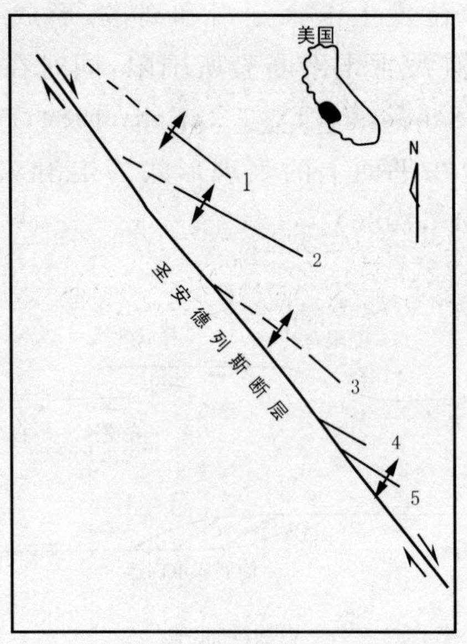

图 1-4　美国圣安德烈斯断裂旁侧雁列式褶皱示意图(据 Moody,1956,引自朱志澄,1990)

1—谢尔沃背斜;2—科林加背斜;3—奥尔查德背斜;4—麦克唐纳背斜;5—塞里克背斜

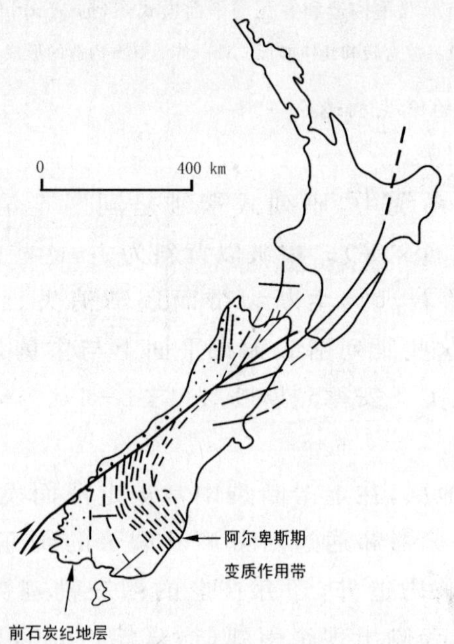

图 1-5　新西兰阿尔卑斯走滑断层及其南东盘的牵引弯曲

(据 H. W. Wellman,1952;引自,朱志澄,1990)

三、走滑断层作用机制

(一)走滑断层纯剪机制

纯剪机制指的是在相互垂直的方向上,初始应力在挤压或拉张作用下,一点附近的单元体在一个方向上受到的压应力等于另一个方向上受到的拉应力,在两个相互垂直方向各成 45°的截面上,只有剪应力没有正应力,而且在这个截面上剪应力最大。在变形时沿着共轭剪切面产生滑移,沿着一个主轴缩短,沿另外一个主轴伸长,在整个变形中没有旋转。

Sylvester(1988)研究认为,大型地壳块体聚敛时产生的空间问题,在纯剪切域中的走滑断层往往不会出现大规模的水平错断。而作为断层的纯剪切机制(图 1-6)可以解释同介质中与三轴应力场有关的断层的定向问题,它可以指示在沿着与缩短方向呈 ψ 角和 $-\psi$ 角(ψ 是指内摩擦角)的方位上可形成一组呈共轭出现的左行和右行互补的走滑断层。纯剪切具正交对称,不产生旋转。

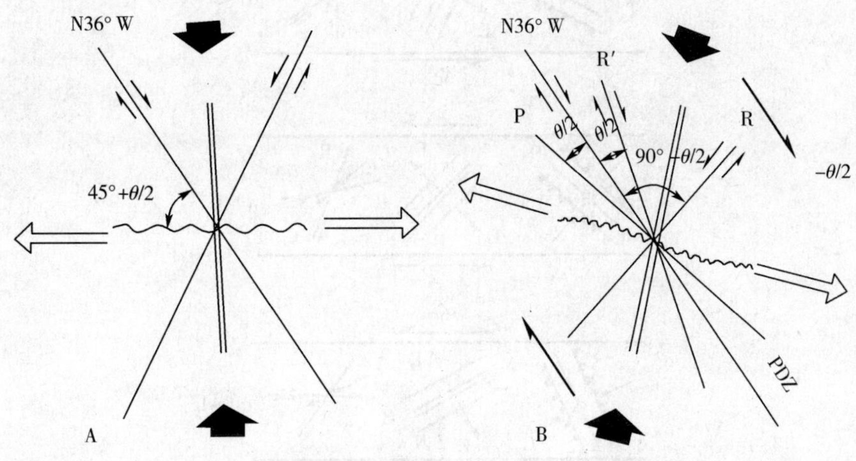

图 1-6　走滑断层作用的纯剪机制与单剪机制平面模式

(据 Sylvester,1988,引自徐嘉炜,1995)

A. Coulomb-Anderson 纯剪模式;B. Rieddel 单剪模式;P 为 P 破裂;R 及 R′为同向与反向剪切破裂;PDZ 为主要位移带;θ 为内摩擦角;短粗黑线箭头为缩短轴;长空箭头为伸长轴;波状线示褶皱轴的拉伸方位

(二)简单剪切机制

简单剪切机制是受力各点有一力偶或转矩效应,是一种旋转应变,属于单斜对称。在实际中,大型走滑断层多属于单剪范畴。随着板块理论的出现,大型走滑断层的形成及地球动力学背景与岩石圈板块间的相对水平运动及其相互间的离散与斜向汇聚有关。大量研究表明,在地球岩石圈板块间的相对水平运动的地球动力学环境下,在单剪应力场中才能产生位移达数千千米的大型走滑断层。显然,走滑变形是在不同层次相邻地块间发生侧向运动的结果,实际上纯侧向运动是很少的。通常在走滑运动中常伴有一定量的正向或逆向滑移分量,根据受力物体受其初始应力状态影响,它们可分为压剪与张剪。压剪是指初始应力状态既有单剪作用又有压应力作用(王义天等,1999),张剪的初始应力状态则是除单剪作用外还存在张应力。钟嘉猷(1998)通过光弹实验揭示了压剪和张剪不同的应力状态分布。Sanderson 等(1984)给出了单剪、压剪和张剪三种机制中相关构造的发育特征(图 1-7)。

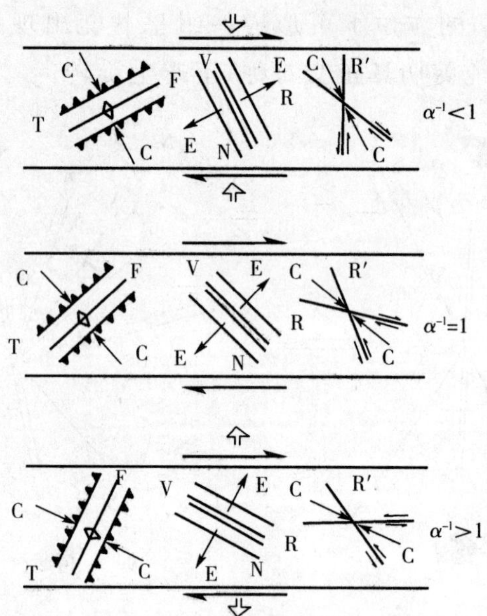

图 1-7　单剪与压剪和张剪模式关系对比图(据 Sanderson 等 1984)

C—为压扭轴(σ_1);E—为拉伸轴(σ_3);N—为正断层;T—为逆断层;R R′—为里德尔剪切或扭断层;V—为脉体、岩墙或张裂隙;F—褶皱轴

第二节　走滑盆地

一、走滑盆地概念

走滑盆地是指沿着大型走滑构造带分布、由走滑作用形成的盆地，或者是受走滑断层控制的盆地。

刘和甫(1999)在“走滑造山带与盆地耦合机制”一文中提出，大陆动力学机制中走滑作用起到极为重要的作用，既调节造山带的斜压运动或差异压缩，也调节同造山期伸展作用；既可以作为造山过程的机制，又视为盆地形成机制。

走滑断层的活动可形成扭张和扭压两种环境，分别发育扭张盆地和扭压盆地，前者也称为走滑拉分盆地，后者也可称为走滑挤压挠曲盆地。走滑盆地规模可大至几十平方千米的菱形断陷盆地，小到仅几百平方米的小型凹陷。其形态一般为菱形或长条形，长轴方向与走滑构造带方向一致。

二、走滑盆地分类

上世纪 50 年代至 70 年代，美国的 J. D. Moody 和 M. Hill 提出了一个全球扭动构造体系。认为世界上广泛分布的断裂中，扭性断裂占有很大比例，受扭性断裂控制的沉积盆地具备形成大型含油气盆地所必需的多方面的构造条件。尤其是上世纪 60 年代，随着板块理论的提出，板块构造与盆地构造研究相结合，提出了不少盆地分类方案，但多为张性和压性两大类。随着国际动力学计划的实施和发展，拉、张、扭构造研究都取得了进展。自 70 年代中期以来，走滑构造研究进入了快速发展的新时期，与走滑断裂相关的新概念相继出现，地质学家们从不同角度开展了对走滑盆地的研究，提出多种分类方案。

1. 依据板块构造分类

A. D. Miall(1984)根据板块构造概念将走滑盆地分为四类：①与板块边界转换断层伴生的沉积盆地；②与离散边缘转换断层伴生的

沉积盆地；③与会聚边缘横推断层有关的沉积盆地；④与缝合带横推断层伴生的沉积盆地。

2. 依据力学和沉降史分类

Allen P. A. 和 Allen. J. R.（1990）根据力学和沉积史，将走滑盆地分为：与地幔活动有关的走滑盆地，属于“热”盆；相对薄皮的走滑盆地，属于“冷”盆两个主要类型。

3. 依据盆地边界断层及盆地形成动力学机制分类

H. Nilsen 和 Arthur G. Sylvestor（1995）根据边界断层的几何形态和盆地形成的动力学机制，将走滑盆地分为：①与断层弯曲有关的盆地；②叠复盆地；③转换旋转盆地；④转换挤压盆地；⑤多成因盆地；⑥多期叠加盆地。

4. 依据盆地产生的部位分类

徐嘉炜根据走滑盆地产生的部位，将走滑盆地分为三种类型：①雁列张性盆地；②纵向松弛盆地；③拉分盆地。

5. 依据地震活动与断裂关系分类

Sylvester（1992）根据地震活动特点和断裂之间的空间关系，将走滑盆地划分为四种类型：①叠覆盆地；②拉分盆地；③断缘盆地；④断带盆地。

6. 依据盆地边界断层几何形态分类

魏永佩等（1999）根据盆地边界断层的几何形态及盆地在走滑断层的位置，并主要考虑盆地形成的动力学背景，将走滑盆地分为：①伸展型走滑盆地；②挤压型走滑盆地；③转换型走滑盆地；④旋转型走滑盆地；⑤复合型走滑盆地。将拉分盆地归入伸展型走滑盆地大类。

7. 依据断裂力学机制分类

Montenat C.（1999）将走滑断裂作用可形成的盆地概括为两大类：扭张性盆地和扭压性盆地。其中扭张性盆地包括拉分盆地、菱形地堑、正弦曲线状菱形盆地、前缘楔地堑、侧向脱逸地堑、沿扭断裂伸展地堑和走滑断层端部的伸展“马尾”。扭压性盆地分为发育在两条扭断层之间的“槽状向斜”、沿单一走滑断层的“槽状向斜”、在负花状构造之上的走滑纵长凹陷带、正花状构造两侧的沉降区、在一条宽扭动走廊中的块体旋转或掀斜产生的盆地、两条扭断层交汇处的沉降块体、与松弛张开有关的沉降区、在挤压转换带或扭断层端部的倾斜楔状向斜和雁列状同沉积褶皱等 15 种类型(图 1－8)(刘勇,1999)。

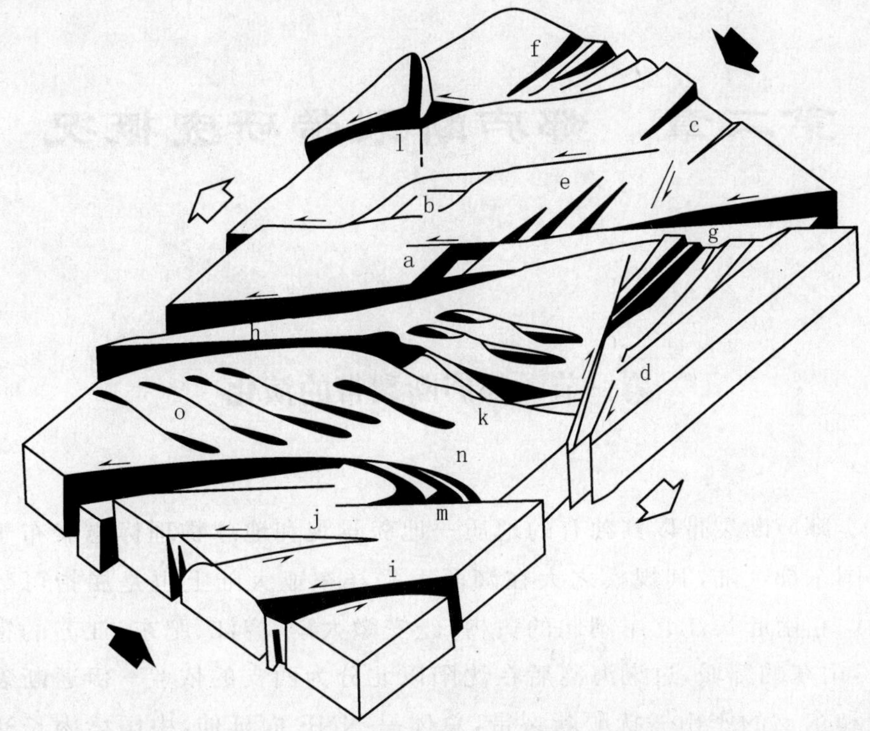

图 1－8 形成于一个走滑断裂带中的不同类型盆地示意图

(据 Montenat 和 Estevou,1999,引自刘勇,1999)

a—拉分盆地或菱形地堑;b—正弦曲线状菱形地堑;c—前缘楔地堑;d—侧向逃逸地堑;e—沿扭断裂的伸展地堑;f—在一条走滑断层端部的伸展"马尾";g—在两条扭断层之间的"槽状向斜";h—沿着一条走滑断层的"槽状向斜";i—在一个负花状构造之上的走滑纵长凹陷带;j—沿着正花状构造两侧的沉降区;k—由一套宽扭动走廊中的块体旋转或掀斜产生的盆地;l—在两条扭断层交汇处的沉降块体;m—与松弛张开有关的沉降区;n—在挤压转换带或扭断层端部的倾斜楔状向斜;o—雁列状同沉积褶皱

第二章　郯庐断裂带研究概况

第一节　郯庐断裂带的演化

郯庐断裂带以其独有的地质—地貌景观和地球物理标志展布于中国东部大陆，其规模之大在濒西太平洋东亚大陆上也是屈指可数的。它南起长江北岸湖北的黄梅，经安徽太湖、庐江、肥东，江苏的宿迁，山东的郯城，过渤海湾后在沈阳以北分为西支的依兰—伊通断裂带和东支的密山—抚顺断裂带，总体呈 NNE 向延伸，中国境内长达 2400km，平面形态呈缓 S 形（图 2-1）。根据近年来横穿郯庐断裂带安徽段地学断面的研究成果（马杏垣等，1991；陈沪生等，1999），反映郯庐断裂带已影响到了软流圈，为名符其实的岩石圈断裂。

一、郯庐断裂带的起源问题

郯庐断裂带切割了华北和华南两大板块，以将大别—苏鲁造山带左行错开达 500km 左右为重要特征。关于这一左行错移的起源时间，特别是华北、华南板块印支—早燕山期碰撞中是否有郯庐断裂带的活动及其是何运动型式等问题，既关系到郯庐断裂带的起源，也关系到华北和华南这两大板块的汇聚过程、汇聚型式等重大科学问题。许多地质学者基于郯庐断裂带在大别造山带以南的突然消失、在华北板块北界上平移幅度的突减及其对其他一些地质、古地磁现象等方面的研究，主张郯庐断裂带起源于华北、华南板块的碰撞造山之中，并分别提出了转换断层模式（Zhang Zh. M. et al.，1984；Hsu K.

J. et al. ,1987;Watson M. P. et al. ,1987;Xu J. W. et al. ,1987;Okay A. I. et al. ,1992;徐树桐等,1992;万天丰等,1996;王小凤等,1998)、斜向板块边界模式(Yin A et al. ,1993;汤家富等,2002)、旋转的缝合线模式(Okay A I et al. ,1992;Zhang K. J. ,1997;Gilder S. A. ,1999;肖文交等,2000;杨文采等,2003)、撕裂断层模式(Liet al. ,1994;王小凤等 ,1998;Chung S. L. ,1999)等。然而,这些主张都没有郯庐断裂带同造山活动关键的同位素年代学证据,也缺少盆地方面的沉积证据,在一定程度上制约了对郯庐断裂带诸多问题的深入认识。

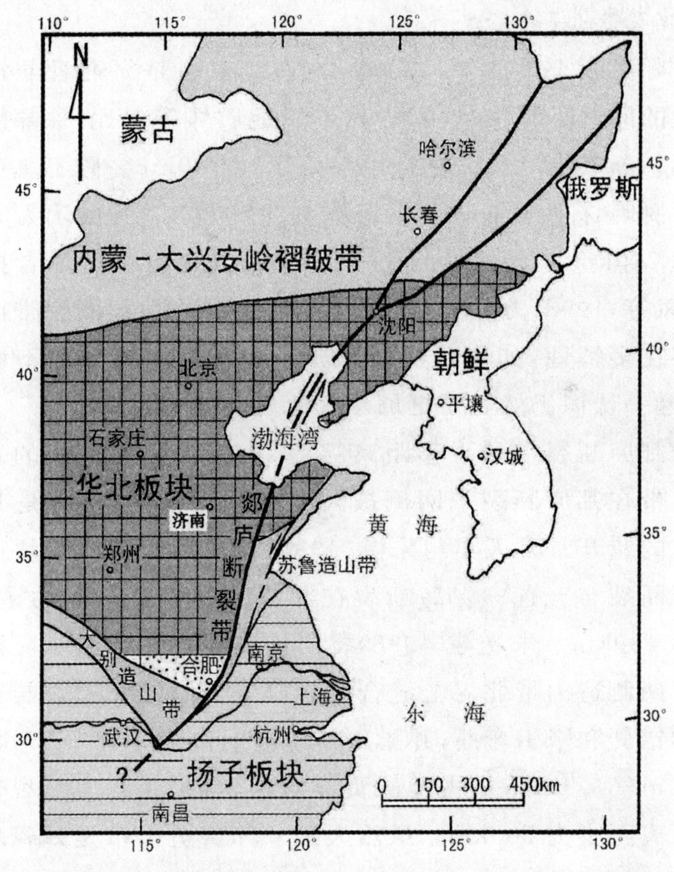

图 2-1　郯庐断裂带分布图

二、郯庐断裂带的走滑时代证据及平移距离

(一)走滑时代

关于郯庐断裂带大规模平移时代问题,一直存在三种认识:即前

寒武纪(张家声,1983,1992,1993;劳秋元,1984;方仲景,1986)、印支期(孙荣圭,1984;方仲景,1986;Yin and Nie, 1993; Okay A. I.,1992;王小凤等,1998;Chung S. L.,1999;Gilder S. A.,1999;汤家富等,2002;杨文采等,1999)和晚侏罗—早白垩世(Xu J. W. et al.,1987;徐嘉炜等,1992;Xu J. W. et al.,1994;朱光等,2001,2002;万天丰等,1996)。后者获得了郯庐断裂带在晚侏罗—早白垩世的构造变形、岩浆活动、沉积响应及同位素年代学证据,这些事实都无可争议地表明郯庐断裂带在早白垩世时期发生了大规模的左行平移活动,该次左行平移属于濒西太平洋构造运动的产物。

(二)断裂带的平移距离

关于郯庐断裂带的平移距离,一直以来也是研究者非常关注与不断探索的问题。其中,根据岩相带及地质体等对比,徐嘉炜(1980)曾主张郯庐断裂带的最大左行平移幅度达740km。陈丕基(1988)从断裂带两侧晚侏罗—早白垩世沉积与生物群对比,也认为其最大左行平移达740km。可是,对于这一平移距离也有一些学者提出了质疑(王小凤等,1998;万天丰等,1996),其关键是根据断裂带两侧地质体对比存在多解性,如华北板块北界上平移幅度锐减的不协调现象等,因而这一认识仍然需要更加深入地研究。

关于郯庐断裂带的平移距离问题,目前大家所公认的是大别—苏鲁造山带在郯庐断裂带两侧被大幅度左行错开,特别是其中超高压变质带的错开。万天丰与朱鸿(1996)根据位于华北板块南缘的确山—合肥断裂与五莲—青岛断裂在郯庐断裂带上端点的错开,主张其错距为430km。朱光等(1998)提出恢复造山带的错距应该对比郯庐断裂带两侧造山带北界上缝合线型晓天—磨子潭断裂与五莲—牟平断裂的错开和牵引弯曲,并指出其左行平移距离应为550km左右。Gilder et al.(1999)依据古地磁资料对比,也主张郯庐断裂带的视左行平移距离至少为500km。虽然大别—苏鲁造山带是郯庐断裂带两侧最可靠的错开标志体,但是由于对郯庐断裂带起源与平移演化的认识不统一,大别—苏鲁造山带的错开机制与各阶段的贡献仍然没有解决。因而,要想真正查明郯庐断裂带对此造山带的平移距离,必须首先深入研究该断裂带是否具有同造山起源及其同造山机制。这也说明判断郯庐断裂带的平移距离,不能仅静态地对比现今断裂带两侧的地层、地质体或构造带，还必须考虑其起源、机制及多期演化及其复杂性等。

三、郯庐断裂带的伸展活动

长期研究表明，郯庐断裂带继早白垩世走滑运动之后转变成大规模的伸展断裂带。过去一些学者认为郯庐断裂带在晚侏罗世末或早白垩世初就发生了伸展活动，特别是将沂沭断裂带内大规模的早白垩世青山组火山岩（K－Ar：107.25Ma～127.4Ma，山东省地质矿产局，1991）作为郯庐裂谷的产物（许志琴，1984）。通过近年大量构造研究表明，郯庐断裂带内下白垩统沉积也广泛受到走滑构造的影响，显然不是伸展断陷的产物。朱光等（2001，2002）总结了郯庐断裂带上晚白垩世—古近纪断陷盆地的发育规律，提出了脉动式伸展特点及南早北晚的变化规律。

四、郯庐断裂带的挤压活动

郯庐断裂带在经过中生代大规模左行平移和随后的伸展断陷的演化后（徐嘉炜等，1992；Xu et al.，1994；朱光等，1998，2000），断裂带最后一期构造演化表现为受压逆冲的特点。徐嘉炜（1987）在总结郯庐断裂带最后一期演化为新近纪以来的受压逆冲，并兼有小幅度的右行平移性质。这一点得到了从事新构造活动研究的学者（强祖基等，1984；高维明等，1984；陈希祥，1985；方仲景等，1986；国家地震局地质研究所，1987；汤有标等，1990）的支持。万天丰（1992）根据构造应力场恢复，认为郯庐断裂带始新世—渐新世受压逆冲，中新世—更新世受拉张，而中更新世以来呈右行走滑兼挤压的构造特征。王小凤等（2000）则认为郯庐断裂带自晚白垩世以来一直遭受近东西向的挤压。上述关于郯庐断裂带新生代演化规律的研究，缺少与断裂相应的深部地质过程的分析。前人认为郯庐断裂带在该时期所遭受近东西向的挤压应力是西太平洋弧后扩张和印度板块向北碰撞中的挤出作用所致。

第二节 郯庐断裂带对岩浆活动和盆地的控制

巨型断裂带不但切割深度大、影响区域广、演化历史长，而且在断裂演化的不同时期，往往伴随不同类型的岩浆活动和沉积作用(Furlong et al.,1989; Venture et al., 1989; Miyata, 1990; Bozkurt et al., 1996;Stewart et al.,1999;Barnes et al.,2001)。通过众多地质学家对郯庐断裂带内的岩浆活动及其带内与其周边盆地的综合研究，郯庐断裂带的活动明显控制了岩浆岩及其周边盆地的形成。

一、郯庐断裂带对岩浆活动的控制

通过近几年对断裂带演化中所控制的火山岩研究表明，伴随郯庐断裂带的构造活动，中生代岩浆活动强烈，在整个断裂带上均有表现，以岩浆喷发为主(牛漫兰等,2000)。如北段沿敦化—密山断裂、依兰—伊通断裂的岩浆喷发时代为早白垩世(刘茂强等,1993)；发育在郯庐断裂带中、南段上的一系列岩浆岩保存的更好(朱光等,2002)，受沂沭断裂带控制形成了大规模青山组火山岩，苏尚国等(1999)从该套火山岩中获得全岩 K－Ar 年龄为 100.7Ma～125Ma，而 Rb－Sr 年龄为 111.4Ma～119.6Ma(丘俭生等,1996)；在该带南段安徽肥东龙山处发育了毛坦厂组安山岩，获得其全岩 K－Ar 年龄为 119.2Ma±2.3Ma(牛漫兰等,2002)，上述火山岩同位素年龄均指示为早白垩世。

另外，在断裂带中、南段还发育了一系列侵入岩，如山东沂沭断裂带沂水、铜井一带侵入岩为闪长岩，从明生、铜井、朝阳处获得闪长岩全岩 K－Ar 年龄分别为 105.4Ma、121.6Ma、112.5Ma(王锡亮,1992)；在郯庐断裂带张八岭隆起北段西缘沿郯庐断裂带有规律地出露了三个长轴平行断裂排列的花岗岩体，自北向南依次为管店岩体、瓦屋刘石英二长岩体、瓦屋薛花岗岩体。从瓦屋刘和瓦屋薛岩体中获得黑云母 $^{40}Ar/^{39}Ar$ 年龄分别为 127.87Ma±0.46Ma 和 120.00Ma±0.50Ma(牛漫兰等,2002)，其同位素年龄值也表明这些岩浆岩形成于早白垩世。

综上所述，一系列喷出岩的展布、侵入岩的侵位等均严格沿郯庐断裂带发育，这些特点明显说明断裂带确实控制了岩浆活动。而从所得大量火山岩的同位素年代资料及其中走滑构造的影响，反映出该断裂在早白垩世时期曾发生过大幅度走滑活动。一系列属于橄榄安粗岩系列的中酸性、偏碱性的火山岩的同位素示踪，表明这些火山岩来源于壳幔过渡带，这也标志着断裂带切割深度已达到了壳幔边界。朱光等(2002)认为，走滑期大规模岩浆活动为断裂切入壳幔边界的减压和地幔流体上涌诱发的部分熔融所致。

在晚白垩世至古近纪沿郯庐断裂带出现了玄武岩喷发或相应的辉绿岩侵入，该阶段玄武岩以拉斑玄武岩为主(陈道公，1992)，主要分布在合肥大蜀山、嘉山明光、嘉山大横山、临朐山旺尧等地。从玄武岩中获得 K－Ar 年龄分别为 36.19Ma、65.02Ma、54.79Ma、37.85Ma(陈道公等，1988)、44.1Ma(金隆裕，1983)。同时在伊兰—伊通断裂、密山—抚顺断裂上的盆地及渤海湾盆地古近纪也发育了玄武岩(刘茂强等，1993；陆克政等，1997)。根据同位素示踪显示该断裂带主要影响到上地幔的上部(牛漫兰，2001)。

在新近纪和第四纪时期，沿郯庐断裂带发育了中国东部最大的玄武岩喷发带，主要形成碱性玄武岩至强碱性玄武岩(牛漫兰，2001)。其中发现的大量幔源包体进一步证明了作为喷发通道的郯庐断裂带的切割深度。根据幔源包体矿物对平衡温压测试(林传勇等，1994)，已计算出它们的来源深度为 38km～80km，即反映该断裂带的最大切割深度达到了上地幔下部。

二、郯庐断裂带对盆地的控制

经众多地质学家的研究发现，伴随郯庐断裂带的不同演化阶段，沿郯庐断裂带两侧发育了一系列不同类型的盆地。

已查明与走滑构造有关的盆地就有：山东莱阳盆地，沉积了下白垩统莱阳群、青山组(陆克政等，1994；周建波等，1999)，其中的石场—中楼走滑拉分盆地，主要沉积为莱阳群(周建波等，1999)及本文所研究的合肥盆地，沉积了下白垩统朱巷组等(刘国生等，2002)。

郯庐断裂带在伸展期(K_2－E)，更是控制发育了一系列断陷盆地

(朱光等,2001)。自北而南为:依兰—伊通地堑式盆地,主要沉积了古近系(新安村组、舒兰组、水曲柳组)(刘茂强等,1993)。密山—抚顺断裂带上的虎林鸡西盆地、桦甸盆地、梅河盆地和抚顺盆地,沉积了古近系抚顺群。渤海湾盆地(下辽河—辽东湾盆地、渤中盆地和莱州湾—潍坊盆地)构成“三凹两凸的格局”,盆地内沉积了古近系孔店组、沙河街组和东营组(陆克政等,1997)。山东段沂沭断裂带的马站—苏村盆地、安丘—莒县盆地至皖北盆地(嘉山—郯城盆地),在该段伸展期所发育的4条正断层构成“两堑一垒”的构造格局,其间主要沉积了上白垩统王氏组。安徽段上的合肥盆地位于郯庐断裂带嘉山—庐江段西侧,伸展期沉积了上白垩统响导铺组、张桥组和古近系定远组(刘国生等,2002)。潜山盆地沿郯庐断裂带桐城—太湖段东侧展布,为典型的半地堑盆地,沉积中心在郯庐断裂带附近,向东逐渐变薄。该盆地内主要沉积了上白垩统宣南组和古新统望虎敦组、痘姆组。朱光等(2000,2001)总结了郯庐断裂带上晚白垩世—古近纪时期断陷盆地的发育规律,指出了脉动式伸展活动的特点。

三、郯庐断裂带与合肥盆地的关系

合肥盆地夹持于郯庐断裂带与大别造山带之间,是郯庐断裂带南段近旁侧的大型陆相盆地。关于合肥盆地的形成、演化与大别造山带的耦合关系已有了不少的报道,而关于盆地与郯庐断裂带的断裂—沉积响应方面研究的较少,贾红义等(2001)根据地球物理资料初步分析了郯庐断裂带对合肥盆地的影响,主张侏罗纪以来合肥盆地东部可能就存在郯庐断裂带的影响,但没有进行更深入的研究。朱光等(2002)、宋传中等(2001)、刘国生等(2002)的研究发现郯庐断裂带新近纪以来所发生的挤压活动中,其内部及两侧盆地内相应出现了正反转构造,使盆地抬升、消亡。上述研究成果多侧重某一方面或某一次事件,缺少对郯庐断裂带与合肥盆地的断裂—沉积响应方面的系统研究,本文正是以此为切入点,以郯庐断裂带与合肥盆地的断裂—沉积响应为主线来开展研究。

第三节 大别造山带与合肥盆地

大别山是分隔我国南北地质构造、自然地理的天然屏障。众多地质学者对大别造山带进行了长期研究,提出大别造山带以磨子潭—晓天断裂带、水吼—英山断裂带、太湖—马庙和襄樊—广济断裂带为界,可将大别造山带由北而南分为:北淮阳构造带、北大别杂岩带、超高压变质带、宿松变质杂岩带和前陆褶皱带 5 个构造单元(Wang et al. ,1995;王清晨等,1997;宋明水等,2002)。

随着超高压变质岩岩石学和地球化学及其构造背景研究的深入,大量的同位素定年数据显示大别—苏鲁超高压变质作用发生在三叠纪(李曙光等,1989,1992,1995,1996,1997;陈廷愚等,1991;徐树桐等,1992,1994;Ames et al. ,1993;Eide E. A. et al. ,1994;Cong et al. 1994;Jahn B. M. et al. ,1995;Chavagnac V. et al. ,1996;王清晨等,1997;陈江峰等,1993,1995;杨坤光等,1999)。古地磁研究表明南北陆块的持续汇聚与陆内俯冲作用可延续到中侏罗世(林金录等,1987)。

李曙光等(1998),Li Shuguang et al. (1998)认为在晚二叠世或早三叠世时,华南板块与北大别微陆块及华北板块发生碰撞,并发生陆壳深俯冲,形成了含柯石英超高压变质岩。杨巍然等(2000)、杨坤光等(2000)提出高压—超高压变质作用的多期性。王清晨等(1996)、Wang Qingchen et al. (1998,1999)提出了折返过程的三阶段模式。上述认识多构筑在同位素年代学研究成果的基础上,较好地解释了超高压变质带开始折返或折返过程中某一阶段的时间。王道轩等(2001)通过对合肥盆地南缘上侏罗统凤凰台组砾岩中发现退变质榴辉岩砾石的研究,为超高压变质岩折返抬升到达地表提供的时间下限为晚侏罗世。

大别造山带和合肥盆地是中国东部紧密相连的两个构造单元。虽然前人曾从不同的角度对合肥盆地进行了研究,并对盆地赋予了不同的含义,如认为合肥盆地是由于华北板块与扬子板块沿大别—

苏鲁造山带陆—陆碰撞形成的前陆盆地(朱光等,1998;李曰俊等,1997;薛爱民等,1994,1999,2001)、后陆盆地及后继盆地(徐树桐等,1992;王清晨等,1997)、断陷盆地(杨森楠等,1987)、再生前陆盆地(赵宗举等,2000)。李忠等(1999,2000)在研究合肥盆地与大别造山带的关系时认为合肥盆地的充填经历了早—中侏罗世挠曲和晚侏罗世—白垩纪伸展两大阶段。李任伟等(2003)依据碎屑多硅白云母的信息,主张合肥盆地南部侏罗系沉积物源区为大别造山带,并提出大别高压—超高压变质带在早侏罗世即已剥露地表。李双应研究认为,大别造山带北大别单元在早白垩世的快速隆升与剥露,使合肥盆地南侧接受了大量的下白垩统磨拉石堆积及同期大量火山喷发。[①] Ratschbacher, et al. (2000)从热年代学的角度证实了北大别单元在早白垩世存在着快速隆升,估计其隆升量达到 20km 以上。上述认识仅从大别造山带与合肥盆地的盆—山耦合关系加以研究,而对位于盆地东界上的巨型边界断裂——郯庐断裂带较少涉及,这些直接影响到对合肥盆地的形成、发展与演化的全面、正确认识。本文研究发现在造山期前陆盆地发育阶段,合肥盆地与大别造山带的造山活动和同造山期的郯庐转换走滑有着密切的关系,合肥盆地的发生、发展、演化同时受到大别和郯庐两大体制的控制。它们构成了地球深部动力学过程对地壳浅部构造制约的统一体。

① 李双应. 大别造山带北缘中生代沉积学、盆地分析和构造演化. 合肥工业大学博士论文,2003.

第三章　合肥盆地特征

第一节　合肥盆地周边构造

合肥盆地为典型的中、新生代陆相盆地。它位于安徽省中部，地理坐标为：东经 116°～118°，北纬 31°20′～32°40′。包括合肥、六安两市及颍上、霍邱、寿县、定远、肥西、肥东、舒城、金寨、霍山等 9 县，分布面积约 $2\times10^4 km^2$。构造上（图 3－1），合肥盆地位于华北板块南缘，秦岭—大别山陆—陆碰撞造山带北侧；东侧以著名的呈北北东走向的郯庐断裂带张八岭隆起段为界；西侧为吴集断裂、长山隆起；北以寿县—定远断裂和淮南—蚌埠隆起相接。由上述可看出合肥盆地处于一个非常特殊的构造位置。通过研究认为，合肥盆地的形成主要受到大别造山带和郯庐断裂带两大构造体制的控制，即受到特提斯与太平洋两大构造域的控制。随着地质历史的发展，盆地的演化与郯庐断裂带活动的关系越来越密切。合肥盆地正是在这样复杂构造背景下所形成的复杂地质体。

一、合肥盆地西部边界特征

（一）地质特征

合肥盆地西部边界以断裂形式出现，即为吴集断裂，该断裂北起颍上县的南照集，向南经霍邱县的周集西部，在沈老庄以南与肥中断裂相交，该段长约 60km，构成了合肥盆地的西部边界。吴集断裂总体呈近南北—北北东走向，总体倾向西，倾角陡立，断层西盘为四十里长山，出露太古界至下古生界，在该断裂的影响下，西侧长山隆起上形成了一系列北北东向的左行平移断层，断裂带上岩石破碎，具强烈硅化，在吴集断裂的影响下，出现了一系列沿断裂侵入的呈北北东向展布中—酸性岩墙（照片 3－1、3－2）。吴集断裂在盆地的发展历程中，对盆地西北侧颍上凹陷影响较为明显。

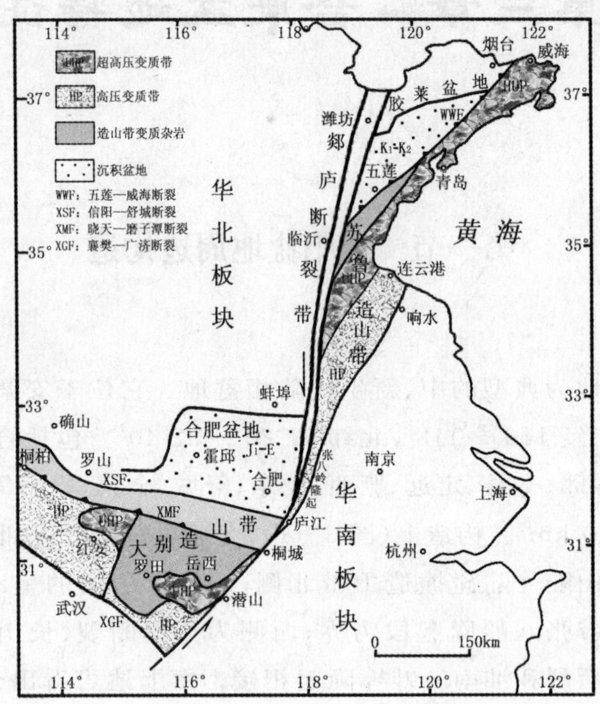

图 3－1　合肥盆地大地构造位置图

照片 3－1　沿吴集断裂发育的闪长玢岩岩墙

照片 3-2　沿吴集断裂发育的花岗斑岩岩墙

(二)断裂的地球物理特征

根据地球物理场特征，吴集断裂在盆地的西缘表现为一个明显的重力梯度带(据宋广达等，2004)，梯度带近南北走向，梯度带以东表现为重力低值区，向东、向南以较缓的梯度带过渡到霍邱重力高值区，颍上断坳处布格重力异常最低。梯度带以西为四十里长山重力高值区，走向 NNE、北低南高(图 3-2)。

从区域航磁异常图上(图 3-3)看，在盆地内的霍邱断隆表现为明显的高值正异常，可达 400～500 nT，向西至四十里长山过渡到 100 nT，四十里长山与合肥盆地北缘蚌埠隆起的异常值基本一致，二者在 100 nT 与 500 nT 之间存在一个近南北向的过渡带，该带应是吴集断裂的反映。

综上所述，沿吴集断裂，重、磁异常交变带特征清晰，断裂的西侧表现为重高、磁高异常区，而东侧则是重低、磁低区，明显反映出两侧地质体性质的不同。西侧代表了四十里长山隆起，东侧为盆地区。

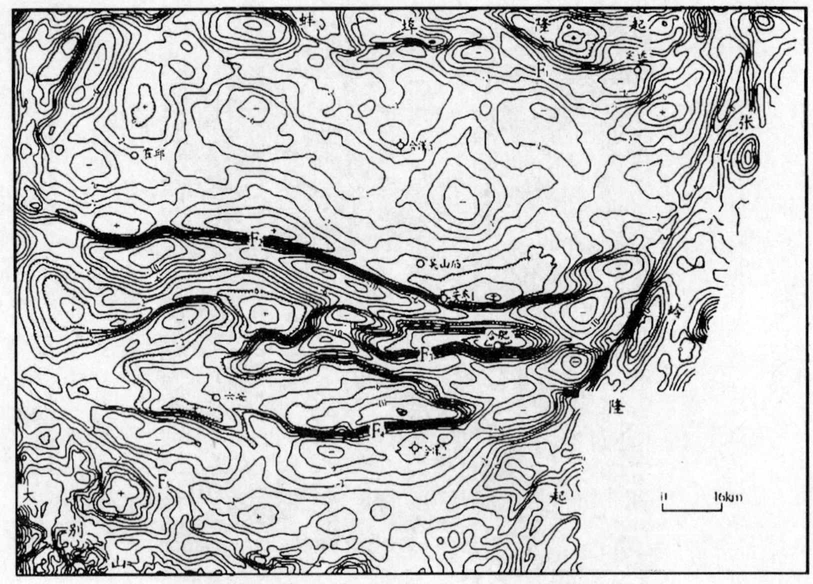

图 3-2　合肥盆地剩余重力异常图(据宋广达等,2004)

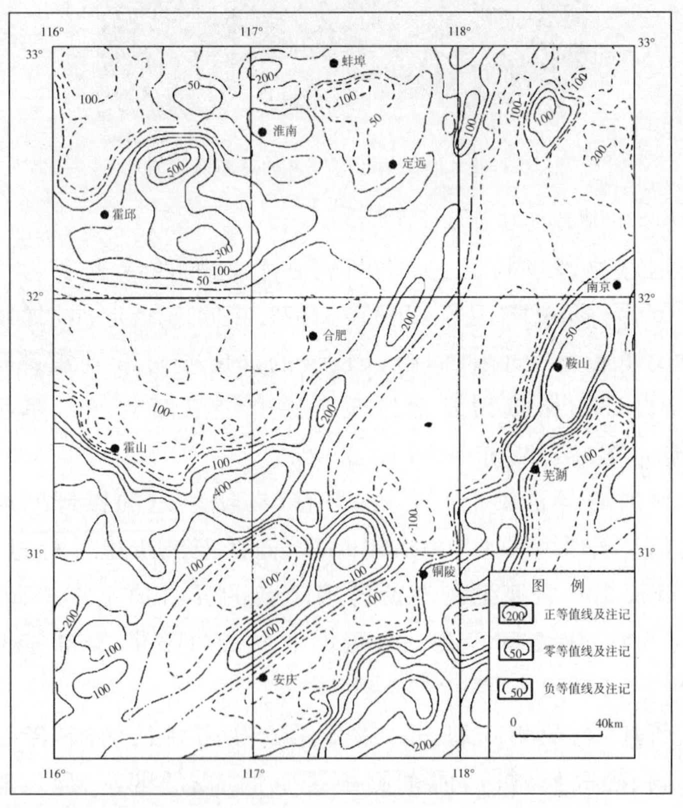

图 3-3　合肥盆地区域航磁化极等值线图(据宋广达等,2004)

二、合肥盆地北部边界特征

大量的地球物理与地质资料显示，盆地的北界为寿县—定远断裂。该断裂走向为近东西，断裂在西段转向北西西向，向南倾斜，全长约 180km。

寿县—定远断裂在布格重力异常图（图 3－4）上反映为明显的近东西向的梯度带，最大水平梯度位于定远靠山乡，为 7×10^{-5} m/s^2。

该断裂在航磁异常上明显，如寿县—定远断裂北侧出现了强磁异常，反映了合肥盆地太古界基底的特征，而在该断裂南侧则出现了负异常特征，反映出在断裂南侧为盆地沉积区，其间陡梯度带变化达 1000nT/km 以上。显然，该断裂以北为淮南—蚌埠隆起，断裂以南为合肥盆地内定远—大桥凹陷与颍上凹陷，构成了合肥盆地的北部边界。寿县—定远断裂也经历了长期发展和多期演化，断裂起源于印支期基底向北逆冲的断裂带；在晚白垩世至古近纪转变成伸展正断层，伸展正断阶段控制了南侧合肥盆地内张桥组和定远组沉积。

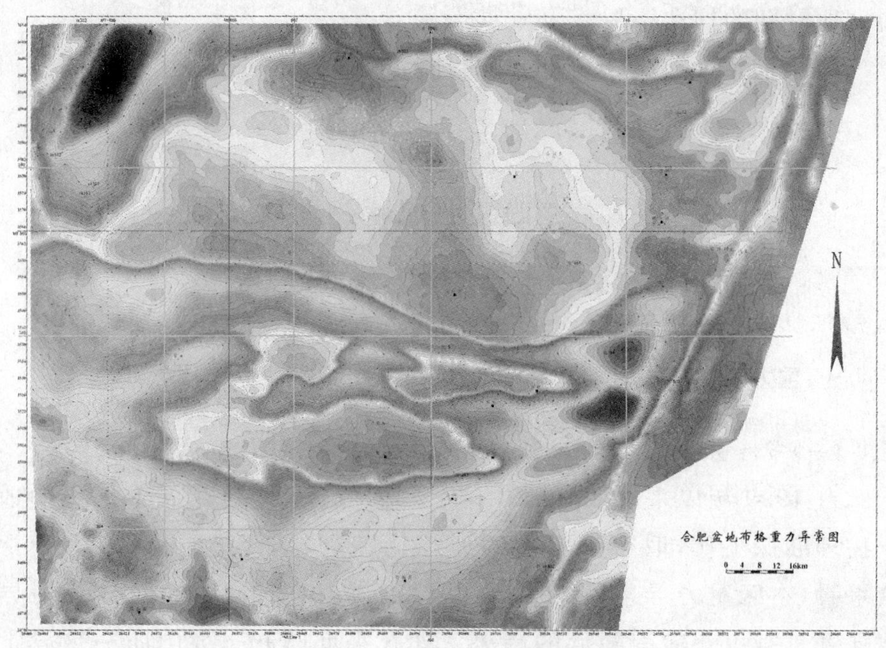

图 3－4　合肥盆地布格重力异常图

三、合肥盆地南部边界特征

合肥盆地的南界为信阳—舒城断裂及其以南的北淮阳构造带和大别造山带。其中北淮阳构造带主要有佛子岭群浅变质的砂岩和泥岩组成,其间夹有石英岩和大理岩及卢镇关群角闪岩相变质岩组成,它们构成一系列向北叠置的逆冲推覆带(刘文灿等,1999)。该逆冲推覆构造带长约 250km,宽约 25km。信阳—舒城断裂是北淮阳逆冲推覆构造带的前缘断裂,由一系列断面向南倾的叠瓦状逆冲断层组成,呈现为向北凸出的近东西向弧形展布特征。

在航测异常图中该断裂显示出一系列呈线性展布串珠状排列的磁异常带特征,这些呈串珠状展布的磁异常由沿断裂发育的火山岩所致。同时,沿该带其电性特征亦非常清晰,其南侧显示为高阻体,北侧为低阻体,北淮阳构造带主体显示为高阻层,而其北侧的合肥盆地则显示为低阻体特征。

据前人大量研究资料,该带形成于华北板块与华南板块碰撞期,它构成了合肥盆地的南部边界,控制了盆地的基底的形成和周缘前陆盆地时期的构造格局。

盆地东界为郯庐断裂带,其具体特征后文将阐述。

第二节　合肥盆地地球物理场特征

一、重力场特征

(一)布格重力异常

自 1999 年以来,胜利油田有限公司在合肥盆地开展了大量的地球物理勘探工作,取得了丰富的地球物理资料。从获得的重力异常结果看,本区重力异常(图 3-5)具有正、负相间的特点,总体重力异常强度具有由北向南降低的趋势。如在霍邱凸起—吴山庙一带异常值较高,为 $3.5\times10^{-5}\,m/s^2$,变化幅度较小,说明在该带基底埋深较浅,盖层沉积厚度小。而重力低值区则主要分布于颍上、定远和舒城地区，对应的是凹陷区所在，反映出在这些区域基底埋深大、中新生代盖层沉积厚度大的特点。在盆地中部出现场值在$-5\times10^{-5}\sim4\times10^{-5}\,m/s^2$之间快速变化带，反映了盆地中部盖层厚度变化大、断裂构造发育及有次级凸起的存在。至南缘大别山前，物理场值降为$-28\times10^{-5}\,m/s^2$，接近山前场值又急剧变高，反映出盆山所在。

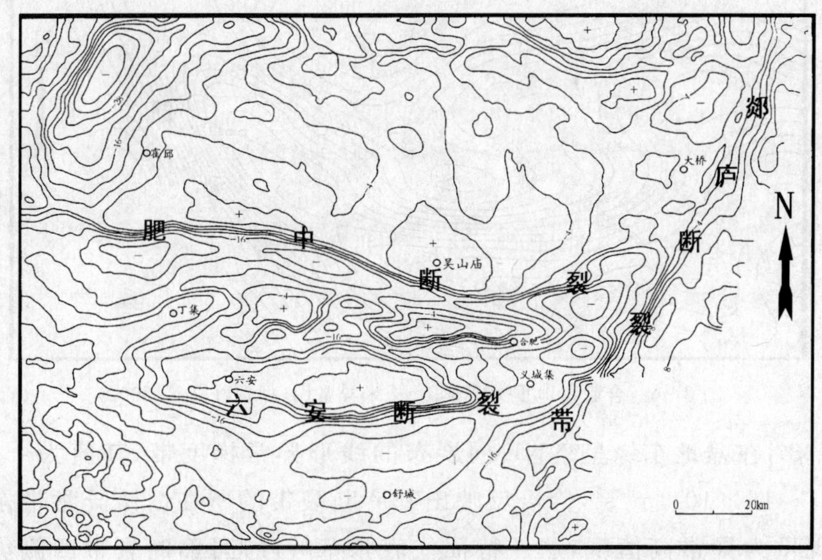

图 3-5　合肥盆地布格重力异常图(据贾红义等,2002)

从上延 10 千米的重力异常看，由北向南区域场值降低的特征更为明显(图 3-6)。盆地东缘肥东、张八岭隆起区由于太古界高密度体的存在而出现了高重力场值，向盆地南缘方向重力值渐低，反映出盆地南部地壳增厚、地幔埋深较大的特征。

综上所述，重力场值所揭示出的盆地总体构造格局有如下特征：

1. 盆地内部出现 3 条近东西向展布的线形负异常梯度带，其值均为$-16\times10^{-5}\,m/s^2$。这 3 条梯度带自北向南依次代表了肥中断裂、蜀山断裂和肥西—韩摆渡断裂(又称六安断裂，下同)。

2. 以肥中断裂为界，南北重力场值明显不同，呈现出盆地具有南北构造分区的特点。肥中断裂以北地区重力平均场值高且宽缓稳定，反映该区基底相对完整且埋深较浅。南部场值异常形态呈带状，高低异常相间，变化强烈，反映肥中断裂以南基底中冲断褶皱和断裂发育的特点。对盆地而言，总体呈现为以霍邱凸起—吴山庙一带为中央隆起区，在肥中断裂以南以六安低凸起为中心向四周均显示为凹陷环绕的格局。

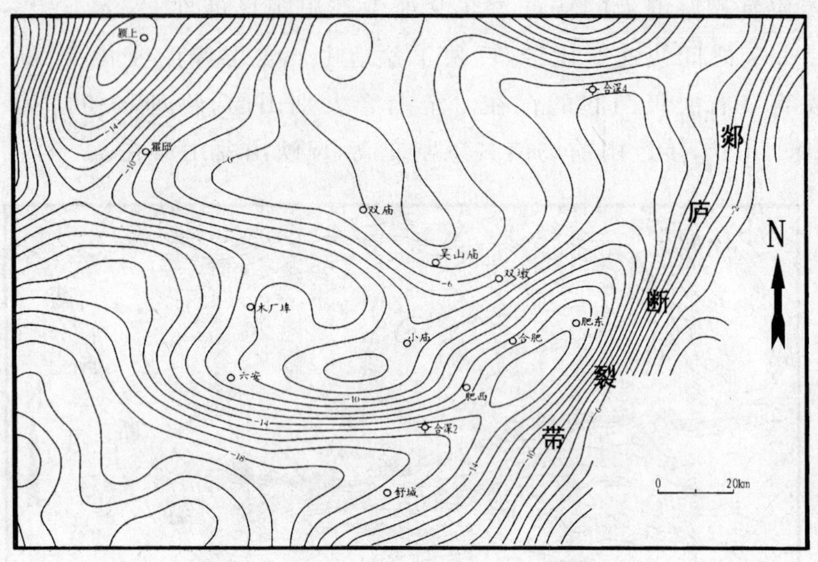

图 3－6　合肥盆地重力上延 10 千米异常图(据贾红义等,2002)

3. 在盆地东缘呈 NNE 向展布的线形异常梯度带,其值为 $-4\times10^{-5}\sim16\times10^{-5}\mathrm{m/s^2}$,恰恰反映出郯庐断裂带的所在。该异常带东侧出现重力异常高值区,这一特征代表张八岭隆起区,断裂带西侧负异常区为沉积盆地区。另外,从异常图上反映出的盆内近东西向断裂的线形重力异常梯度带在靠近郯庐断裂带处均表现出转向至北东向,这些现象应是由郯庐断裂带的左旋走滑对前期近东西向构造线的改造(拖曳)所致,从而进一步反映出郯庐断裂带左行走滑的性质,显然,也反映出郯庐断裂带对盆地构造格局的控制。

(二)结晶基底重力场

从合肥盆地基底界面重力异常图(图 3－7)中明显看出存在 5 个独立的重力低值中心,它们分别对应于定远—大桥凹陷、肥东凹陷、舒城凹陷、丁集凹陷和颍上凹陷。就变化趋势而言,从定远凹陷—肥东凹陷—舒城凹陷场值具有逐阶降低的特征,反映基底自北向南具有翘倾的特点。六安—吴山庙与霍邱—寿县一带正异常可连为一体,该带上存在 4 个相对独立的重力高值中心,反映出在该带上存在 4 个埋藏较浅的正向构造。其重力高值区也呈现出自南向北逐阶抬高之势。上述特征进一步说明结晶基底向南倾斜的特点(薛爱民等,2001;贾红义等,2002)。

图 3-7　合肥盆地基底界面重力异常图(据贾红义等,2002)

(三)上元古界—古生界海相沉积基底重力场

通过剥离印支面以上地层所产生的重力异常和剔除结晶基底以下的区域重力场(贾红义等,2002),从而获得上元古界—古生界海相沉积基底重力场(图 3-8)。从该图可看出,上元古界—古生界海相沉积基底重力场具有如下特征:正负异常点呈串珠状相间线性排列,异常总体走向为 NWW－SEE。其中每一排正异常值中心代表了一排推覆体前缘在重力上的反映。由图 3-8 可看出自南而北第一条正异常带与山前推覆体吻合;第二条正异常带代表了防虎山、六安凸起;第三条正异常带则处于吴山庙—霍邱一线。上述特征,反映出该套基底中至少存在 3 条主推覆带。

(四)沉积盖层重力场特征

通过提取印支面以上重力异常信息后,所得到的重力异常反映了沉积盖层特征(图 3-9)。从重力异常图上看,局部重力异常高则反映出古生界基底隆起区,重力异常低多与中、新生代凹陷有关(贾红义等,2002)。盆地内部异常清晰的呈线性分布的重力密集带分别表现出肥中断裂、蜀山断裂、肥西—韩摆渡断裂等。从图中所看到的这些非常清晰的密集线性异常带,代表了横贯盆地近东西向的断裂,这些断裂均具有在靠近郯庐带附近走向突转、呈发散状展开的特征,反映郯庐断裂带走滑对其影响和改造。

总体看合肥盆地沉积盖层的重力异常特征与地质特征及其他物理方法对盆地的认识结果相吻合。

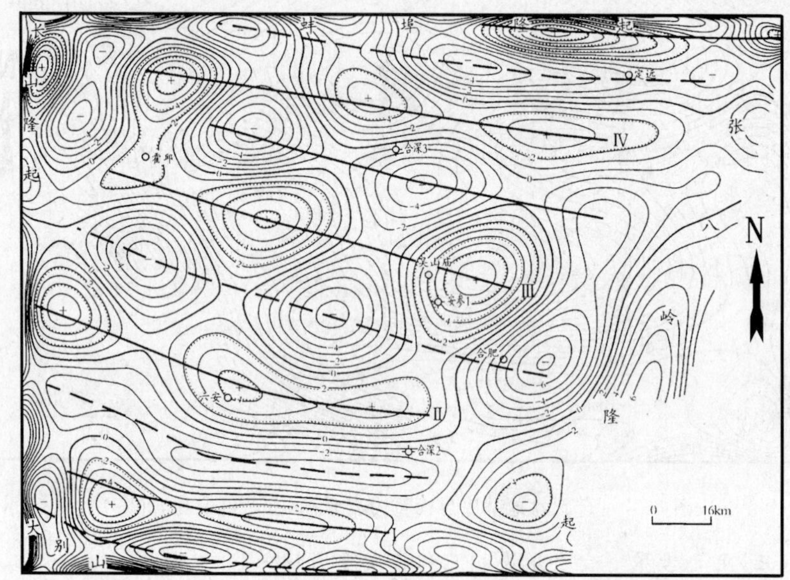

图 3-8　合肥盆地上元古界—古生界海相沉积基底重力异常图(据贾红义等,2002)

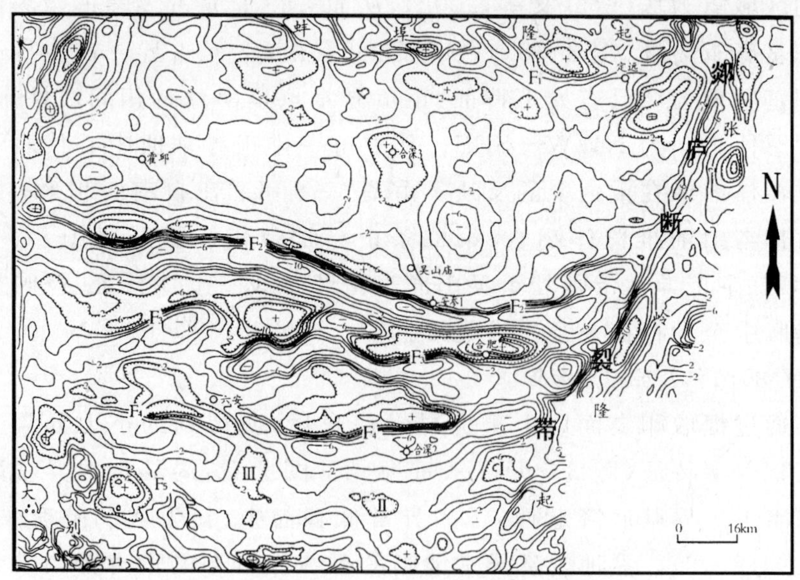

图 3-9　合肥盆地中、新生界重力异常图(据贾红义等,2002)

F1——寿县—定远断裂,F2——肥中断裂,F3——蜀山断裂,F4——六安断裂,F5——信阳—舒城断裂,Ⅰ、Ⅱ、Ⅲ——为舒城 3 个正异常区

二、磁场特征

从合肥盆地内磁场变化(图 3-10),可看出磁高值区主要出现在盆地北部、盆地南缘北淮阳区和东部郯庐断裂带处。盆地南部为负磁场区(安徽石油勘探公司①,1991;薛爱民等,2001;董波等,2002)。北部高值区主要位于霍邱—瓦埠一带,其磁场值180～400nT,反映该区基底隆起、古生界较薄、太古界埋藏较浅的特征,这一点从合深3井资料得到进一步佐证。北淮阳高磁场区分布于金寨—霍山一带,该带高磁异常带说明火山岩的存在。区内东部为北北东向正磁异常带(值为:180～300nT),显示了郯庐断裂带的发育,南缘的高值带反映了信阳—舒城断裂所在,盆地中部东西向磁异常密集(60～180nT)带为肥中断裂所在。而在盆地北部定远凹陷、颍上凹陷则表现为负磁异常区,肥中断裂以南六安—防虎山和朱巷—大桥一带为低缓磁区(-60～120nT)。其负异常区主要分布在舒城凹陷及其南缘,其值在-200～800nT之间。负异常区反映出高磁性的深变质基底埋藏较深,盆地内中、新生界沉积厚度大。

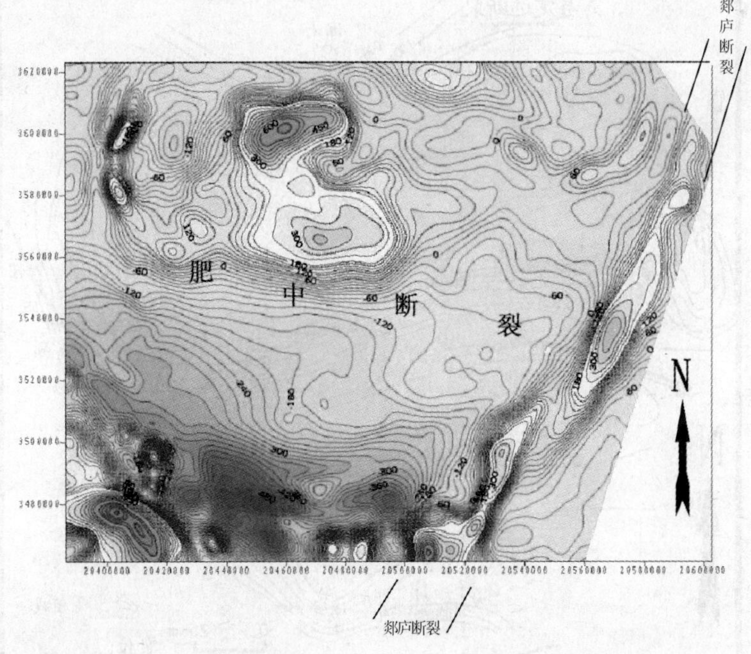

图 3-10 合肥盆地航磁化极异常等值线图(据胜利油田有限公司,2002)

① 安徽石油勘探公司.合肥盆地地球物理综合研究,1991.

综观合肥盆地磁异常特征，主要表现为盆地基底由北向南倾斜，由西向东朝郯庐断裂带一侧倾斜，从这一点也反映出郯庐断裂带为一活动边界的特征。

三、电性特征

根据电法资料与钻井资料对比，以及地质露头上电测深资料统计，合肥盆地内元古界—太古界基底电阻率最高（＞1000Ωm），盆地基底的下古生界为高阻电性层（400～500Ωm），侏罗系为中等电阻率（40～20Ωm）和上古生界低电阻率（3～11Ωm）。另外，上白垩统电阻率也较低（10～15Ωm），而下白垩统略高一点（20～100Ωm），新生界则呈低电阻率（10～15Ωm）（张升平等，2002）。

在平面上电性特征表现为：盆地周边有基底出露及控盆边界断裂处往往显示为高电阻率，如郯庐断裂带处高达2000Ωm；盆地内部断裂为中、高电阻率，如肥中断裂处为30～600Ωm、蜀山断裂处为100Ωm（图3-11）。

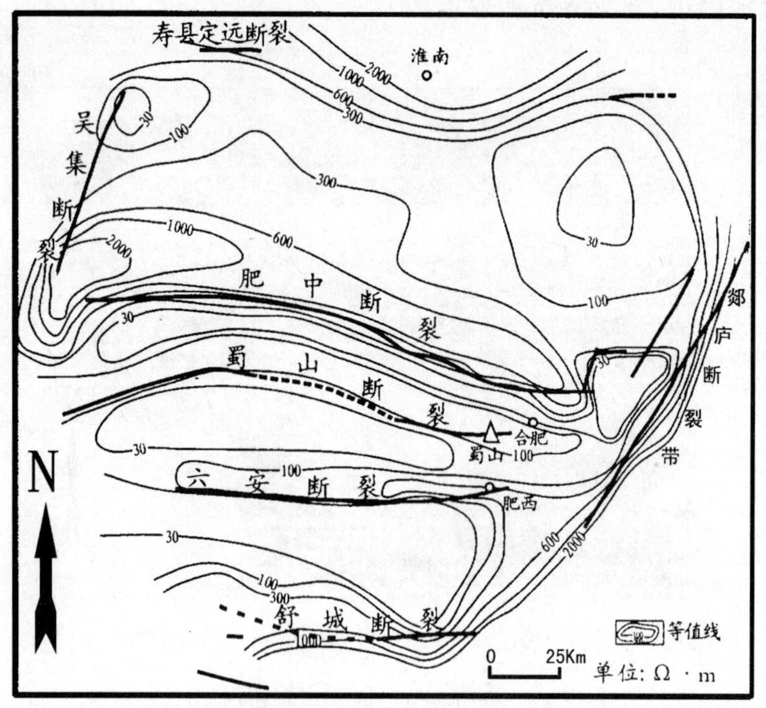

图3-11　视电阻率切片图（据张升平等，2002）

从南北向电法剖面图上看，以信阳—舒城断裂和肥中断裂为界，电性结构可分为三段：南段为大别地块，表现为浅部高电阻率层（大别群和佛子岭群变质岩系）和深部低电阻率层（图 3－12(a)、(b)）；北段属华北板块，浅部为低电阻率盖层（包括新生界和侏罗系）和深部高阻基底（霍邱群深变质岩系）；舒城断裂至肥中断裂之间电性结构相对比较复杂，总体呈低电性特征。

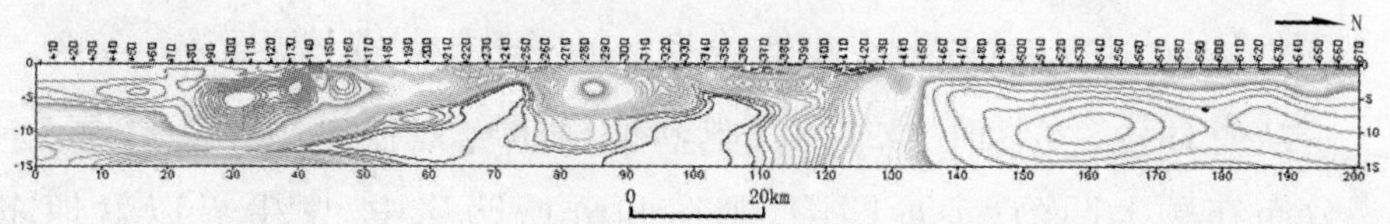

图 3－12(a)　合肥盆地 EMAP650 电法剖面图（据胜利油田，2000）

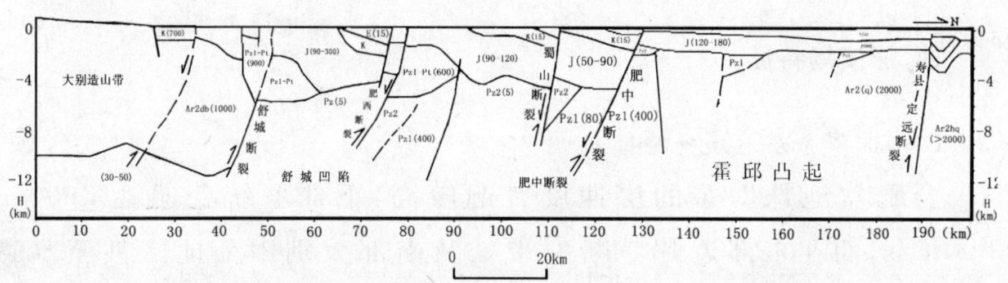

图 3－12(b)　合肥盆地南北向 650 线电性地质解释剖面图（据张升平等，2002）

从东西向电法剖面图上看电性，主要变化带在盆地边界断裂（东部郯庐断裂、西部吴集断裂）的位置。盆地北部东西向电性结构主要分为两块，西侧霍邱凸起带分为浅部低电阻率盖层和深部高电阻率层（霍邱群变质基底）。东侧大桥凹陷白垩系电阻率很低，反映沉积厚度大，侏罗系电阻率中等，下古生界基底电阻率相对较高（图 3－13(a)、(b)）。电性资料揭示郯庐断裂带为一陡倾边界，暗示其为走滑构造的特征，也指示了郯庐断裂带为一走滑隆升构造边界。

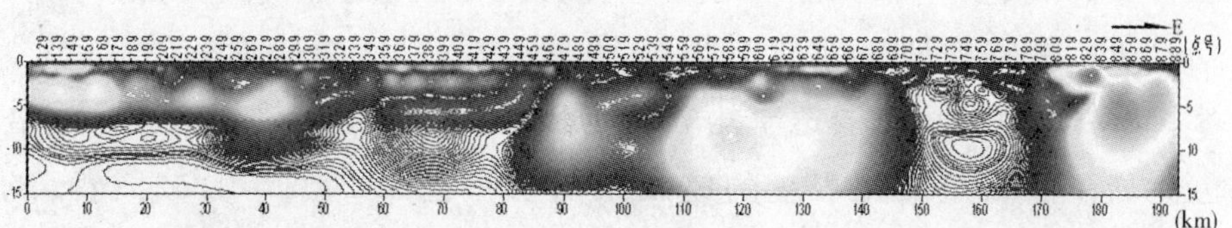

图 3－13(a)　合肥盆地 340 电法剖面图（据胜利油田，2000）

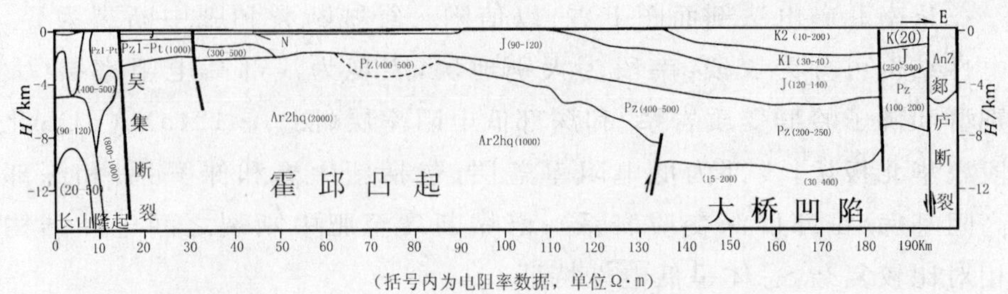

图 3-13(b)　合肥盆地北部东西向 340 线电性—地质解释剖面图(据张升平等,2002)

从总体电法剖面图来看,合肥盆地新生界以低电阻率为特征,主要分布在颍上凹陷、定远凹陷、肥东和舒城凹陷中;中生界以盆地东部近郯庐断裂带附近的大桥凹陷、肥东凹陷最为发育,厚达 3000 米以上。

四、速度场特征

(一)侏罗系层速度场特征

合肥盆地侏罗系的层速度普遍较高,下侏罗统普遍达 5600～6000m/s,而在东部近郯庐断裂带处及南部大别山前地区甚至高达 6400～6800m/s,反映在这些地区下侏罗统埋藏深度大,推测在盆地东、南部地区下侏罗统埋深可达近万米(图 3-14、15)(刘成斋等,2002)。其他地区埋深一般在 3500～5000m。

中上侏罗统层速度一般在 5000m/s 以上,仅霍邱隆起及六安—肥西凸起地区较低,为 4000～5000m/s,反映上述地区中上侏罗统埋藏相对较浅。在大桥凹陷处层速普遍达 5500m/s 以上,同样反映侏罗统的埋藏深度大。侏罗系的层速度高,一方面反映了现今侏罗系的埋深大,另一方面也与其岩性及成岩压实程度有关。这一点可从已有钻井(安参 1 井及合深 3 井等)测井所得孔隙率得到验证。如从安参 1 井测得侏罗系孔隙率为 2.19%～9.49%,渗透率 0.1%～0.3 $\times 10^{-3} \mu m^2$,孔隙率、渗透率均表现为极差。另外,从下侏罗统上部暗色泥岩干酪根热演化程度的镜质组反射率达 2.20%～3.52%看,说明干酪根演化已经达到过成熟阶段。上述孔隙率、渗透率极低和镜质组反射率偏高的特征从另一个侧面也反映了合肥盆地内侏罗系成岩程度很高。

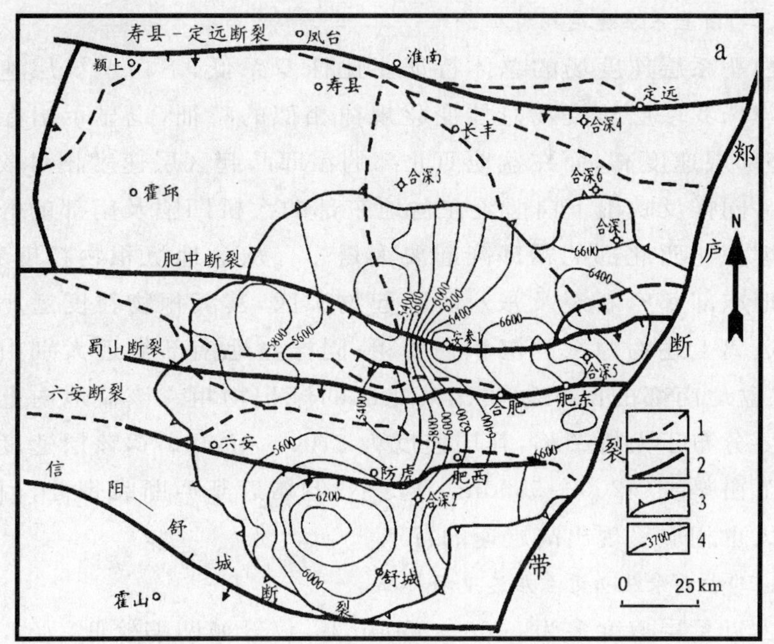

图 3-14 合肥盆地下侏罗统层速度(据刘成斋等,2002)

1. 构造单元边界;2. 断裂;3. 地层尖灭线;4. 速度等值线

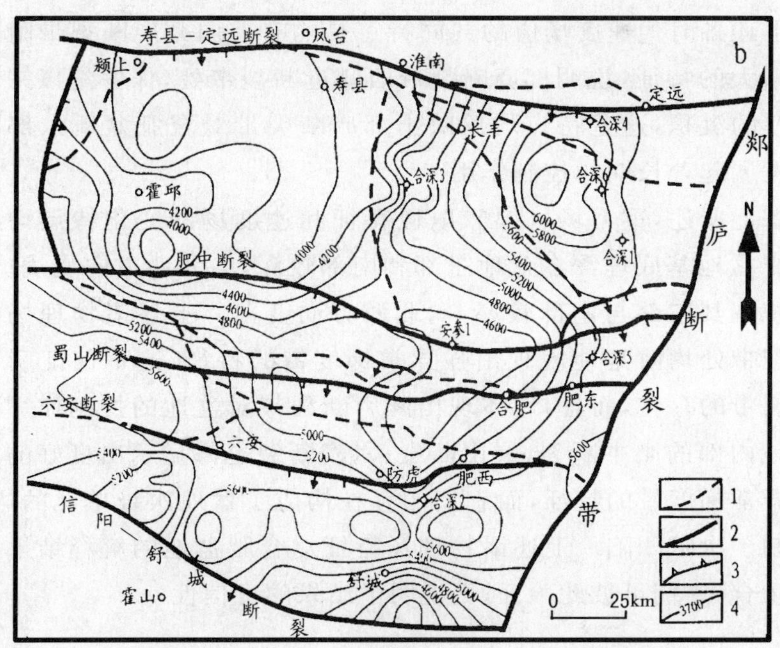

图 3-15 中、上侏罗统层速度(据刘成斋等,2002)

1. 构造单元边界;2. 断裂;3. 地层尖灭线;4. 速度等值线

(二)白垩系层速度场特征

白垩系层速度场的总体特征要比侏罗系低,下白垩统层速度呈现出与侏罗系层速度场总体变化规律相似的特征,也显示出在盆地东、南部层速度高,而在盆地西北部的霍邱凸起区层速度相对较低的特点。同样反映出下白垩统在盆地东部的大桥凹陷及南部的舒城凹陷处埋深比西北部的霍邱隆起要大得多。从盆地沉积物粒度看,靠近盆地东部郯庐断裂及张八岭隆起物源区,其沉积物粒度远比其西北部远离上述物源区的沉积物要粗;同样盆地南部靠近大别山物源区,在盆地南部的沉积物要比其北部的沉积物粗。该盆地内上白垩统主要分布于大桥凹陷,其层速度为 3700～4900m/s,该层速度较其下伏下白垩统(4200～5500m/s)要小,但靠近郯庐断裂带处,因埋深的加大也相应呈现出高层速的特点。

(三)古近系及新近系层速度场特征

古近系层速度多为 3000～3500m/s,仅舒城凹陷较低,为 2500～3000m/s,这一点说明古近系在舒城凹陷处沉积厚度相对较薄。新近系层速度较低,为 1900～2300m/s,则主要分布于盆地西北部,厚度一般为 200～600m,反映出新近系岩性疏松,属弱固结沉积物特征。

上述各时代速度场值的共同特点是均有着向郯庐断裂带附近呈明显增大的特征,说明郯庐断裂带西侧近断裂带处,侏罗纪以来都具有较厚的沉积,这些特点均反映出郯庐断裂带对合肥盆地东部的形成与发展起着长期的控制作用。

综上所述,重力场、磁场、电性特征和速度场的变化特点均反映出合肥盆地基底埋深在盆地东部和南部较深,向北西方向变浅;盆地的沉积在其东部与南部较厚,向北西方向变薄。上述诸物理场在郯庐断裂带处均清楚地表现出强异常梯度带的特征,这不仅证明了郯庐断裂带的存在,而且,还体现出郯庐断裂带对盆地的控制作用。合肥盆地内部的肥中断裂、蜀山断裂、六安断裂也都显示出良好的地球物理异常梯度带的特征,而它们的存在构成了盆地次级单元的边界,并控制了次级凹陷。上述诸物理场特征对合肥盆地的解释结果彼此非常吻合,它们可彼此验证,更说明了结果的可信性。

第三节　合肥盆地基底与盖层

一、基底特征

合肥盆地是指侏罗纪以来所形成的陆相中、新生代盆地。由于其所处的构造位置特殊，因此，对合肥盆地前侏罗系基底的构造属性和演化特征的研究关系到对盆地地质演化及盖层的发育认识。

(一)基底组成

通过详细的野外工作，发现合肥盆地内大部分被第四系所覆盖，基底较少出露。仅在盆地东部大桥凹陷内，定远岱山西侧局部出露了盆地的变质基底，这些变质基底的岩性主要为花岗片麻岩(安徽地质志，1987)。而根据现有钻井资料显示，在颍上凹陷内 CK1 井、ZK1 井和吴山庙低凸起上的合深 3 井分别于井深 146m、345m 和 2356.5m 之下钻遇基底岩系，这些基底岩系属于太古界五河群黑云斜长片麻岩。在合深 4 井和盐 01 井中，分别于井深 2296～2509m 和 636.42～683.48m 揭示出上古生界二叠系上统、上石盒子组含煤层系，这些表明了合肥盆地东北部属于华北型基底。合肥盆地中部安参 1 井相继在井深 4046～4250m、4250～5150m 和 5150～5200m，分别钻遇下二叠统、上石炭统和奥陶系，这些钻遇地层受到了浅变质作用。通过对钻遇地层与区域地层的对比，上述钻井所钻遇地层均缺失下石炭统、泥盆系及上奥陶统，这些特点与华北板块区域地层特征一样，因此，该处盆地基底应属于华北型。盆地南部，在西南边缘及防虎山地区可见侏罗系分别不整合于佛子岭群和卢镇关群之上(苏良友，1983)，反映出盆地南部基底由佛子岭群和卢镇关群中、低级变质岩系组成。

从合肥盆地周缘地质看，在盆地的西侧出露有华北板块南缘的基底岩系霍邱群；北部蚌埠隆起上出现有五河群、凤阳群及其以上的青白口系到早古生代的寒武—奥陶系与晚古生代石炭—二叠系地层；南部则主要有北淮阳区的佛子岭群、卢镇关群浅变质岩系，以及覆于其上的浅变质或不变质的南北过渡型泥盆—石炭系地层及大别群组成(金福全等，1999)；东部即郯庐断裂带附近出露的基底是肥东群和张八岭群。这些应是组成合肥盆地的基底的主要岩系。其中，霍邱群和大别群为晚太古代深变质岩系，其原岩均以火山沉积岩系为主的沉积建造，它们经历了多期强烈变质作用及后期改造，现已均具混合岩化。上述特征也反映出合肥盆地的基底物质组成具有多样性和复杂性。

(二)基底结构

通过对前述地球物理解释和地质资料分析，尤其是对合肥盆地内主要地震剖面的综合解释(杭州石油地质研究所，1994；周进高等，1999；赵宗举等，2000)，较好地揭示了盆地的基底特征(图 3－16)。合肥盆地基底在纵向上具双层结构，其下层为深变质岩系，六安断裂以北由霍邱群、五河群、凤阳群组成；六安断裂以南则由卢镇关群组成。上层为晚元古代—晚古生代浅变质岩至未变质海相构造层。

上述研究还表明，合肥盆地基底在平面上还具有分带性，以肥中断裂和六安断裂为界分为三个类型(图 3－16，表 3－1)：六安断裂以南为北淮阳型，由卢镇关群、佛子岭群及石炭－二叠系组成；六安断裂与肥中断裂之间为过渡型；北带为华北地台型，由变质结晶基底霍邱群、凤阳群与华北地台型新元古界－上古生界盖层组成。

综上所述，合肥盆地基底组成具有多元性，既具有大别地层区，也有华北地层区，还有扬子型地层。结构上具有双层性，下层为深变质岩结晶岩系，即太古代—中元古代变质结晶基底，对应的是地球物理异常高值区；上层由晚元古代—晚古生代浅变质岩和未变质海相层组成，地球物理异常表现为中、高值区。

合肥盆地前侏罗纪基底处于华北板块南缘的前陆变形带上。地震剖面解释表明，在构造方面主要表现为一系列由前陆变形中形成的近东西走向、向南倾斜的逆冲推覆(图 3－16)。逆冲推覆构造亦具有明显的分带性，其中以肥中断裂为界，南部基底的冲断、褶皱非常发育，基底较为破碎；而肥中断裂以北，北部基底则相对稳定。受这些逆冲推覆构造的影响，盆地内基底遭到强烈破坏和抬升剥蚀，上古生界在多处被剥蚀(图 3－17)。经安参 1 井内所揭示的基底最新地层为下二叠统，并发生了低级变质，侏罗系直接覆盖其上，构成不整合接触，这也正反映出所遭受的印支运动的影响。在印支面以下的三叠系和上二叠统剥蚀殆尽。另外，从前述地球物理资料显示，盆地基底呈现由北西向南东方向倾斜的特点，基底在南东侧埋深较大，一般为 7km，最大埋深可达 10km，而在北西侧埋藏较浅，约 2km。

表 3－1　合肥盆地前中生代基底地层层序及基底类型划分表(据周进高等,1999)

地层（界）	地层（系）	地层（统）	华北地台型	华北地台型	大陆边缘型	北淮阳型	北淮阳型	北淮阳型
上古生界	二叠系	上统	石千峰组(P_2sh) 上石盒子组(P_2s)	近海三角洲及潮坪相煤系碎屑岩建造				开阔台地相碳酸盐岩夹碎屑岩
		下统	下石盒子组(P_1x) 山西组(P_1s)					
	石炭系	上统	太原组(C_3t)	开阔台地相灰岩、泥岩夹滨海沼泽相煤系，与奥陶系假整合接触	推测为介于南北边缘相之间的浅海－半深海相碎屑岩夹碳酸盐岩建造，以碎屑岩为主	双石头组(C_3s) 杨小庄组(C_3y)	梅山群（Cms）	滨浅海、潮坪、泻湖相及河流相磨拉石建造，局部浅变质，变形较强烈
		中统				胡油坊组(C_2h) 道人冲组(C_2d)		
		下统				杨山组(C_1y) 花园墙组(C_1h)		
下古生界	泥盆系				以白大山群(S–D*b*)为代表，属大陆边缘型类复理石建造，轻微变质，变形强烈	潘家岭岩组(Pt_3–Pz_1p)		下部为裂谷型火山－沉积岩系，上部为半深海复理石建造，总体变质达绿片岩相，变形强烈
	志留系							
	奥陶系	上统						
		中统	老虎山组(Q_2l)	开阔台地相灰质白云岩、白云质灰岩	推测为斜坡、陆棚－半深海相碎屑岩夹碳酸盐岩建造	八道尖岩组(Pt_3–Pz_1b)		
		下统	马家沟组(Q_1m) 萧县组(Q_1x) 贾汪组(Q_1j)			诸佛庵岩组(Pt_3–Pz_1zf)		
	寒武系	上统	土坝组($\in_3tb$) 崮山组($\in_3g$)	开阔台地相白云质灰岩、条带状灰岩、颗粒灰岩，底部凤台组为台缘斜坡相砾屑灰岩夹页岩		黄龙岗岩组(Pt_3–Pz_1h)		
		中统	张夏组($\in_2z$) 徐庄组($\in_2x$) 毛庄组($\in_2m$)					
		下统	馒头组($\in_1m$) 猴家山组($\in_1hj$) 凤台组($\in_1f$)			祥云寨岩组(Pt_3–Pz_1xy)		
上元古界	震旦系		震旦系(Z)	局限台地碳酸盐岩		仙人冲岩组(Pt_3–Pz_1x)		
	青白口系		八公山群(Qn*bg*)	陆棚相钙质泥页岩、粉砂岩，下部为滨海相石英砂岩、砾岩				
上太古－中下元古界			凤阳群(Pt_1fn) 霍邱群(Ar_2hq)	深变质岩系，变质程度达角闪岩相，普通混合岩化	凤阳群(Pt_1fn) 霍邱群(Ar_2hq)	卢镇关群？(Pt_1lz) 大别群(Ar_2db)		深变质岩系，变质达角闪岩相，局部麻粒岩相
构造岩相界线					↑ 肥中断裂	↑ 六安断裂		

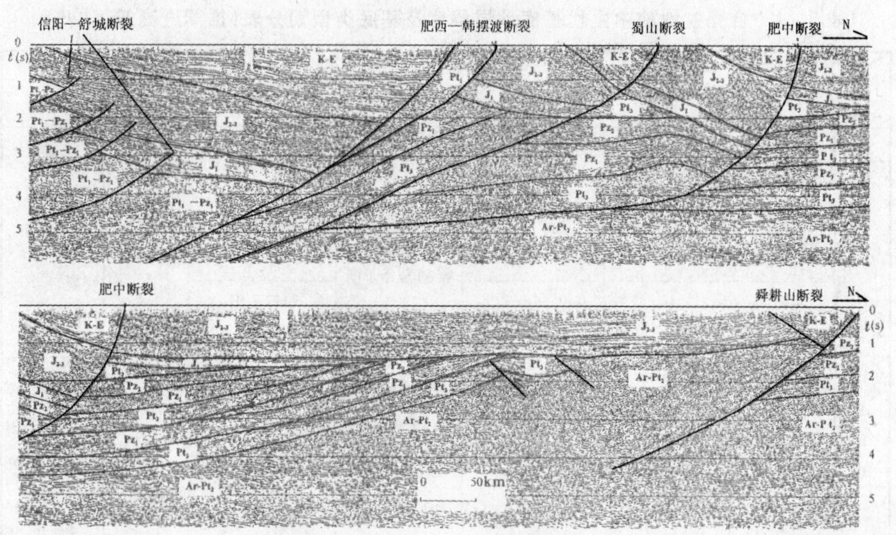

图 3-16　合肥盆地Ⅰ号地震测线解释剖面图(据周进高等,2002)

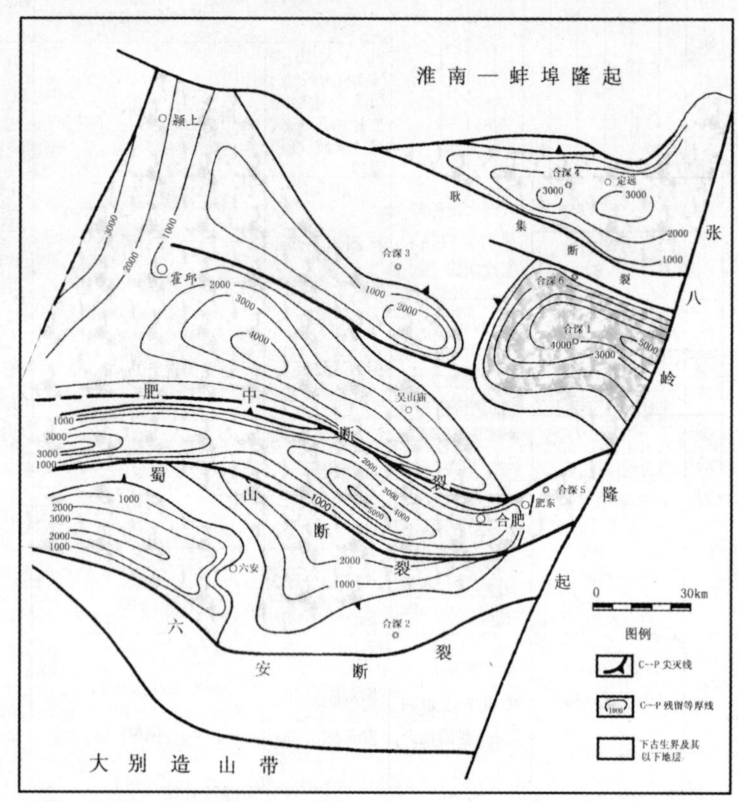

图 3-17　合肥盆地 C-P 地层残留等厚图(据贾红义等,2001)

二、盆地盖层

作为油气普查的基本单位——沉积盆地而言，沉积盖层是指盆地发育期的充填地层。合肥盆地主要为在中生代时期形成的一个统一的陆相沉积盆地，其中发育了以侏罗系和白垩系为主体，局部发育有古近系的中、新生代陆相碎屑沉积，根据露头、钻井和地球物理资料分析，合肥盆地北部中、新生代地层层序（表 3－2）及沉积充填具有如下特征：

表 3－2 合肥盆地北部中、新生代地层系统简表

地层系统				厚度(m)	主要岩性
界	系	统	组		
新生界	第四系			0～50	黏土、砂层、底部砾石层
	古近系	始—古新统	定远组	0～3500	棕红、棕褐色泥岩与棕红、灰白色砂岩，不等厚互层，底部为砂砾岩、砾岩，中上部夹灰色泥岩
中生界	白垩系	上统	张桥组	0～800	以砖红、棕红、褐红色为特征的细砂岩为主，下部以棕褐色、暗褐色中～细粒砂岩夹粉砂岩、粉沙质泥岩、底部含砾砂岩。上部细砂岩、粉砂岩、泥岩互层
			响导铺组	0～3500	棕褐色泥岩与浅棕色、棕红色、灰白色砂岩、含砾砂岩不等厚互层，中上部夹灰色泥岩，底部为砾岩，含砾粗砂岩
		下统	朱巷组	0～1500	棕褐色泥岩与灰白、棕灰、棕红色砂岩，含砾砂岩不等厚互层，上部夹灰色泥岩
	侏罗系	上统	周公山组	900～1000	棕红色、灰白色砂岩与紫红色泥岩不等厚互层，上部夹砂砾岩，底部夹少量泥岩
		中统	圆筒山组	850～2040.5	紫红、灰色透镜状砾岩与粗砂岩韵律互层；杂色中细粒砂岩夹薄层粉砂岩；上部，富含交错层理、粒级韵律发育的中粗～中细粒砂岩
		下统	防虎山组	170～1261	下部，灰白～灰黄色粗砂岩夹多层砾岩层；中部灰黄色厚层含砾粗砂岩夹细砂岩；上部紫灰、灰白色厚层粗砂岩、粉砂岩、碳质页岩或煤线组成
前中生代变质基底					

(一)侏罗系

从侏罗纪开始,合肥盆地进入一个全新的发展时期,盆地接受了完整的侏罗系沉积,侏罗系在盆地内分布面积达 9500km^2(苏良友,1983),其沉积厚度大于 4000m。其中,下侏罗统主要分布在盆地内大桥凹陷南侧及肥东和舒城凹陷中,该时期盆地沉积中心位于南部。下侏罗统下部为一套以巨厚层巨砾岩、砂砾岩为主的山麓洪积层,反映快速沉积的特点,该套粗碎屑岩厚约 219m。下侏罗统中、上部的沉积是在古地形夷平的基础上,由于水域的逐步扩大,沉积逐渐趋于稳定,由此而接受了一套以浅湖相为主的湖沼相含煤碎屑岩沉积,厚约 280m(苏良友,1983)。另据安参 1 井资料,在井深 2785～4046m 段所钻遇地层为下侏罗统,并且从该段岩心中获得了泥岩伊利石 K—Ar 年龄测年数据(详见第四章)。由此可见下侏罗统沉积厚度至少为 1261m。

中侏罗世起,盆地范围进一步扩大,沉积区波及长丰庄墓—定远响导铺一带。该时期盆地的沉积中心位于南部舒城凹陷和东部肥东凹陷一带。该期沉积速度大于沉降速度,水体变浅,中侏罗统形成于氧化环境下,形成了一套以砂质岩为主的滨湖相沉积,沉积厚度大于 1700m(苏良友,1983;李忠等,2000;贾红义等,2001)。据安参 1 井资料解释,中侏罗统沉积厚度达 2040.5m。

上侏罗统,盆地的沉积范围大致与中侏罗统相当,该时期主要沉积了一套以紫红色为主的碎屑岩。其中,下部以厚层状含砾粗砂岩与含交错层理砂岩互层;中部为厚层粗砂岩、中层—中薄层细砂岩与粉砂岩;上部为厚层含砾砂岩及块层状砂砾岩,其中具有明显的韵律特点。上侏罗统厚度 900～1000m(李忠等,2000)。据安参 1 井资料解释上侏罗统厚度为 366.5m,从这一点看,反映出该时期盆地逐渐向南东方向收缩的特征。

(二)白垩系

白垩系主要分布于合肥盆地东部肥东凹陷、定远凹陷及西北部颍上凹陷之中。分布面积约 13000km^2。据地震资料揭示,白垩系一般厚 500～1000m,最大钻遇厚度为 2900m,结合地球物理资料解释,白垩系在盆地东部大桥凹陷厚度可达 3000～4000m。白垩系分为下统朱巷组、上统响导铺组和张桥组。其充填特点如下:

下白垩统朱巷组：

该组主要岩性特征从纵向看，底部为棕红色细砾岩、含砾粗砂岩夹粉砂岩、泥岩；下部为以深棕褐色粉砂质泥岩和黑灰色钙质泥岩、泥岩为主，夹少量粉砂岩和细砂岩；中部自下而上由砂砾岩渐变为粉砂岩和粉砂质泥岩；上部以棕褐色粉砂质泥岩为主，细砂岩、凝灰质砂岩组成不等厚互层，并含硬石膏，本组厚度约964m，含孢粉、叶肢介和介形类等。安参1井仅钻遇朱巷组下部，钻遇厚度为364m，以一套灰白色、灰绿色砂岩、粉砂岩为主，夹紫红色泥岩和砂质泥岩，其底部为一套含砾砂岩。

上白垩统响导铺组：

响导铺组以棕褐色泥岩、粉砂质泥岩、粉砂岩夹薄层细砂岩为主，含双壳类、介形类和孢粉。其上段则以细碎屑岩为主；下段夹砂岩和含细砾砂岩，盆地近东缘浅井中见含砾砂岩或砾岩出现，该组厚度仅1000m。据地震资料，该时期盆地可能为一广盆沉积，沉积中心位于郯庐断裂带西侧一线。

上白垩统张桥组：

张桥组主要分布于盆地内大桥凹陷的耿集断裂以南区域，主要出露于定远池河、界牌及肥东的西山驿、桥头集等地。本组下部以深棕褐色、暗褐色中～细砂岩为主夹粉砂岩、粉砂质泥岩，韵律底部有粗砂岩与含砾砂岩出现；上部以细砂岩与粉砂岩、泥岩互层为主，局部夹有含砾砂岩与薄层砾岩互层。而在盆地近东缘地区（肥东、定远）一带下部常有较多的粗碎屑的砂砾岩或砾岩层组成，该组厚度在0～1000m。

（三）古近系

在合肥盆地内，古近纪时期沉积了定远组，该组地层主要分布于定远凹陷、肥东凹陷、颍上凹陷、舒城凹陷之中，面积约10000km^2。定远凹陷中最大钻遇厚度为1200m，肥东凹陷中最大钻厚800m，舒城凹陷东部最大钻厚3000m。据地震资料揭示，古近系一般厚1000～2000m，最大厚度3500m。

定远组主要为一套红色基调的砂岩、泥岩互层沉积，中上部夹灰色泥岩，在定远地区还夹有膏岩层。纵向上，自下而上沉积物粒度由粗变细，顶部又略粗构成一个较明显的沉积旋回。

综上所述，合肥盆地的沉积盖层，发育了一套由侏罗系—古近系的陆相湖盆沉积为主的碎屑岩。其沉积背景、厚度明显受断裂控制，总体上在盆地南部与东部沉积厚度大，向盆地的北西方向变薄。

第四节　盆地构造格架及单元划分

一、盆地构造格架

合肥盆地的构造演化经历了极为复杂的发展过程，现今的残留构造和盆地形态是经过印支、燕山和喜山等多期构造影响下形成的，与原始沉积时的古地理面貌已发生了很大变化。

由于合肥盆地的形成、发展、演化受到多期构造运动影响，因此，在合肥盆地内发育了不同方向、不同规模的断层，其中主要发育了近东西向、北东—北北东向和北西向三组断裂带（图 3 - 18）。盆地内近东西向断裂在南部较为发育，后两者则在盆地东部较为发育。近东西向展布的断裂均表现为形成时间早，并具多期、持续活动的特点。盆地内这些断裂的存在直接控制着本区地质构造发展和沉积盆地的构造格架，控制了盆地的二级构造单元。这些断裂的存在为盆地的二级构造单元划分提供了边界。其中，在盆地内规模较大的断裂有肥中断裂、蜀山断裂、六安断裂（又称肥西—韩摆渡断裂），这些断裂相对规模和切割深度较大，因此，它们是构成沉积分布和盆地构造单元划分的主要边界。

肥中断裂：位于肥东梁园北、高塘向西经长丰喇叭店、三十头，到达河南息县，总体走向近东西向，长约 185 千米，在地球物理方面表现为一梯度密集带。

蜀山断裂：位于合肥大、小蜀山一线，呈近东西向展布，该断裂在重力图上也处于密集梯度带，在地表构成了不同时代地层的分界线，在断裂北侧为周公山组，南侧则为张桥组，同时沿该断裂在喜山期还发育了基性火山岩喷发。

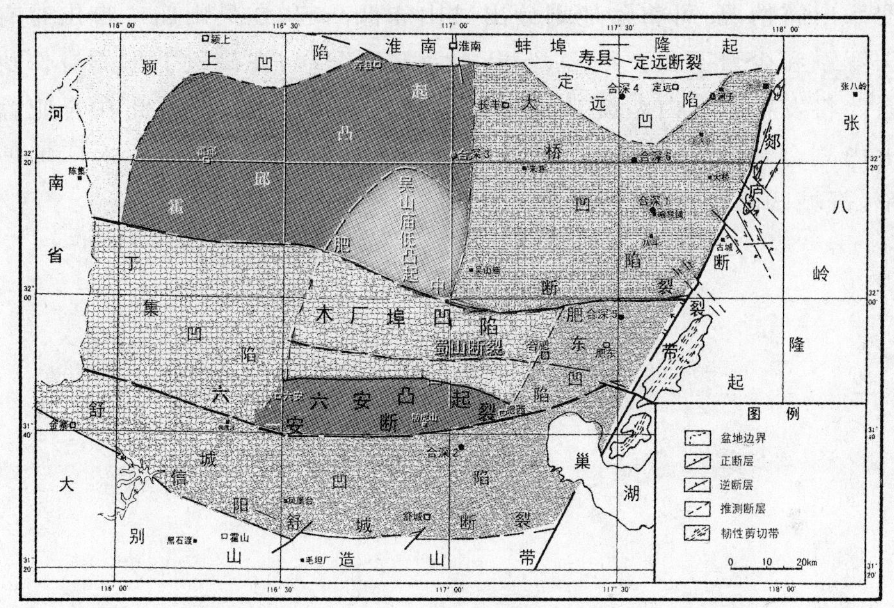

图 3-18　合肥盆地中、新生界构造格架及单元划分

肥西—韩摆渡断裂：该断裂位于肥西县境内防虎山南麓一线，也呈现为近东西向延展，延伸约 100 千米（陈发祥，1992）。该断裂构成了盆地中部与南部的分界线，从地质的角度看，在该断裂以北的周公山组、圆筒山组与断裂南侧的三尖铺组、凤凰台组存在明显差异。在地球物理特征方面，该断裂显示在其北侧为稳定的正磁异常，断裂南侧为稳定的负磁异常，断层正好位于这二者的交变带处。重力资料也显示出断裂位于明显梯度密集带上。

盆地内近南北向断裂，如庄墓断裂、长山隆起东侧（吴集）断裂，这些断裂在地球物理方面均有显示，但规模一般较小，仅在局部对盆地产生影响。

这些发育在盆地内部的断裂在盆地的不同演化阶段直接影响盆地局部（不同部位）的发展和演化，因此，也为盆地构造单元的划分提供了依据。但通过总体分析，主要控制合肥盆地东部的边界断裂仍为郯庐断裂带。

二、盆地构造单元划分

本文盆地构造单元的划分主要是根据盆地伸展期（上白垩统—古近系）分布格局来进行的，依据伸展期的构造格局、下白垩统和侏罗系出露情况，可将盆地划分出吴山庙低凸起，在吴山庙一带出露有侏罗系和少量下白垩统；六安凸起及霍邱凸起，在该段上出露有侏罗系。将发育有下白垩统和古近系的地区作为凹陷区，由此在合肥盆地内划分出了定远凹陷、大桥凹陷、颍上凹陷、丁集凹陷、木厂埠凹陷、舒城凹陷及肥东凹陷（图 3－18）。

第四章　合肥盆地沉积地层的同位素年龄测定

现代含油气盆地勘探实践证明，沉积盆地的热历史控制着盆地内烃源岩的热演化及油气的生成、赋存和分布规律，是控制油气生成、运移和聚集的重要因素。它牵涉盆地基底热流密度的变化和盆地内沉积物的性质、地下流体运动特征及埋藏史的变化等，因此，热史分析是研究盆地埋藏史，盆地形成、演化和油气评价的重要方面。盆地热史的研究越来越受到石油地质学家们的重视。本章则主要利用矿物学方法，通过对盆地内露头尺度黏土矿物和安参1井中黏土矿物X射线衍射(XRD)分析，主要包括伊利石结晶度、伊利石多型、伊利石/蒙脱石(I/S)混层比、同位素年代学的测定及磷灰石裂变径迹和镜质体反射率等参数的分析，对合肥盆地的热史加以研究。

合肥盆地内的中生界地层主要为红层，缺少相应的化石记录，更没有准确的同位素年龄数据，这给区内地层划分与对比带来了很大的困难。2002年胜利油田完成了穿过整个合肥盆地的安参1井钻探，这为系统确定合肥盆地的中生界地层时代提供了可能。安参1井位于肥中断裂北侧的大桥凹陷内，处于合肥盆地的中部，起钻地层为下白垩统朱巷组，终钻地层为浅变质的碳酸盐岩。工作中对该井所钻遇地层进行了系统的X射线衍射分析及同位素年龄测定。

第一节　安参1井地层黏土矿物X射线衍射分析

一、井下样品采集

在安参1井钻进过程和项目实施中，对该井所取岩芯进行了系统的采样(表4-1),从井深370m至5156m分别采集了砂、泥岩样品38块,采样间距平均200m左右。

表4-1　安参1井岩芯采样一览表

井深(m)	岩性(泥岩类)	井深(m)	岩性(泥岩类)	井深(m)	岩性(砂岩类)	井深(m)	岩性(砂岩类)
370.75	红色含砂泥岩	2974.5	青灰色板岩	372.04	红色细粒砂岩	3703.3	灰绿色钙质细粒长石岩屑砂岩
376	红色泥岩	2978.25	青灰色板岩	373.5	红色中粒岩屑砂岩	4006	青灰色泥质粉砂岩
384.4	红色泥质粉砂岩	3257.51	红色泥岩	396.20	红色细粒砂岩	4180	青灰色细砂岩
395.7	红色含砂泥岩	3264.2	红色泥岩	743	红色细粒砂岩	4183	青灰色泥质粉砂岩
746.1	红色含砂泥岩	3540.7	红色含砂泥岩	1351.3	青灰色细粒岩屑长石砂岩	4187.5	绿色砂岩
750.95	红色泥岩	4006	红色含砂泥岩	1896.2	灰绿色细粒砂岩	4185	青灰色中粒砂岩
1340.2	红色含砂泥岩	4180	青灰色泥岩	2664.6	红色岩屑石英粉砂岩	5155～5156.3	大理岩
1533.5	红色粉砂质泥岩	4300.7	青灰色泥灰岩	2971.8	灰黑色细粒岩屑长石砂岩		
2663	红色泥岩	5047	青灰色浅变质泥灰岩	3535.7	青灰色细粒长石岩屑砂岩		
2667.4	红色粉砂质泥岩	5048	青灰色浅变质泥灰岩	3702	灰绿色中粒长石岩屑砂岩		

二、样品制备

(一)伊利石样制备

样品制备中原则上是分离出＜2μm粒级的自生的伊利石,排除碎屑伊利石。具体步骤如下:

A. 手工破碎泥岩、含砂泥岩、粉砂质泥岩,破碎时保持用力轻而均匀,以避免将碎屑成因的白云母因人工破碎而无法分离出来。

B. 对于破碎的样品过 200 目筛。

C. 对于每个过筛的细粒样品，在 20cm 水深的试管中自然沉淀 16 小时，然后提取其含细粒伊利石的悬浮液。

D. 用离心机从每一个悬浮液样品中分别提取不同粒级的自生伊利石。对于 2000m 以上每个样品，分别分离出＜0.3μm、0.3～1μm、1～2μm 粒级伊利石；而对于 2000m 以下样品，考虑到可能受到埋藏变质作用的影响，每个样品分别分离出＜0.5μm、0.5～1μm、1～2μm、2～5μm 粒级伊利石。

E. 对于所分选出的湿样品，在烘箱中 30℃环境下烘干。

(二)伊利石/蒙脱石混层比分析样品制备

本文 X 射线衍射分析全部是在定向片上进行的。具体制片程序如下：

N 片(自然定向片)：将所分选的黏土级的伊利石样悬浮液，直接滴于载玻片上，自然定向沉淀，自然风干。

EG 片(乙二醇定向片)：用乙二醇蒸汽在 40℃～50℃条件下将自然定向片恒温 7h，冷却至室温即可。

550℃片：在 550℃±10℃条件下，将乙二醇饱和片通过马福炉恒温 2h，然后自然冷却至室温。

三、X 射线衍射分析

(一)X 射线衍射分析过程与仪器条件

晶体 X 射线衍射分析，就是利用发射标识 X 射线照射晶体，产生晶格衍射，根据衍射特征，来研究晶体特征与矿物种类。本次 X 射线衍射分析是在合肥工业大学理化中心进行的，使用的是日本产 D/max－RB 型 X 射线衍射仪。仪器工作条件为阳极，材料为铜靶，电压为 40kV，电流为 80mA，扫描速度为 2°/min～4°/min，发射狭缝为 1μm，接收狭缝为 0.3μm。扫描方式对于 3°～70°范围采用连续扫描，其余采用步进扫描，步长为 0.02°。对于不同的分析种类，扫描范围是不同的。对于成分分析和伊利石多型分析，扫描范围为 3°～70°(扫描速度为 4°/min)；对于伊利石/蒙脱石混层比分析中的 N 片(自然定向片)、EG 片(乙二醇定向片)和 550℃定向片的扫描范围为 2.5°～30°(步进扫描)；而对于伊利石结晶度测量的扫描范围为 2.5°～14°

(步进扫描)。

(二)伊利石结晶度分析

伊利石结晶度是对伊利石雏晶厚度的度量,反映的是其结晶程度(朱光等,1994;朱光,1995)。关于伊利石结晶度的度量,目前国际上广泛采用的是 Kubler 指数(KI)(Kubler,1967),即 X 射线衍射图上伊利石(001)主衍射峰(10Å=1.0nm)的半高宽。在 X 射线衍射图上,伊利石主衍射峰愈尖锐反映结晶程度愈高,结晶度数值愈小,反之亦然。作为矿物地质温度计的黏土类矿物,它们的变化与温度密切相关,并具有温度不可逆性,因此,通过对伊利石结晶度的分析可以揭示其所在地层所经历过的最高温度的记录,它可以用来间接地指示热演化程度,是盆地古地温研究的重要参数。黏土类沉积岩在成岩过程中自生形成的伊利石,随着成岩程度的增加、温度的升高,其结晶度不可逆地增大(数值变小)。对于黏土类沉积岩,伊利石结晶度的 Kubler 指数大小已广泛用于成岩程度和极低级变质等级的划分(朱光等,1994;朱光,1995;索书田等,1999)。从成岩阶段至低级变质可以划分为三个等级阶段(表 4-2),即成岩阶段(<200℃)→埋藏变质阶段(也称近地带,anchizone,200℃~300℃)→浅变质阶段(相当于低绿片岩相,也称浅变带,epizon,>300℃)。Kubler 指数大于 0.42(单位:°Δ2θ)时为成岩阶段,0.42~0.25 为埋藏变质阶段,而小于 0.25 时指示已进入到浅变质阶段。

表 4-2 划分成岩作用至甚低级变质作用的指标(据朱光,1995)

成岩阶段	成岩作用			埋藏变质	低级变质
	早期	中期	晚期		
温度(℃)	100	150	200	300	
有机质成熟度	未成熟	成熟	中~高成熟	过成熟	
R_o(%)	0.5	0.8	2.0		
伊利石结晶度 (单位:°Δ2θ)			0.42	0.25	
绿泥石结晶度			0.33	0.25	
I/S 混层比	50	25	10		
蒙脱石转化	蒙脱石→伊/蒙无序混层	伊/蒙部分有序→有序混层		伊利石阶段	
伊利石多型	1Md/1M			1Md→2M1	2M1

本次工作中，对15个不同深度上所分选出的1～2μm粒级伊利石样品，制成自然定向片（N片）在2.5°～14°范围内进行X射线衍射。然后在衍射图上通过10Å峰半高宽的测量计算伊利石结晶度值（表4－3）。其伊利石结晶度在纵向上的变化见图4－1。

表4－3　安参1井(N片)伊利石和绿泥石结晶度值统计表

粒级(μm)	深度(m)	岩性	伊利石结晶度	绿泥石结晶度
1～2	370.75	红色含砂泥岩	0.44	0.49
1～2	376	红色泥岩	0.53	0.48
1～2	384.4	红色泥质粉砂岩	0.79	0.45
1～2	395.75	红色含砂泥岩	0.63	0.48
1～2	746.1	红色含砂泥岩	0.65	0.48
1～2	750.95	红色泥岩	0.63	0.52
1～2	1340.2	红色含砂泥岩	0.38	0.32
1～2	1533.5	红粉砂质泥岩	0.37	0.29
1～2	2663.0	红色泥岩	0.34	0.31
1～2	2974.5	青灰板岩	0.33	0.27
1～2	3264.2	红色泥岩	0.29	0.30
1～2	3540.7	红色含砂泥岩	0.42	0.27
<0.5	4006	红色含砂泥岩	0.42	0.43
0.5～1			0.36	0.38
1～2			0.38	0.34
2～5			0.32	0.33
<1	4180	糜棱岩化泥岩	0.39	0.34
1～2			0.32	0.31
2～5			0.38	0.27
5～10			0.32	0.26
<1	4300.7	青灰色泥灰岩	0.23	0.31
1～2			0.21	0.24
2～5			0.21	0.22
<20	5047	青灰色泥灰岩	0.24	0.24
<20	5048	青灰色泥灰岩	0.25	0.26

由表 4－3 可见，深度在 1000m 以上地层内伊利石结晶度值均＞0.42，反映该段地层仍处于成岩阶段，所经历过的最高温度应＜200℃。在 1000m～4180m 区间内所测得的伊利石结晶度值介于 0.42～0.29 之间，反映该段地层已进入埋藏变质作用阶段，所经历的温度介于 200℃～300℃。而在 4180m 以下深度范围，所获得的伊利石样品结晶度值仅为 0.25～0.21 之间，反映在该深度范围内地层已进入浅变质作用阶段，代表温度已超过 300℃。

从图 4－1、表 4－3 可见，伊利石结晶度的纵向变化具有伊利石结晶度值从上至下逐渐变小的规律，反映结晶程度由上到下逐渐增高，也指示其热演化程度的提高。

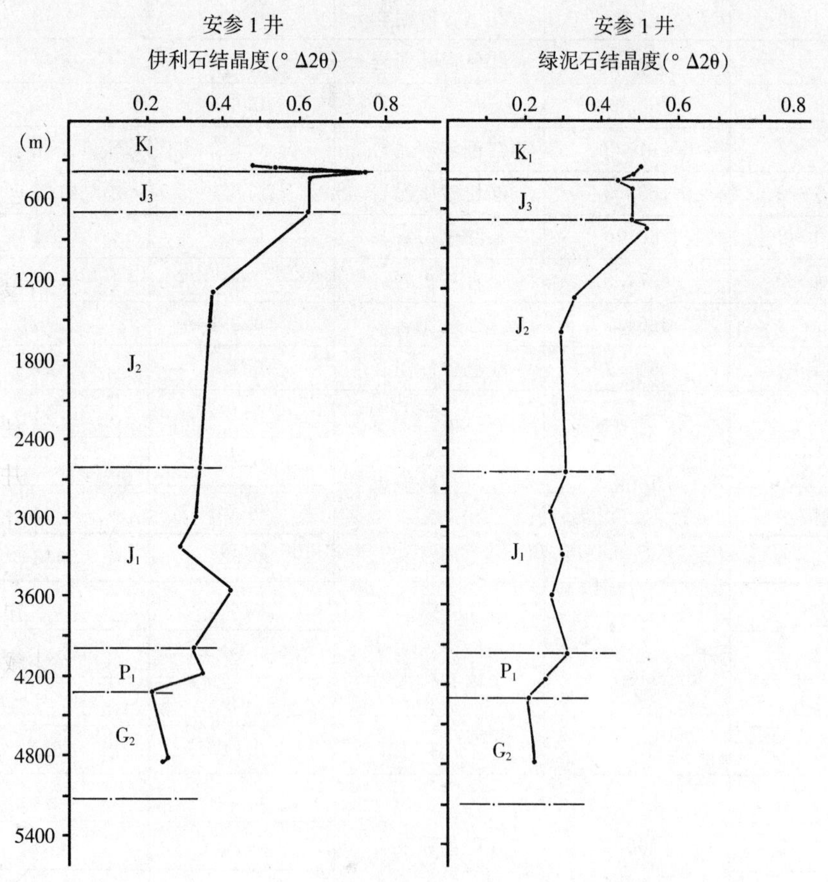

图 4－1　安参 1 井伊利石、绿泥石结晶度的纵向变化

伊利石的结晶度，还可在衍射图谱上通过 1.0nm 峰的峰形特征来表征。具体衡量伊利石的结晶度要通过衍射峰的五个基本要素来确定，即衍射峰的位置、最大衍射强度、衍射峰半高宽、衍射峰形态和对称性（王河锦等，1998；王行信等，1998）。其中，只有半高宽和衍射峰形态是与晶体内部的结构和大小即结晶度相联系的。一般来说，结晶程度好的伊利石，其 1.0nm 衍射峰窄而且对称；结晶程度不好的伊利石，1.0nm 衍射峰宽而且不对称。

由图 4－2 可见，安参 1 井从上至下，伊利石底面 10Å 衍射峰，由宽缓变得越来越尖锐，该图谱特征也明显指示了伊利石结晶度由上而下在逐渐增强。这一变化趋势在 1000m 上下表现得最为显著，反映出在这一深度上，所钻遇地层由成岩阶段向埋藏变质阶段的转化。

（三）绿泥石结晶度 X 射线衍射分析

绿泥石是沉积岩、极低级变质岩等岩石中广泛存在的矿物。以绿泥石结晶度来划分极低级变质作用等级、进行热演化的分析已有许多成功的先例（Akai，1991，1995，1996；yang et al.，1991）。绿泥石结晶度通常利用（002）面 7Å 衍射峰的半高宽求得。绿泥石结晶度值与伊利石结晶度有较好的相关性，其值大小也与结晶程度成反比，绿泥石结晶度与温度的对应关系见表4－2。

为了增加可比性，在绿泥石结晶度的测量中，始终保持与伊利石结晶度测试相同的仪器和工作条件。通过测试，所获得的安参 1 井绿泥石结晶度见表 4－3、图 4－1。从上述图表看具有如下规律：在井深 1000m 以上，绿泥石结晶度值介于 0.45～0.52（一般大于 0.33），由表 3－2 可知，该段地层应处于成岩阶段；井深 1000～4180m 区间的绿泥石结晶度基本上介于 0.43～0.25，表明该段地层已处于埋藏变质作用阶段；在井深大于 4180m 的绿泥石结晶度值多小于 0.25，说明该井深段的地层已进入浅变质阶段。

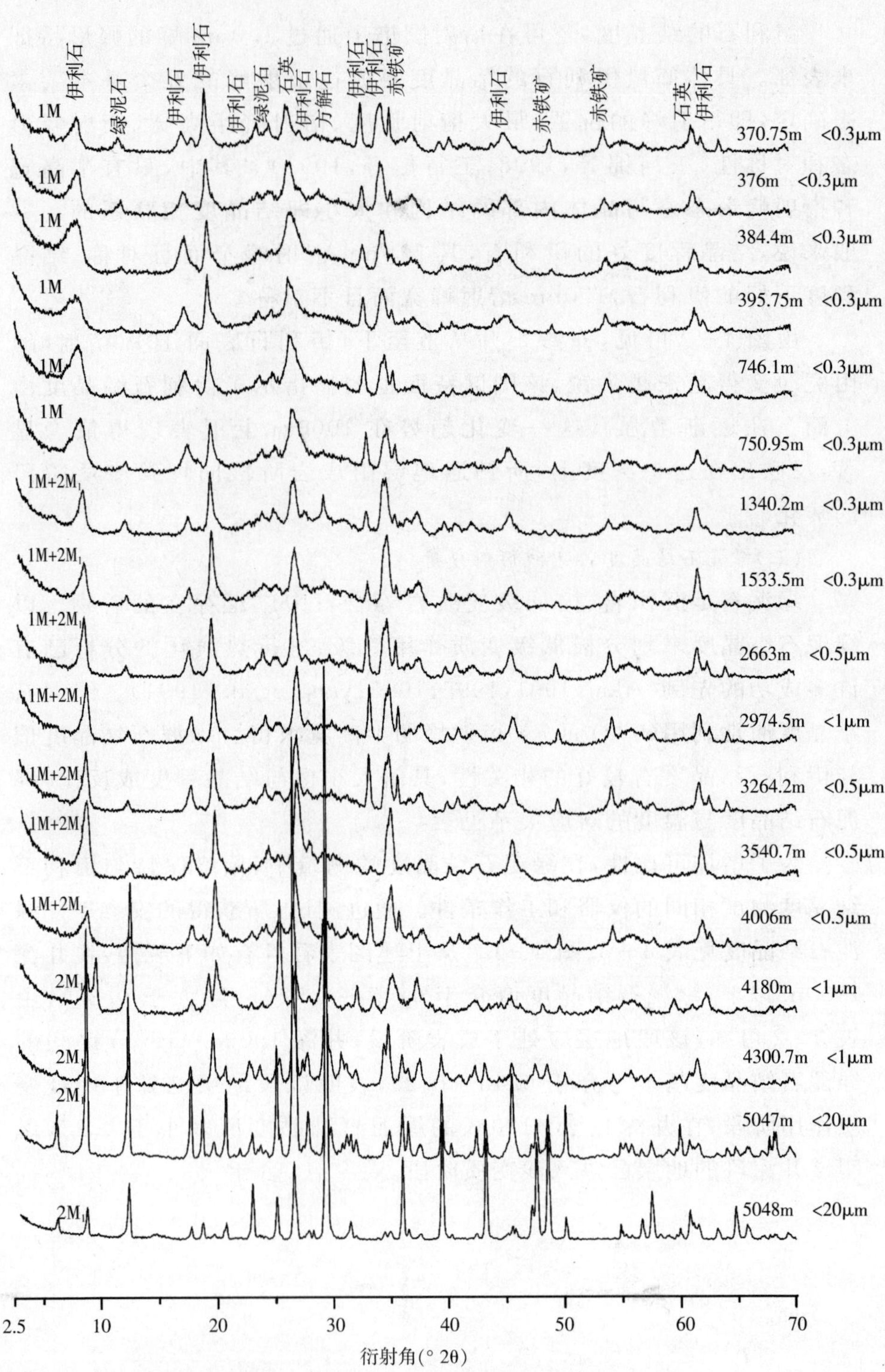

图 4-2　安参 1 井伊利石样品 X 射线衍射系列图(2.5～70°Δ2θ)

综上所述，该井自 370.75m 至 5048m 深所钻遇地层，其绿泥石结晶度值也呈减小趋势，同样也反映出结晶度和热演化程度的逐渐增高这一特点，这些结果与伊利石结晶度互相验证，结果一致，因此，反映两者的测试结果是可信的。

(四)伊利石多型分析

伊利石多型是指在一定的地质条件下，伊利石在演化过程中所形成的具有不同的晶体结构及属于不同的晶系所形成的一系列同质多象变体。伊利石常见的多型有：1M(或 1Md 无序型)、2M1 型和 3T 型(高压下的产物)。伊利石多型转变主要受控于温度，其次为流体活动和压力的变化。通常认为 1Md 出现在早期成岩作用阶段，随着温度和埋深的增加，伊利石由 1M 多型向 2M1 多型转变，在高压环境下出现了 3T 型。因为这些转变具有不可逆性，从而也可用来记录相对的热演化程度。伊利石多型在转变过程中，各阶段有一定的温度作用范围，其中，2M1 型向 3T 型的转变过程受压力控制较前者明显。因此，根据伊利石的多型特征及演化规律，可以大致确定地质环境的温度特征。

一般认为，沉积盆地中，自生伊利石的多型随温度变化特征(表 4-2)为：在 200℃以下，对应于成岩作用阶段，伊利石主要是 1Md 和 1M 多型，并且随着温度的增加，由 1Md 向 1M 多型转变(Hunziker et al.，1986)，但 1Md 多型只出现在早期成岩作用阶段。所以，一般认为，成岩作用阶段伊利石主要是 1M 多型。形成温度在 200℃～300℃之间，对应于埋藏变质阶段，伊利石由 1M 向 2M1 型转变，伊利石多型主要是 1M 和 2M1 型。在 300℃以上，对应于浅变质作用阶段，1M 型向 2M1 型转变全部完成，伊利石主要是 2M1 多型。通过测试，安参 1 井岩芯样品中，伊利石的多型(表 4-4)显示出如下特征：在井深 1000m 以上，在小粒级的衍射图谱上，伊利石几乎全为 1M 多型，2M1 多型的衍射很弱；在井深 1000m 到 4006m 的衍射图谱上，2M1 多型的衍射较强，并且随深度有加大的趋势，而 1M 多型则逐渐减少直至消失；井深 4300.7m 及其以下深度的样品衍射图中皆为 2M1 型。

表 4－4　安参 1 井样品伊利石多型

粒级（μm）	深度（m）	岩性	样品多型	粒级（μm）	深度（m）	岩性	样品多型
＜0.3	370.75	红色泥岩	1M＞2M1	＜1	2974.5	青灰板岩	1M＋2M1
0.3～1			1M＞2M1	1～2			2M1＞1M
1～2			1M＋2M1	2～5			2M1＞1M
＜0.3	376	红色含砂泥岩	1M＞2M1	＜0.5	264.2	红色泥岩	1M＋2M1
0.3～1			1M＞2M1	0.5～1			2M1＞1M
1～2			1M＋2M1	1～2			2M1＞1M
＜0.3	384.4	红泥质粉砂岩	1M＞2M1	＜0.5	3540.7	红色含砂泥岩	1M＋2M1
0.3～1			1M＞2M1	0.5～1			2M1＞1M
1～2			1M＋2M1	1～2			2M1＞1M
＜0.3	395.75	红色含砂泥岩	1M＞2M1	2～5			2M1＞1M
0.3～1			1M＞2M1	＜0.5	4006	红色含砂泥岩	2M1＞1M
1～2			1M＋2M1	0.5～1			2M1＞1M
＜0.3	746.1	红色含砂泥岩	1M＞2M1	1～2			2M1＞1M
0.3～1			1M＞2M1	2～5			2M1＞1M
1～2			1M＋2M1	＜1	4180	糜棱岩化泥岩	2M1
＜0.3	750.95	红色泥岩	1M＞2M1	1～2			2M1
0.3～1			1M＞2M1	2～5			2M1
1～2			1M＋2M1	5～10			2M1
＜0.3	1340.2	红色含砂泥岩	1M＞2M1	＜1	4300.7	青灰色泥灰岩	2M1
0.3～1			1M＞2M1	1～2			2M1
1～2			1M＋2M1	2～5			2M1
＜0.3	1533.5	红粉砂质泥岩	1M＋2M1	＜20	5047	青灰色泥灰岩	2M1
0.3～1			2M1＞1M				
1～2			2M1＞1M				
＜0.5	2663.0	红色泥岩	1M＋2M1	＜20	5048	青灰色泥灰岩	2M1
0.5～1			2M1＞1M				
1～2			2M1＞1M				

通过对上述衍射图谱分析，认为在井深 1000m 处是自生伊利石由 1M 型向 2M1 多型转化界线，对应温度是 200℃，亦即成岩作用和埋藏变质作用的转变点；在该深度以上，按照前述结晶度的资料指示仍处于成岩阶段。

在井深 1000m～4006m 深度区间的样品中自生伊利石由 1M 型已开始向 2M1 型转化，并且随着深度的加大转化程度逐步增加，说明这一深度区间内地层已进入埋藏变质阶段，这一点与结晶度测试结果吻合。

在井深 4006m 以下样品中的伊利石多型则以 2M1 型为主，反映了该段地层受到较高的热演化程度。如 4006m 样品各粒级均以 2M1 型为主，含少量 1M 型，指示到了埋藏变质阶段的中后期，这一点也与伊利石结晶度数据相吻合。而在井深 4180m、4300.7m、5047m、5048m 样品均为 2M1 型，与结晶度值反映的结果保持一致，说明该段地层已进入浅变带环境。

综合上述，伊利石多型在纵向上的变化特征，也反映出安参 1 井自上而下热演化程度逐渐增高，这一结果与图 4－1 给出的伊利石和绿泥石结晶度结果解释完全吻合。

(五)伊利石/蒙脱石(I/S)混层比分析

间层矿物是在特定的物理化学条件下形成的，它对环境的反应较为敏感。因此，研究间层矿物的重要性不仅在于它们分布的广泛性和结晶学上的理论意义，而且还在于它的晶层组成、重叠的规律性，以及含量的变化可以作为地质环境的一种灵敏的指示剂，因此对盆地古环境分析以及石油成因和运移规律的研究都具有重要意义。

间层比 I/S 也是表征间层矿物特征的一个重要参数。间层比一般用伊利石晶层在间层矿物中所占的百分含量(*I*%)或者用蒙脱石晶层在间层矿物中所占的百分含量(S%)表示，本文采用的是以蒙脱石的百分含量 S%来表示。理论上讲，间层矿物的间层比例是一个连续变化的序列，间层比 S%可以在 100%到 0%之间变化，它代表了黏土类沉积矿物在成岩过程中自生的蒙脱石随着埋深的加大、成岩程度的提高，所引起的由蒙脱石向伊利石转化过程，即蒙脱石→I/S 无序间层→I/S 有序间层→伊利石的演化序列。这一序列也是不可逆的。因此，通过 X 射线衍射测定 I/S 混层比，可以精确地划分成岩阶段,同时,也可以间接地指示出有机质的演化程度。早期成岩阶段,黏土矿物为蒙脱石或 I/S 无序混层,对应的是有机质未成熟阶段。国外研究表明,如 I/S 由无序混层向 I/S 有序混层转化,标志着有机质从不成熟至成熟,即达到生油门限,此时所对应的温度为 80℃～100℃,混层比是 50%。如混层比为 50%～25%则对应于成岩的中期阶段,反映有机质进入成熟期。而混层比为 25%～10%则对应于晚期成岩阶段,反映有机质进入中—高成熟阶段。

在计算伊利石和蒙脱石间层比时,首先通过判别式(A)确定有无间层,再确定其是有序间层还是无序间层,然后再进行计算。

间层判别式:区别两种间层,主要是根据它们的衍射图的特征差异。

$$Ir=\frac{001/003(N)}{001/003(EG)} \tag{A}$$

上式中,001/003(N)代表在自然定向片上,伊利石 001 衍射峰和 003 衍射峰的高度比;001/003(EG)代表在乙二醇片上,伊利石 001 衍射峰和 003 衍射峰的高度比。当 $Ir=1$ 时,意味着处理前后衍射强度不变或等比例变化,说明无间层;当 $Ir>1$ 时,说明存在 001 衍射峰的相对下降,这正是存在间层的标志。因此,一般情况下,当 Ir 大于 1 时,就认为有间层存在。

对于伊利石/蒙脱石无序间层,一个显著特点就是在乙二醇片上,形成独立的蒙脱石 001 晶面衍射位置(1.7nm)和伊利石 001 晶面衍射位置(1.0nm)。在其中间没有其他衍射峰出现。在自然风干定向片中,其$(001)_I/(001)_S$衍射峰的 d 值为 1.5nm,乙二醇处理后,该值增大至 1.7nm,随着间层中蒙脱石的晶层含量的减少和伊利石结晶度含量的增加,$(001)_I/(001)_S$衍射峰的 d 值不变,强度产生一定的变化,或者说是峰形有所改变。此时,衍射峰低角度一侧的峰谷到峰尖的距离 l 与衍射峰的高度 h 之比 l/h 逐渐减小,直至减小到 0。同时$(002)_s$和$(003)_s$衍射峰分别向$(001)_I$和$(002)_I$衍射峰移动,即蒙脱石晶层的(002)(0.85nm)和(003)(0.56nm)衍射峰分别向伊利石晶层的(001)(1.0nm)和(002)(0.5nm)衍射峰移动。

伊利石/蒙脱石有序间层矿物具有超点阵构造,即具有大基面间距衍射峰,表现在衍射图谱上在低角度出现 2.0nm 以上的高强衍射峰，在乙二醇图谱上，没有单独的蒙脱石的(001)衍射峰，即不具有1.7nm衍射峰。

本文所分析的这套样品在EG片上均没出现独立的1.7nm衍射峰，这一特点说明它们都是I/S有序混层。因此，基于N片的计算(表4－5)，本文采用的是Wever(1956)曲线法的计算表(赵杏媛等，1990)；基于EG片的计算(表4－6)采用的是中国石油天然气行业部颁标准计算表[1]。通过对比分析表4－5和4－6数值，二者结果比较吻合，是可信的。因此，将二者进行平均得到安参1井I/S混层比(S%)表4－7。

表4－5　N片中I/S的001/001衍射晶面间距和间层比的对应关系

晶面间距(10^{-1}nm)	间层比(S%)	晶面间距(10^{-1}nm)	间层比(S%)
10.2	5	11.4	33
10.3	8	11.6	37
10.4	10	11.8	40
10.5	13	12.0	43
10.7	18	12.1	45
10.8	21	12.2	47
11.0	25	12.4	49
11.2	29		

表4－6　EG片中I/S的001/001衍射晶面间距和间层比的对应关系

晶面间距(10^{-1}nm)	间层比(S%)	晶面间距(10^{-1}nm)	间层比(S%)
10.6	5	12.8	28
10.8	6	13.0	30
11.0	8	13.2	33
11.2	10	13.4	35
11.4	12	13.6	38

[1] 中国石油天然气行业标准(SY/T5983—94)

（续表）

晶面间距（10^{-1}nm）	间层比（S%）	晶面间距（10^{-1}nm）	间层比（S%）
11.6	14	13.8	40
11.8	16	14.0	42
12.0	18	14.2	44
12.2	21	14.4	45
12.4	23	14.6	47
12.6	26	14.8	49

表 4-7　安参 1 井样品 I/S 混层比（S%）

深度	混层比（S%）			深度	混层比（S%）			深度	混层比（S%）		
（m）	N	EG	平均	（m）	N	EG	平均	（m）	N	EG	平均
370.75	24	22	23	750.95	14	16	15	3264.2	无	无	
376	23	19	21	1340.2	无	无		3540.7	无	无	
384.4	20	20	20	1533.5	无	无		4003.0	无	无	
395.75	19	18	18.5	2663.0	无	无		4180.0	无	无	
746.1	15	17.5	16.5	2974.5	无	无		4300.7	无	无	

通过对表 4-7 结果的分析，显示安参 1 井在井深 1000m 以上的样品均为 I/S 有序混层，其混层比皆小于 23%，说明该段地层进入成岩作用晚期；从井深 370.75 至 750.95m 混层比值由 23%逐渐降至 15%，说明在该段地层热演化程度自上而下在逐渐增高；而在井深 1340.2m 及其以下的埋深范围内，所测样品中均无 I/S 混层出现，这说明了在井深 1340.2m 以下岩层的热演化程度已高于成岩阶段。上述多型分析结果与结晶度结果完全吻合。

（六）安参 1 井地层 X 衍射分析结果及综合解释

安参 1 井地层热演化总体特征见（表 4-8），主要可分为三个阶段：在井深 1000m 以上（对应钻遇地层为下白垩统—中侏罗统上部），获得该套地层自生伊利石的结晶度值大于 0.42，绿泥石结晶度值大于 0.33，存在伊/蒙有序混层，自生伊利石基本上呈 1M 型。上述四方面资料结果一致，均代表了在井深 1000m 以上地层的热演化程度处于成岩演化阶段。而从该段地层中伊/蒙的有序混层及混层比都小于25%看，反映该段地层已进入了成岩阶段的演化晚期（相当于有机质中一高成熟期）。由此推测盆地在该段的古地温应为150℃～200℃，这一点与从井外获得相应层位下白垩统中磷灰石裂变径迹所揭示的热史结果相近，在主沉积区磷灰石裂变径迹揭示的古地温＞80℃，最高可达160℃（薛爱民等，2000）。在伊/蒙混层比方面，随着埋深增加，混层比有规律地减小，指示热演化程度增加，据其递减规律预计在井深1000m附近的地层已进入成岩作用阶段与埋藏变质作用阶段的边界。这一点从井外获得下白垩统 R_o 值可以加以验证，如从井外下白垩统获得 R_o 最大值为1.2%（薛爱民等，2000），确实反映有机质已达成熟演化阶段。

表4-8　安参1井地层X射线衍射分析结果及综合解释

粒级(μm)	深度(m)	岩性	样品多型	伊利石结晶度	绿泥石结晶度	I/S	热演化程度	估计温度(℃)
＜0.3			1M＞2M1				成岩阶段晚期	150—200
0.3～1	370.75	红色泥岩	1M＞2M1	0.44	0.49	23		
1～2			1M+2M1					
＜0.3			1M＞2M1					
0.3～1	376	红色含砂泥岩	1M＞2M1	0.53	0.48	21		
1～2			1M+2M1					
＜0.3			1M＞2M1					
0.3～1	384.4	红泥质粉砂岩	1M＞2M1	0.79	0.45	20		
1～2			1M+2M1					
＜0.3			1M＞2M1					
0.3～1	395.75	红色含砂泥岩	1M＞2M1	0.63	0.48	18.5		
1～2			1M+2M1					
＜0.3			1M＞2M1					
0.3～1	746.1	红色含砂泥岩	1M＞2M1	0.65	0.48	16.3		
1～2			1M+2M1					
＜0.3			1M＞2M1					
0.3～1	750.95	红色泥岩	1M＞2M1	0.63	0.52	15		
1～2			1M+2M1					

（续表）

粒级（μm）	深度（m）	岩性	样品多型	伊利石结晶度	绿泥石结晶度	I/S	热演化程度	估计温度（℃）
<0.3	1340.2	红色含砂泥岩	1M>2M1	0.38	0.32	无	埋藏变质阶段	200—300
0.3～1			1M>2M1					
1～2			1M+2M1					
<0.3	1533.5	红色粉砂质泥岩	1M+2M1	0.37	0.29	无		
0.3～1			1M>2M1					
1～2			1M>2M1					
<0.5	2663.0	红色泥岩	1M+2M1	0.34	0.31	无		
0.5～1			1M>2M1					
1～2			1M>2M1					
<1	2974.5	青灰板岩	1M+2M1	0.33	0.27	无		
1～2			2M1>1M					
2～5			2M1>1M					
<0.5	3264.2	红色泥岩	1M+2M1	0.29	0.30	无		
0.5～1			2M1>1M					
1～2			2M1>1M					
<0.5	3540.7	红色含砂泥岩	1M+2M1	0.42	0.27	无		
0.5～1			2M1>1M					
1～2			2M1>1M					
2～5			2M1>1M					
<0.5	4006	红色含砂泥岩	2M1>1M	0.42	0.43	无		
0.5～1			2M1>1M	0.36	0.38			
1～2			2M1>1M	0.38	0.34			
2～5			2M1>1M	0.32	0.33			
<1	4180	糜棱岩化泥岩	2M1	0.39	0.34	无		
1～2			2M1	0.32	0.31			
2～5			2M1	0.27	0.27			
5～10			2M1	0.33	0.26			
<1	4300.7	青灰色泥灰岩	2M1	0.23	0.31	无	浅变质阶段	300—350
1～2			2M1	0.21	0.24			
2～5			2M1	0.21	0.22			
20	5047	泥灰岩	2M1	0.24	0.24	无		
20	5048	泥灰岩	2M1	0.25	0.26	无		

在井深1000～4006m范围内，所钻遇的地层相当于侏罗系，该套地层中自生的伊利石结晶度介于0.42～0.29之间，绿泥石结晶度介于0.33～0.27之间(仅3264.27m例外)，自生伊利石中蒙脱石混层消失，自生伊利石中1M与2M1型共同存在。由此推测该井段的古地温为>200℃，与磷灰石裂变径迹所获得的古地温值相当。磷灰石裂变径迹资料显示该套地层属于中、上侏罗统，其古地温均>100℃，在盆地东部古地温可达220℃，而下侏罗统热史最高可达240℃(薛爱民等，2000)，说明了该段古地温应在200℃～300℃之间。上述四方面资料也彼此相互吻合，结合随井所获得的2785～4006m的下侏罗统镜质体反射率(R_o)为2.02%～3.52%，平均值为3.01%(罗佳强等，2002)。综上诸多资料，一致指示这一区间的地层进入了埋藏变质阶段(相当于有机质过成熟期)。从伊利石结晶度资料看(3540.7m除外)，这一区间的地层随埋深增加，结晶度值递减，指示结晶度增高、热演化程度增强。

取自井深4180m处的样品，伊利石和绿泥石结晶度值吻合，一致指示该段地层热演化处于埋藏变质阶段。取自井深4300.7m及其以下的5047m和5048m的样品，伊利石、绿泥石结晶度及单一的2M1型伊利石的出现，均表明该段地层的热演化程度已进入浅变带，属于浅变带(绿片岩相)的开始阶段，由此推测盆地的古地温在300℃～350℃。

综上所述，通过对伊利石结晶度、绿泥石结晶度、伊/蒙混层比及伊利石多型四个方面的综合分析对比，安参1井地层热演化明显分为三大阶段：在井深1000m以上地层处于成岩阶段，对应温度150℃～200℃；而井深1000～4200m的地层进入了埋藏变质阶段，对应温度200℃～300℃；而在井深4200m以下地层的热演化已进入浅变质阶段，对应温度为300℃～350℃。

第二节　地表样品的X射线衍射分析

本文对取自合肥盆地露头上的泥岩样品也进行了X射线衍射测定，取样位置见图4-3。地表样品由于受露头限制，实际采样位置在

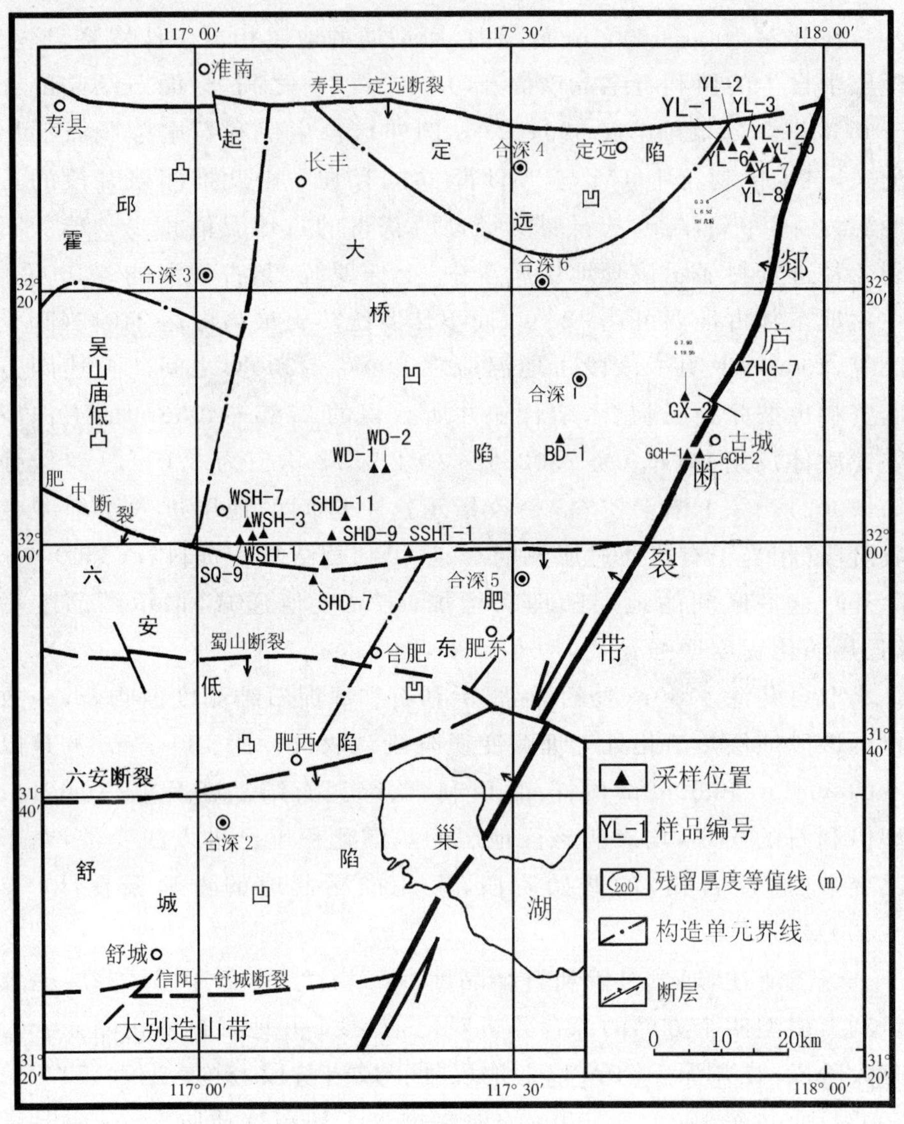

图 4-3　合肥盆地白垩系黏土矿物采样位置图

平面上难以均匀分布，但通过对获得样品的 X 射线衍射分析结果可与钻井中所获得的资料加以对比，进而可定量地得到更大范围的露头尺度上的地层热演化特征。露头尺度的样品采集、制备及分析方法与前文钻井中样品处理方法相同，不再赘述。通过对获得的地表露头上的白垩系地层中黏土样品 X 射线衍射分析，获得如下结果（见表 4-9）☆。

表 4-9 合肥盆地东部朱巷组伊利石结晶度、伊/蒙混层比测试值

样品号	层位	采样地	构造部位	结晶度值 (°Δ2θ)	混层比 (I/S%)	有序度
GX-2	K_1z	广兴	大桥凹陷东缘	0.75	41.4	部分有序
ZHG-7	K_1z	章广西	大桥凹陷东缘	0.62	无	
GCH-1	K_1z	古城	大桥凹陷东缘	0.5	68.3	部分有序
GCH-2	K_1z	古城	大桥凹陷东缘	0.5	65.4	部分有序
YL-1	K_1z	雨林	大桥凹陷东部	0.70	45.7	部分有序
YL-2	K_1z	雨林	大桥凹陷东部	0.60	57.1	无序
YL-3	K_1z	雨林	大桥凹陷东部	0.54	58.3	无序
YL-6	K_1z	雨林	大桥凹陷东部	0.55	61.3	无序
YL-7	K_1z	雨林	大桥凹陷东部	0.48	69	
YL-8	K_1z	雨林	大桥凹陷东部	0.43	62.1	无序
YL-12	K_1z	雨林	大桥凹陷东部	0.68	41.36	部分有序
SSHT-1	K_1z	三十头	大桥凹陷中部	0.63	61.6	无序
WD-1	K_1z	吴店	大桥凹陷中部	0.58	50.2	无序
WD-2	K_1z	吴店	大桥凹陷中部	0.45	20	
SHD-7	K_1z	双墩西	大桥凹陷西部	0.70	66.7	无序
SHD-9	K_1z	双墩西	大桥凹陷西部	0.50	70.1	无序
SHD-11	K_1z	双墩西	大桥凹陷西部	0.63	66	
WSH-1	K_1z	吴山庙	大桥凹陷西缘	0.5	40.3	部分有序
WSH-3	K_1z	吴山庙	大桥凹陷西缘	0.53	58.3	无序
WSH-7	K_1z	吴山庙	大桥凹陷西缘	0.49	59.8	无序
SQ-9	K_1z	苏桥	大桥凹陷西缘	0.42	66.22	无序

☆测试分析由合肥工业大学X射线衍射分析室完成(仪器:D/max-γB型,辐射:CuKa;管电压:40kV;管电流:100mA;窄缝:1°,步式扫描:0.02°;扫描速度:0.5°/min;时间常数:10s。

通过对本次测试所获得的伊利石结晶度分析,具有如下特点:除采自大桥凹陷西南缘苏桥(SQ-9号)样品结晶度为0.42达边界值外,其余部位样品的伊利石结晶度都大于0.42,多数结晶度在0.42~0.70。按照前述国内外应用伊利石结晶度划分成岩作用至甚低级变

质作用的指标界线，所测露头上的样品结晶度反映了地表尺度的朱巷组成岩程度处于成岩阶段，尚没有进入埋藏变质阶段，同时也暗示盆地内朱巷组生油岩层没发生过热演化，这一点与安参1井所获得该时代地层的热演化结果相吻合。

盆地西南缘样品较高的结晶度值出现在苏桥（SQ－9：0.42）和吴店（WD－2：0.45），与其附近安参1井在井深370.75m处测得伊利石结晶度为0.44非常接近。该处伊利石结晶度较高的原因应为原先埋藏较深所致。

伊/蒙混层比对于成岩阶段的样品往往具有较好的灵敏度，能对成岩阶段的早、中、晚期进行划分，相应也可间接地指示有机质成熟度。本次所分析的露头上21个取自朱巷组的样品中，有14个样品混层比大于50％，其余7个样品混层比小于50％（包括WD－1样品为50.2％及ZHG－7样无混层），且为部分有序混层。这表明合肥盆地内地表露头上朱巷组的热演化程度，其部分处于成岩阶段早期，有机质热演化未成熟；另一部分则反映出朱巷组成岩作用已达中期阶段，相应有机质已达到成熟。结合钻井及地球物理资料揭示，盆地内部朱巷组原先埋深大于3000m。

第三节　合肥盆地地层同位素年龄测定

中石化胜利油田有限公司随安参1井钻进对钻遇地层进行了系统的同位素年龄测定工作。在开展同位素测年工作中，充分考虑钻井所钻遇地层的岩性特征及其同位素测年的灵敏性，在实施过程中采用了不同的方法，如对钻遇地层中自生伊利石采用的是K－Ar同位素年龄测定，同时对钻井底部浅变质的碳酸盐岩进行的是Pb－Pb等时线法测年。

一、伊利石样K－Ar同位素年龄测定及解释

目前通过伊利石K－Ar同位素年代学法确定沉积年龄的技术，在国外得到越来越广泛的应用，并且已有许多成功的先例（如Perry，

1974；Aronsom & Douthitt，1986；Clauer et al.，1997；Onstott et al.，1997）。在国内也积极地采用此方法开展对盆地沉积的定年，如赵孟为等（1996）对鄂尔多斯盆地的研究、吴劲薇等（2001）对塔里木盆地和杨忠芳等（2002）对吐哈盆地等也应用此方法获得了理想的沉积年龄。

本文对采自安参1井中样品自生伊利石的K－Ar年龄测定，首先对测年样品中自生的伊利石进行了前期分离，其分离的方法同前文的结晶度样品。

通过总结前人在伊利石K－Ar同位素测年方面的应用经验，认为利用沉积地层中伊利石同位素测年样品的提纯是关键，在样品的分离过程中应尽可能地避免碎屑伊利石的混入。因为，碎屑伊利石混入的结果会使获得的同位素年龄变大。由于碎样过程或风化搬运中的机械破碎，一般很难做到在＜2μm粒级中没有碎屑伊利石的混入，因而，国内外目前已将分选粒级进一步减小，尽可能地消除碎屑影响。

本次伊利石测年样品粒级的选择是基于前述由伊利石结晶度、伊/蒙混层比等获得的热演化程度。由于安参1井中地层自上而下，随着热演化程度的增加，伊利石高于封闭温度的粒级逐渐增加，结果使得能保留地层年龄的粒级也逐渐增加，所以工作中需对不同深度样品采用不同粒级进行测年。如位于1000m以上地层仍处于成岩阶段，热演化温度低于＜0.3μm粒级伊利石的封闭温度（200℃±），故选择＜0.3μm粒级进行K－Ar测年。1000m以下地层，随着埋深增加而热演化程度增高，使受热影响的粒级不断增大，记录地层年龄的粒级则不断提高。经分析，在1000～2000m区间，0.3～1μm粒级可以记录地层年龄，该粒级中使原先可能混入的（沉积时）少量碎屑伊利石因次生加大而被排除。在2000～3000m区间内，1～2μm粒级可以记录地层年龄。而在3000～4006m区间，热演化已影响到＜2μm粒级伊利石，只有2～5μm粒级可以记录地层年龄。而对井深4006m以下样品，根据其泥灰岩的岩性特征，最细粒级选择了＜1μm。

测试工作由中国石油天然气股份有限公司石油勘探开发研究院实验中心完成。通过对所获得的不同深度、不同粒级的伊利石年龄值与实际测井资料的分析，并与国际地层时代标准进行比较，获得了一系列理想的测试结果（表4－10、表4－11）。

表 4-10　安参 1 井地层伊利石样品 K-Ar 同位素分析数据表

粒度 (μm)	深度 (m)	样品重量 (g)	K 含量 (%)	$(^{40}Ar/^{38}Ar)_m$	$(^{38}Ar/^{36}Ar)_m$	40Ar* (mol/g)	^{40}K 含量 (mol/g)	$^{40}Ar^*/^{40}Ar_{总}$ (%)	$^{40}Ar^*/^{40}K$	年龄 (Ma)	误差 (±Ma)
0.3	370.75	0.01463	5.42	176.96334	57.30011	1.376E-09	1.618E-07	96.04	0.0085051	140.74	2.03
<0.3	384.4	0.01358	5.59	176.67542	40.44247	1.460E-09	1.668E-07	94.96	0.0087481	144.60	2.10
<0.3	395.75	0.01330	5.38	168.07849	49.47718	1.422E-09	1.606E-07	95.46	0.0088577	146.34	2.14
<0.3	746.1	0.01450	5.44	199.40075	52.55991	1.557E-09	1.624E-07	96.16	0.0095884	157.90	2.28
<0.3	750.95	0.01215	5.40	172.47901	56.27664	1.601E-09	1.612E-07	95.92	0.0099310	163.30	2.35
0.3～1	1340.2	0.01236	4.94	160.91421	39.97293	1.444E-09	1.474E-07	94.51	0.0097904	161.08	2.34
1～2		0.01249	3.99	152.96607	32.14587	1.339E-09	1.191E-07	93.22	0.0112408	183.77	2.67
0.3～1	1533.5	0.01399	5.89	202.96810	46.86981	1.630E-09	1.758E-07	95.92	0.0092729	152.92	2.20
1～2		0.01333	4.87	190.95270	29.96385	1.578E-09	1.454E-07	94.10	0.0108574	177.80	2.59
1～2	2663	0.01278	6.16	208.20968	66.81363	1.843E-09	1.839E-07	96.78	0.0100254	164.78	2.37
2～5	3540.7	0.01298	3.23	135.42217	44.76834	1.143E-09	9.640E-08	94.19	0.0118572	193.32	2.78
2～5	4006	0.01388	4.14	186.76319	50.52609	1.498E-09	1.236E-07	95.87	0.0121193	197.37	2.84
<1	4180	0.01417	2.38	327.70499	1.54728	1.255E-09	7.103E-08	46.78	0.0176707	281.04	4.20
<1	4300.7	0.01452	4.72	363.32818	15.35251	2.739E-09	1.409E-07	94.53	0.0194430	306.96	4.43

由表4-10可见，安参1井地层伊利石样品的K－Ar同位素年龄从浅处向深处有规律地递增，与地层年龄增大的趋势一致。这表明本次所测试的K－Ar同位素年龄结果是可靠、可信的，为理想的伊利石样品的K－Ar测试结果。

实际测年结果显示（表4-10、表4-11），在井深1000m以上地层热演化温度低于＜0.3μm粒级伊利石的封闭温度，说明该粒级的伊利石样品排除了碎屑伊利石的混入，也没有受到热演化的影响，很好地记录了沉积年龄。

由表4-10、表4-11可见，在370.75m深，获得＜0.3μm伊利石样品K－Ar同位素年龄为140.7Ma±2.0Ma，代表了沉积年龄，指示这一深度地层属于下白垩统底部地层，与原划分方案一致。这是安参1井中所获得的较为理想的地层同位素年龄。

表4-11　安参1井地层伊利石样K－Ar同位素年龄解释结果一览表

取样深度（m）	岩石类型	原地层划分时代	测试粒级（μm）	同位素年龄（Ma）	本文解释地层时代
370.75	红色泥岩	K_1	＜0.3	140.7±2.0	K_1
384.4	红色泥质粉砂岩	J_{2+3}	＜0.3	144.6±2.1	J_3
395.75	红色含砂泥岩	J_{2+3}	＜0.3	146.3±2.1	J_3
746.1	红色含砂泥岩	J_{2+3}	＜0.3	157.9±2.3	J_2
750.95	红色泥岩	J_{2+3}	＜0.3	163.3±2.4	J_2
1340.2	红色含砂泥岩	J_{2+3}	0.3～1	161.1±2.3～183.8±2.7	J_2
1533.5	红色粉砂质泥岩	J_{2+3}	0.3～1	152.9±2.2～177.8±2.6	J_2
2663	红色泥岩	J_{2+3}	1～2	＞164.8	J_2－J_1
3540.7	红色含砂泥岩	J_1	2～5	193.3±2.8	J_1
4006	红色含砂泥岩	C－P	2～5	197.4±2.8	J_1
4180	糜棱岩化泥岩	C－P	＜1	281.0±4.2	P_1
4300.7	青灰色泥灰岩	C－P	＜1	307.0±4.4	C_2

对于沉积地层来说，一般越是位于浅处，其热演化程度相对越

低，在这些地层中越容易获得理想的沉积年龄。本文所获得的具体年龄分析如下：

在井深 384.4m 处，得到<0.3μm 伊利石样品 K－Ar 同位素年龄为 144.6Ma±2.1Ma，与国际上白垩纪和侏罗纪边界上同位素年龄基本一致。考虑到安参 1 井实际地层的接触关系与岩性变化，本文解释这一年龄值(144.6Ma±2.1Ma)代表的是晚侏罗世末地层年龄。

在 395.75m 井深处，所测<0.3μm 粒级的伊利石样品 K－Ar 同位素年龄为 146.3Ma±2.1Ma，为晚侏罗世末年龄。本次工作认为这一年龄代表了这一深度的地层时代，指示为上侏罗统顶部地层，与安参 1 井原地层分层相吻合。

746.1m 井深，测得<0.3μm 粒级伊利石样品 K－Ar 同位素年龄为 157.9Ma±2.3Ma，为晚侏罗世与中侏罗世边界上年龄。相邻的 750.95m 深，<0.3μm 伊利石样品的 K－Ar 同位素年龄为 163.3Ma±2.4Ma，属于中侏罗世末。本次工作认为这两个年龄可以相互验证，应该是可信的，它们代表各自所处地层的年龄。按这两个年龄推断，安参 1 井中上、中侏罗统的分界应位于 745m 深处。

在 1000～4006m 深度，X 射线衍射分析表明，该段地层的成岩作用已进入埋藏变质阶段，所经历过的温度在 200℃～300℃，并且随着深度增加温度增高。因而这一深度区间的温度高于<0.3μm 伊利石的封闭温度(200℃±)，向下还将高于<0.5μm 伊利石的封闭温度。

其中，在 1340.2m 井深处，取 0.3～1μm 粒级的伊利石样品，获得 K－Ar 年龄为 161.1Ma±2.3Ma，属中侏罗世末。经过与地层柱纵向比较，这一年龄值略低于上覆地层(750.95m)年龄，其原因可能是受到一定的热影响而变小，该值只能作为这一深度地层年龄的最小估计值。这一深度 1～2μm 粒级样品的 K－Ar 年龄为 183.8Ma±2.7Ma，估计受到了碎屑混入的影响而偏大，但可作为这一深度地层年龄的最大估计值。通过对该段年龄值分析，认为安参 1 井 1340.2m 深处地层年龄应介于 161.1Ma～183.8Ma，属于中侏罗世。

获得 1533.5m 井深处 0.3～1μm 粒级伊利石样品的 K－Ar 年龄为 152.9Ma±2.2Ma(晚侏罗世末)，显著小于上伏地层年龄，不能代表这一深度地层时代。该深度 1～2μm 粒级样品的 K－Ar 年龄为 177.8Ma±2.6Ma，为早、中侏罗世的边界值。这一较粗粒级的年龄可能与其上同粒级样品一样由于碎屑的混入而略偏大。因而，本次测年结果只能限定 1533.5m 深地层年龄介于 152.9Ma～177.8Ma，应属于中侏罗世。

井深 2663m 深处，该深度上 1～2μm 粒级伊利石样品的 K－Ar 年龄为 164.8Ma ± 2.4Ma，属中侏罗世。但是这一年龄值与 750.95m 深处年龄值相近，显然偏小了。因而，本次测年结果只能限定这一深度地层年龄大于 164.8Ma。

在 3540.7m 深处，获得 2～5μm 粒级伊利石样品的 K－Ar 年龄为 193.3Ma±2.8Ma，属于早侏罗世。本文认为这一年龄值应代表这一深度地层的沉积年龄，即指示为早侏罗世。

在井深 4180m 深处，获得＜1μm 粒级样品的伊利石结晶度为 0.39，显示了较低的热演化程度（埋藏变质初期阶段）。该粒级样品的 K－Ar 年龄为 281.0Ma±4.2Ma，属于早二叠世。

而在 4300.7m 深处样品为青灰色泥灰岩。这是本次伊利石样品的 K－Ar 测年中的唯一泥灰岩样品。该深度上＜1μm 粒级样品的 K－Ar 年龄为 307.0Ma±4.4Ma，这一年龄值应代表这一深度的地层年龄。4180m 和 4300.7m 深处两个样品都是在＜1μm 粒级样品中获得了沉积年龄，与井深 3000～4006m 区间 2～5μm 粒级伊利石所得出沉积年龄不同。4180m 和 4300.7m 深处样品分别为钙质泥岩和泥灰岩。其中较细粒级（＜1μm）伊利石保持着同位素体系的封闭，可能与其富钙成分或方解石骨架而削弱了伊利石的过演化有关。

二、大理岩 Pb－Pb 等时线法测年及解释

自从 Moorbath et al.（1987）首次用全岩 Pb－Pb 等时线法测定津巴布韦太古代克拉通叠层石灰岩的沉积年龄获得成功后，Pb－Pb 等时线技术已用于测定中生代到太古代碳酸盐岩的沉积年龄和变质年龄。江博明（1990，1992）、Smith et al.（1989，1991）、Dewolf et al.（1991）、高劢等（1995）分别在世界各地已成功地应用 Pb－Pb 等时线法获得了碳酸盐岩的沉积年龄。许多学者也将这一方法应用到大理岩的定年中（如江博明，1988；Taylor & Kalsbeek，1990；周汉文等，1998），并且获得了成功。

考虑到安参 1 井井深 5150m 以下地层均发生了显著的变质作

用，不适合用于封闭温度低的 K－Ar 同位素测年。根据 Pb 同位素封闭温度可高达 600℃～700℃这一特点，它不会受低级变质的影响，因而采用了 Pb－Pb 等时线法对安参 1 井 5155～5156.3m 及以下浅变质碳酸盐岩进行测年。

该样品的制备是先将样品手工破碎成 20g 左右的小块样，单独编号。然后对每一小块样品用破碎机破碎至豆粒大小，过筛后再放在镜下挑出 2～6mm 大小，无蚀变、无杂质、无细脉的新鲜颗粒 2～3g。在化学溶解之前，所有的颗粒都要用蒸馏水超声清洗 4 次，然后蒸干，通过以上过程所制备的样品即可用于 Pb－Pb 等时线法测年。

Pb 同位素分析是在中国地质科学院地质研究所同位素地质年代学实验室进行的。分析过程与仪器条件详见高励等(1995)的论文。其分析结果见表 4－12。

表 4－12　安参 1 井大理岩 Pb 同位素分析结果

样品号	取样深度(m)	岩性	$^{206}Pb/^{204}Pb$	$^{207}Pb/^{204}Pb$	$^{208}Pb/^{204}Pb$
AS1－1	5155～5156.3	白色微晶大理岩	18.9966±12	15.6602±10	39.9070±28
AS1－2	5155～5156.3	白色微晶大理岩	19.0129±13	15.6630±14	39.9457±32
AS1－3	5155～5156.3	白色微晶大理岩	19.0166±13	15.6766±13	39.9852±17
AS1－4	5155～5156.3	白色微晶大理岩	19.0082±26	15.6738±21	39.9346±51
AS1－5	5155～5156.3	白色微晶大理岩	19.0104±22	15.6751±24	40.0274±66
AS1－6	5155～5156.3	白色微晶大理岩	18.9940±13	15.6817±15	40.0406±36
AS1－7	5155～5156.3	白色微晶大理岩	19.01896±51	15.67045±47	39.9518±14
AS1－8	5155～5156.3	白色微晶大理岩	18.9945±10	15.6620±9	39.8881±23
AS1－9	5155～5156.3	白色微晶大理岩	19.0246±8	15.6770±10	39.9807±29
AS1－10	5155～5156.3	白色微晶大理岩	18.7508±9	15.63209±52	39.3605±26
AS2－1	5155～5156.3	白色微晶大理岩	19.0443±7	15.68304±64	40.0889±19
AS2－2	5155～5156.3	白色微晶大理岩	19.0405±9	15.6941±9	40.1902±12
AS2－3	5155～5156.3	白色微晶大理岩	19.0249±8	15.6740±7	40.0549±22
AS2－4	5155～5156.3	白色微晶大理岩	19.2993±8	15.6882±7	40.6263±24
AS2－5	5155～5156.3	白色微晶大理岩	19.0082±7	15.6692±7	40.0605±19
AS2－6	5155～5156.3	白色微晶大理岩	19.2913±7	15.6836±7	40.5932±19

（续表）

样品号	取样深度(m)	岩性	$^{206}Pb/^{204}Pb$	$^{207}Pb/^{204}Pb$	$^{208}Pb/^{204}Pb$
AS2－7	5155～5156.3	白色微晶大理岩	18.98597±60	15.6753±8	40.0181±30
AS2－8	5155～5156.3	白色微晶大理岩	18.9819±9	15.6612±9	39.9774±21
AS2－9	5155～5156.3	白色微晶大理岩	19.0045±18	15.6764±14	39.9829±42
AS2－10	5155～5156.3	白色微晶大理岩	19.0365±54	15.67298±55	40.0459±20

注:Pb 同位素比值的误差为百分数

具体处理中将$^{206}Pb/^{204}Pb$和$^{207}Pb/^{204}Pb$值中误差大于 20％者舍去(AS1－4，AS1－5，AS1－7，AS1－10；AS2－1，AS2－7，AS2－10)，余下测试精度高的 13 个样品构成了一条理想的 Pb－Pb 等时线(图 4－4)。该等时线 MSWD＝0.00015，指示拟合程度非常好，属于完全可信的等时线。这套大理岩的 Pb－Pb 等时线年龄为 445Ma±0.12Ma，属于中奥陶世末(相当于国际上卡拉道克世的马施布鲁克期)。显微镜下观察表明，这套大理岩为微晶大理岩，结晶程度不高。而变质矿物组合主要为方解石＋绿泥石，指示为低绿片岩相变质(相当于低绿片岩相中的绿泥石带)，估计变质温度为 300℃左右。前已述 Pb 同位素封闭温度高，大大高于安参 1 井这套大理岩的变质温度。因而，认为安参 1 井 5155～5156.3m 区间浅变质大理岩 445Ma±0.12Ma 的 Pb－Pb 等时线年龄代表了地层沉积年龄，这一深度上的大理岩为中奥陶统顶部地层。这一测年结果表明安参 1 井石炭一二叠系地层直接伏于中奥陶统地层之上，之间缺失上奥陶统等时代地层，这一特点与华北板块上地层发育规律一致。也反映出该段盆地基底应具有华北型特征。

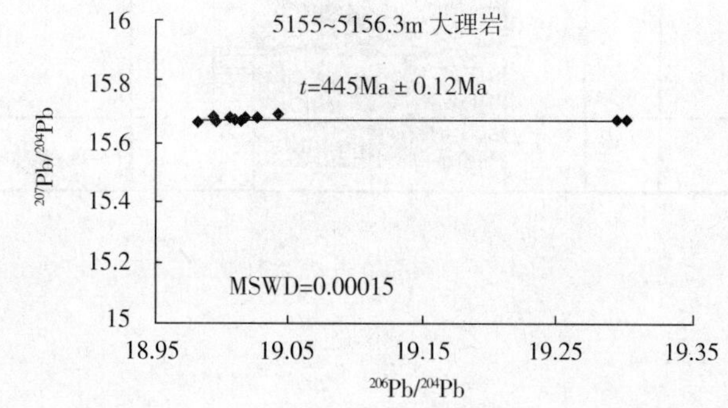

图 4－4　安参 1 井 5155～5156.3m 浅变质大理岩 Pb－Pb 等时线图

第四节　安参1井同位素法测年结果综合解释与地层划分

通过对所获得的同位素年代学数据与安参1井测井资料(图4-5)等进行了综合分析与解释,建立了完整的安参1井地层划分方案(表4-13),界定了安参1井钻遇各地层的时代及其相应的热演化程度。

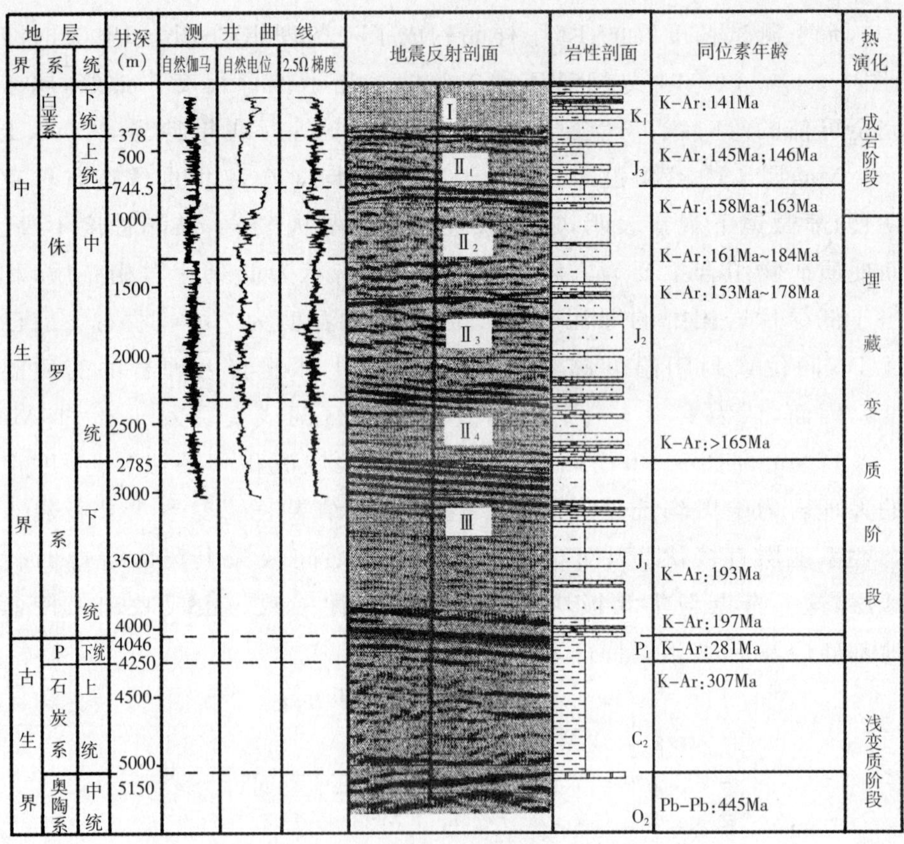

图4-5　安参1井综合柱状图

表 4－13　安参 1 井地层同位素法测年结果综合解释与地层划分方案

原地层划分方案			泥岩类伊利石 K－Ar 测年结果			本文地层划分方案		
时代	地层	底界深度(m)	深度(m)	年龄(Ma)	时代	时代	地层	底界深度(m)
K_1	朱巷组	378	370.75	140.7±2.0	K_1	K_1	朱巷组	378
J_{2+3}	周公山组	2785	384.4	144.6±2.1	J_3	J_3	周公山组	744.5
			395.75	146.3±2.1	J_3			
			746.1	157.9±2.3	J_2	J_2	圆筒山组	2785
			750.95	163.3±2.4	J_2			
			1340.2	161.1－183.8	J_2			
			1533.5	152.9－177.8	J_2			
			2663	＞164.8	J_2-J_1			
J_1	防虎山组	3996	3540.7	193.3±2.8	J_1	J_1	防虎山组	4046
C－P	石炭－二叠系	5150	4046	197.4±2.8	J_1			
			4180	281.0±4.2	P_1	P_1	下二叠统	4250
			4300	307.0±4.4	C_2	C_2	上石炭统	5150
O	奥陶系	终孔 5200	5155－5156.3	大理岩 Pb－Pb 等时线年龄 445.0±0.1	O_2	O_2	老虎山组	↓5200

自上而下为：下白垩统朱巷组底界深度－378m；上侏罗统周公山组底界深度－744.05m；中侏罗统圆筒山组底界深度为－2785m；下侏罗统防虎山组底界深度是－4046m；经同位素年代学分析，该井缺失三叠系与上二叠统，下二叠统底界深度为－4250m；石炭系上统底界深度－5150m；下石炭统至上奥陶统，在年龄上没有显示，测得中奥陶统深度为该井终孔深度 5200m。

上述大量同位素年龄值的获得，不仅揭示了沉积地层的准确时代，还首次建立了盆地中部整个侏罗系至下白垩统的可靠的地层柱。这一成果为盆地地层划分与对比提供了可靠依据，也为揭示盆地内油气成藏条件、成岩作用过程及盆地埋藏、热史分析等提供重要的参数，是非常成功和有意义的。

第五章　合肥盆地对郯庐断裂带同造山走滑活动的沉积响应

盆地的沉积可容空间、沉降史和充填序列是对构造作用的响应，也是反演构造演化的有利途径。合肥盆地夹持于大别造山带与郯庐断裂带之间(图 5-1)，其中

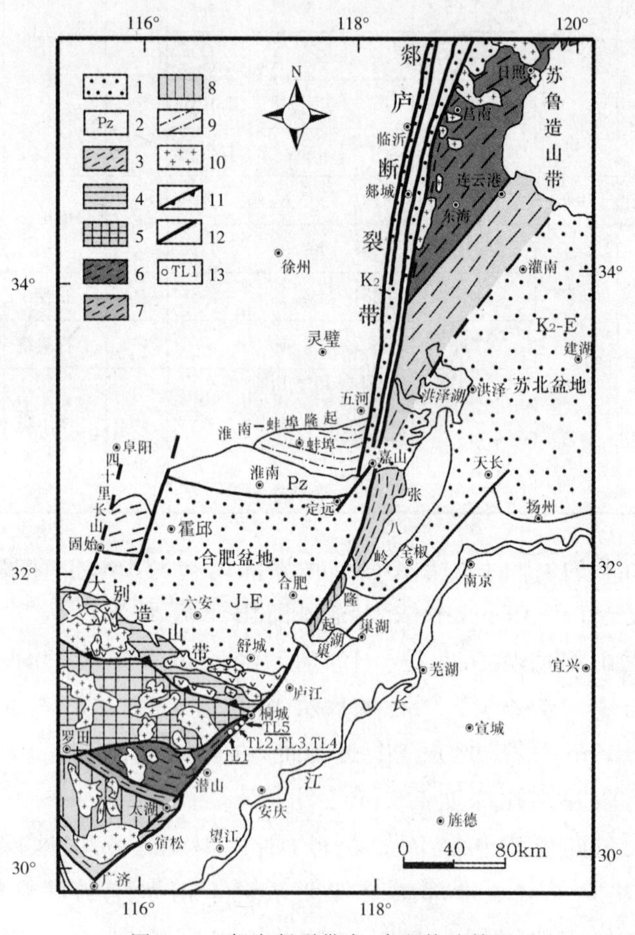

图 5-1　郯庐断裂带中、南段构造简图

1. 中、新生界盆地；2. 古生界；3. 高压蓝片岩带；4. 北淮阳变质带；5. 北大别变质杂岩；6. 超高压榴辉岩带；7. 高压榴辉岩带；8. 高压角闪岩相带；9. 华北板块基底；10. 中生代岩浆岩；11. 缝合线；12. 断层；13. 年龄样采样位置及编号。

连续沉积了下侏罗统至古近系。该盆地不但是大别造山带北侧研究盆—山耦合的有利地区(王清晨等,1997;周进高等,1999;李忠等,2000),也是探索郯庐断裂带起源与演化的重要场所。近年来在合肥盆地开展的大规模石油勘探工作,揭示出了大量的新信息,这为研究该盆地对郯庐断裂带的沉积响应提供了有利条件,也为分析郯庐断裂带的起源提供了关键的证据。本文根据合肥盆地前陆构造格局、侏罗系的充填规律与沉积相资料,结合新获得的郯庐断裂带同位素年龄,从合肥盆地对郯庐断裂带的沉积—构造响应的关系,探讨了郯庐断裂带的起源和早期活动规律,探讨了郯庐断裂带与大别—苏鲁造山带的关系。

郯庐断裂带是否起源于造山期及造山期为何种活动型式等,仍是研究中国东部地质构造所需要解决的重大问题。对于断裂本身而言,由于郯庐断裂带多期活动使断裂带内部早期的活动痕迹很难保存下来,因而,从断裂自身来研究断裂的演化会存在一定困难,而从与断裂有关的盆地研究入手,通过盆地对断裂构造活动的响应却能可靠地记录该断裂带的早期活动历史。

第一节　郯庐断裂带同造山期走滑构造

位于大别与苏鲁造山带之间的郯庐断裂带,其走滑构造表现为大规模的左旋走滑韧性剪切带。由于该断裂带在早白垩世时期的强烈走滑活动(朱光等,2002),使得早期断裂构造被强烈改造、置换,这为恢复早期断裂构造格局带来了很大的困难。但通过详细的野外工作,发现在大别东缘的郯庐断裂带早期构造特征仍依稀可辨。同造山期郯庐断裂带的走滑构造在合肥盆地东缘和大别造山带东缘均有表现,但是具体表现形式不尽相同。

一、合肥盆地东缘郯庐断裂带同造山走滑构造

发育在合肥盆地东界的郯庐断裂主要位于呈 NNE 向延展的张八岭隆起带上,张八岭隆起系指安徽巢湖至嘉山一带的呈北北东向

延伸的前震旦系变质基底出露区，在构造上介于大别造山带与苏鲁造山带之间，处于两造山带相对错移的强烈剪切地段，该段属于扬子板块的范围，其中发育了一套扬子型的变质基底（徐嘉炜等，1984）。张八岭隆起的成因应为走滑隆升所致，在隆起带上自西向东依次出露了肥东群（Pt_1）、张八岭群（Pt_3）至下古生界。其中肥东群（Pt_1）变质程度已达角闪岩相，表现出以深层次的塑性变形为特征；张八岭群（Pt_3）则以绿片岩相为主，以脆—韧性变形为特征。该区出露的下古生界依次为震旦系、寒武—奥陶系及志留—三叠系，其中主要发育了不同层次的褶皱及各种变形构造。综上所述，张八岭隆起具有在纵向上分层性，在平面上分带性的特征。

张八岭隆起北段主要出露在文集及其以北地区，该段上张八岭群由一套绿片岩相的变质岩系组成，其中发育有大量线、面理。通过对线、面理统计结果分析（图 5－2），线理优势方位为北北东 9°∠10°；而面理产状变化较大，但总体倾向以向北倾者居多，面理倾角普遍较缓。经研究发现，这些面理多残存在于郯庐断裂带强变带之间，较好地保留了原先（造山期）逆冲构造特征。张八岭隆起东侧主体构造型式为北东走向、向南东逆冲的低角度逆冲—推覆构造（朱光等，1999；张永军等，1998；刘文灿等，2001）。从剖面上看，张八岭群在此构成了其南侧下扬子区北缘前陆褶皱—冲断带的根带。

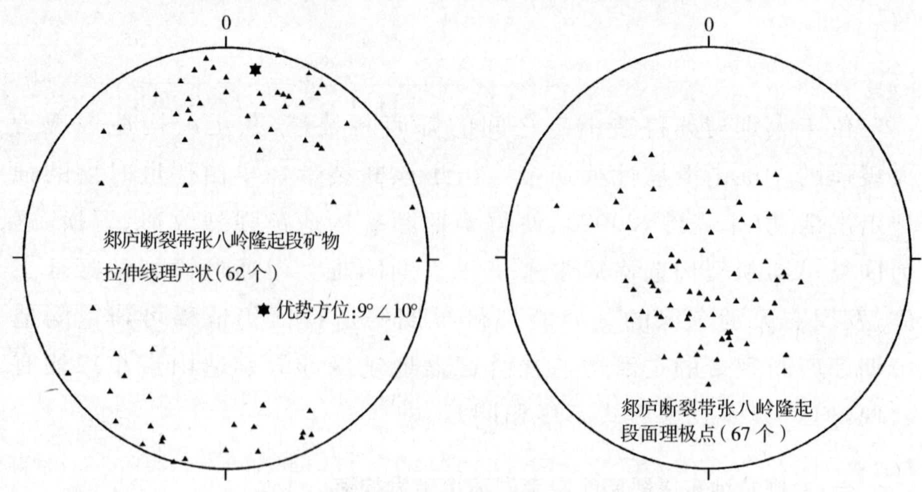

图 5－2　张八岭隆起北段的张八岭群中线、面理统计

张八岭群中多处出现高压变质的蓝片岩，在石英白云母片岩中

出现了大量多硅白云母。从这些蓝片岩的多硅白云母中获得了(245±0.5)Ma的$^{40}Ar/^{39}Ar$同位素年龄(李曙光等,1993)。从张八岭群石英云母片岩中分别获得了(212.6±0.4)Ma、(244.2±0.5)Ma的$^{40}Ar/^{39}Ar$同位素年龄(王小凤等,2000)。由此可以推断张八岭隆起上的高压变质及逆冲—推覆活动发生在三叠纪的印支期,原应属于大别—苏鲁造山带中高压变质带的一部分。

位于张八岭隆起南段北部,郯庐断裂带的特征主要表现为走滑构造叠加在肥东群变质杂岩之上,由此发育了宽约10km的早白垩世韧性剪切带(图5-3)。由于在该段走滑构造置换强烈,野外难以鉴别出造山期构造。朱光等(2002)通过对发育在韧性剪切带中的糜棱岩同位素年代学的研究,获得了晚期早白垩世走滑活动的同位素年龄。从多次野外观察,在张八岭隆起南段南部,郯庐断裂带主要切割了肥东群,表现出脆—韧性剪切带特征,走滑构造置换比南段北部相对要弱。在此段,造山期近东西走向的面理清晰可辨,只不过是多被晚期郯庐断裂带所改造。

二、大别造山带东缘郯庐断裂带同造山走滑构造

通过多次野外调查,发现郯庐断裂带(大别造山带东缘)存在有同造山期的走滑活动,并以其韧性走滑形式为主,主要出露在南段大别造山带东缘桐城至牛栏铺一带。郯庐断裂带在该段总体呈NE向展布,带内广泛发育有糜棱岩、超糜棱岩,走滑带宽1～1.5km。据(钟增球等,2001;安徽省地质调查院,1999)研究表明,南大别的超高压变质带也受郯庐断裂带的牵引而沿断裂带延伸至桐城西侧,从而使桐城市区—牛栏铺段的郯庐断裂带内也出现了超高压变质的榴辉岩(安徽省地质调查院,1999)。显然这一段的郯庐断裂带实际上是出现在超高压变质带之上。

近年来在大别山东缘郯庐断裂带的野外工作中,从宏观到显微尺度均发现该段的郯庐断裂带由两期左旋走滑韧性剪切带构成(图5-4,照片5-1)。其中晚期韧性剪切带总体走向北东—北北东向,由2～4条强剪切带组成,它们相间出现(图5-4)。剪切带内普遍出现了糜棱岩、超糜棱岩。其中糜棱岩面理陡倾,拉伸线理较为平缓,经统计糜棱面理倾角在70°～80°(图5-5),线理倾角多为15°左右,野

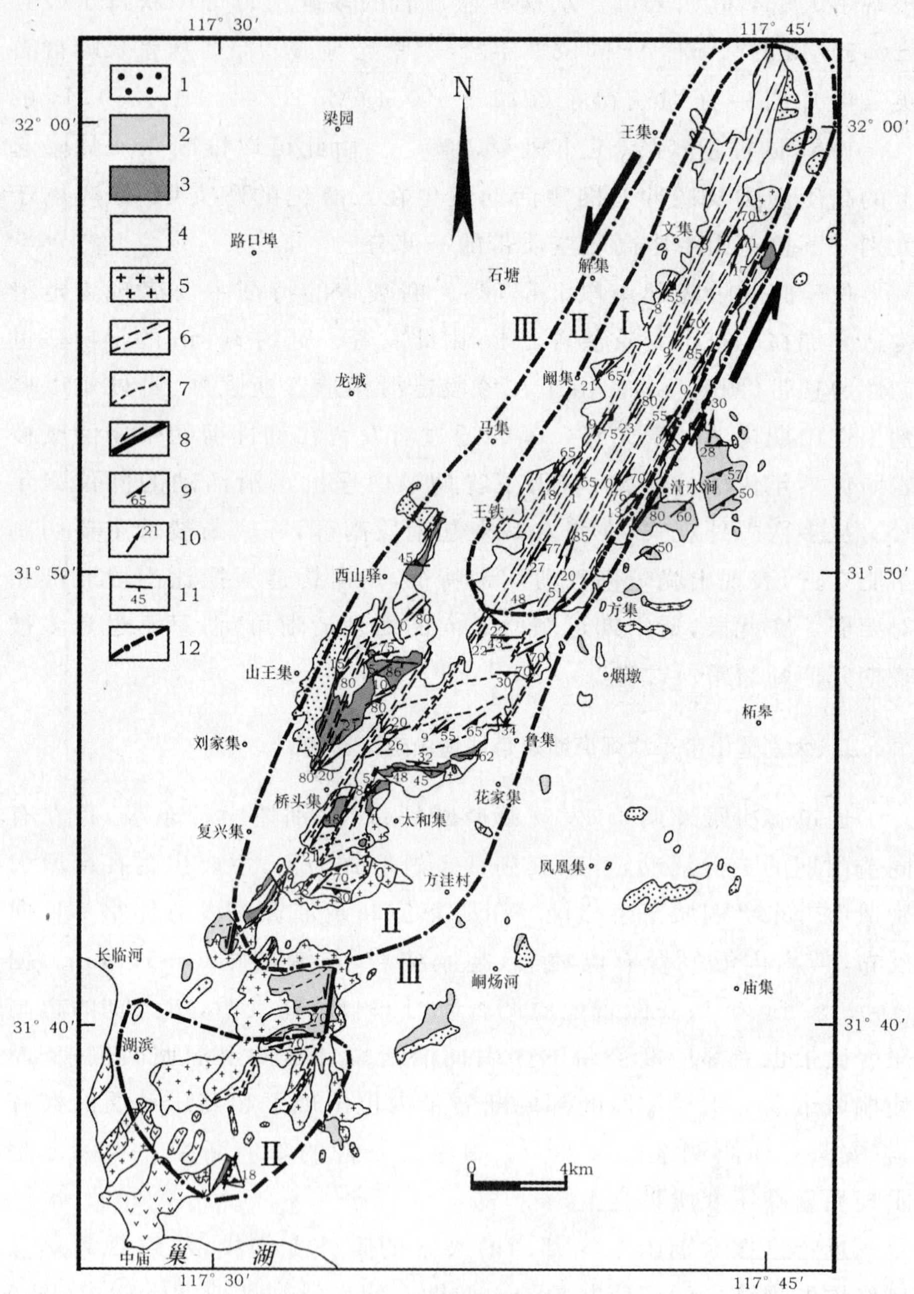

图 5-3　郯庐断裂带肥东韧性剪切带

1. 白垩系；2. 张八岭群；3. 肥东群大理岩；4. 肥东群片麻岩；5. 燕山期岩体；6. 韧性剪切带；7. 片麻理轨迹；8. 脆性平移断层；9. 面理产状；10. 线理产状；11. 地层产状；12. 分区界线；

Ⅰ—韧性剪切区；Ⅱ—脆—韧性剪切区；Ⅲ—脆性断裂区

外观察还发现线理倾向具有在巴铺以北多向北东倾伏，而在巴铺以南拉伸线理多向南西倾伏的特点。

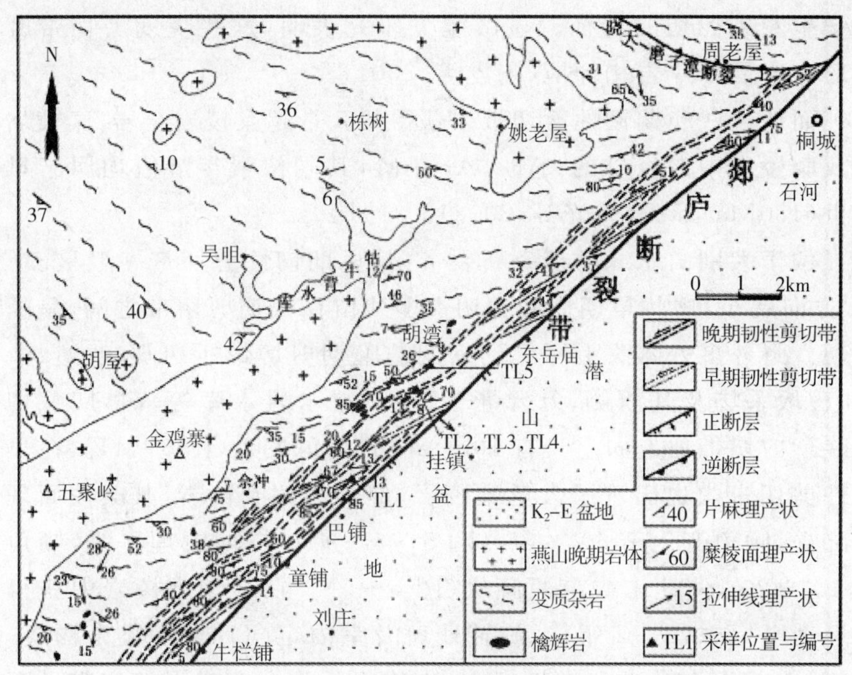

图 5-4　大别山造山带东缘郯庐断裂带构造简图

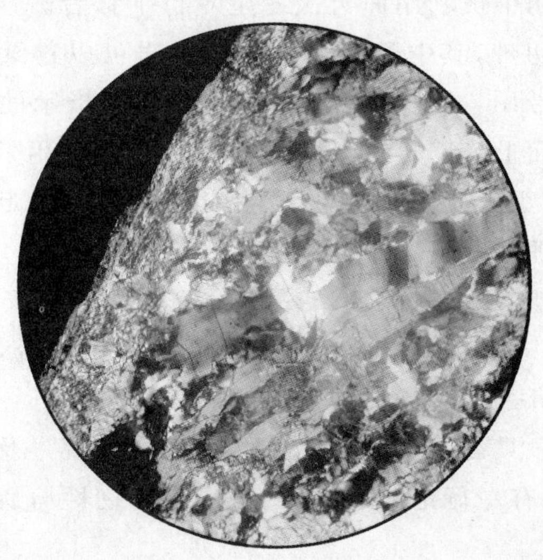

照片 5-1　桐城挂车郯庐断裂带内两期韧性剪切带显微照片(4×10)

从野外露头尺度上的S—C组构、旋转残斑和牵引现象到室内定向薄片下的显微构造如S—C组构、书斜构造、云母鱼等(照片5-2-1、5-2-2)分析，这些指向性构造标志均显示出晚期韧性剪切带的运动学呈左旋剪切的特征。显微镜下研究表明，这些晚期剪切带糜棱岩形成于低绿片岩相环境(朱光等，2001)。

而从这些晚期韧性剪切带中获得的5个超糜棱岩全岩、糜棱岩全岩及糜棱岩中白云母的$^{40}Ar/^{39}Ar$年龄，其同位素年龄值均属于早白垩世(130Ma)形成(朱光等，2002)。

位于大别山东缘的郯庐断裂带，其早期韧性剪切带一般呈50°～60°方向展布，这些早期韧性剪切带多残留在晚期剪切带之间，呈断续出现。野外多处露头上可见到它们被晚期剪切带所切割、改造、牵引(如程坂采场及其西侧、万源老丁采场、响水岩水库等)，早期剪切带与晚期剪切带在走向上具有10°～20°的交角关系(图5-4)。在早期韧性剪切带内也出现了大量糜棱岩，部分为超糜棱岩，其糜棱面理也多陡立，倾角变化于60°～85°(图5-5)；矿物拉伸线理平缓，倾角多为10°～20°，向北东或南西倾伏(图5-5)。在早期糜棱岩中获得大量运动学标志，S—C组构、旋转残斑及室内定向片下的显微构造(照片5-1-2)等，这些指向性标志，也均指示为左旋走滑剪切带。野外工作中还发现，早期韧性剪切带一部分是残留下来的，但也有一部分在晚期韧性剪切中被利用而再次发生左行平移者。这些再次活动的北东向早期剪切带，其中的绿泥石超糜棱岩可以连续追踪进入晚期北北东向剪切带中，并且两者拉伸线理产状所指示的运动矢量是完全协调的。平面上晚期剪切带的弯曲段常常是利用了早期北东向剪切带。另外，由于其走滑而使得西侧大别杂岩内的走向呈北西—北西西向的片麻理被牵引弯曲至北东—北北东向(图5-4)。根据牵引弧也指示郯庐断裂具左行走滑的性质。

综上所述，通过对大别山东缘郯庐断裂带的研究，其主要特点是在断裂带内发育了两套韧性剪切糜棱岩。根据野外详细分期、配套，这些糜棱岩明显具有两期走滑的特征。经野外观察及运动学标志分析，两者还均具有左行走滑特征。显然，早期韧性剪切带应在同造山期就已经发育。

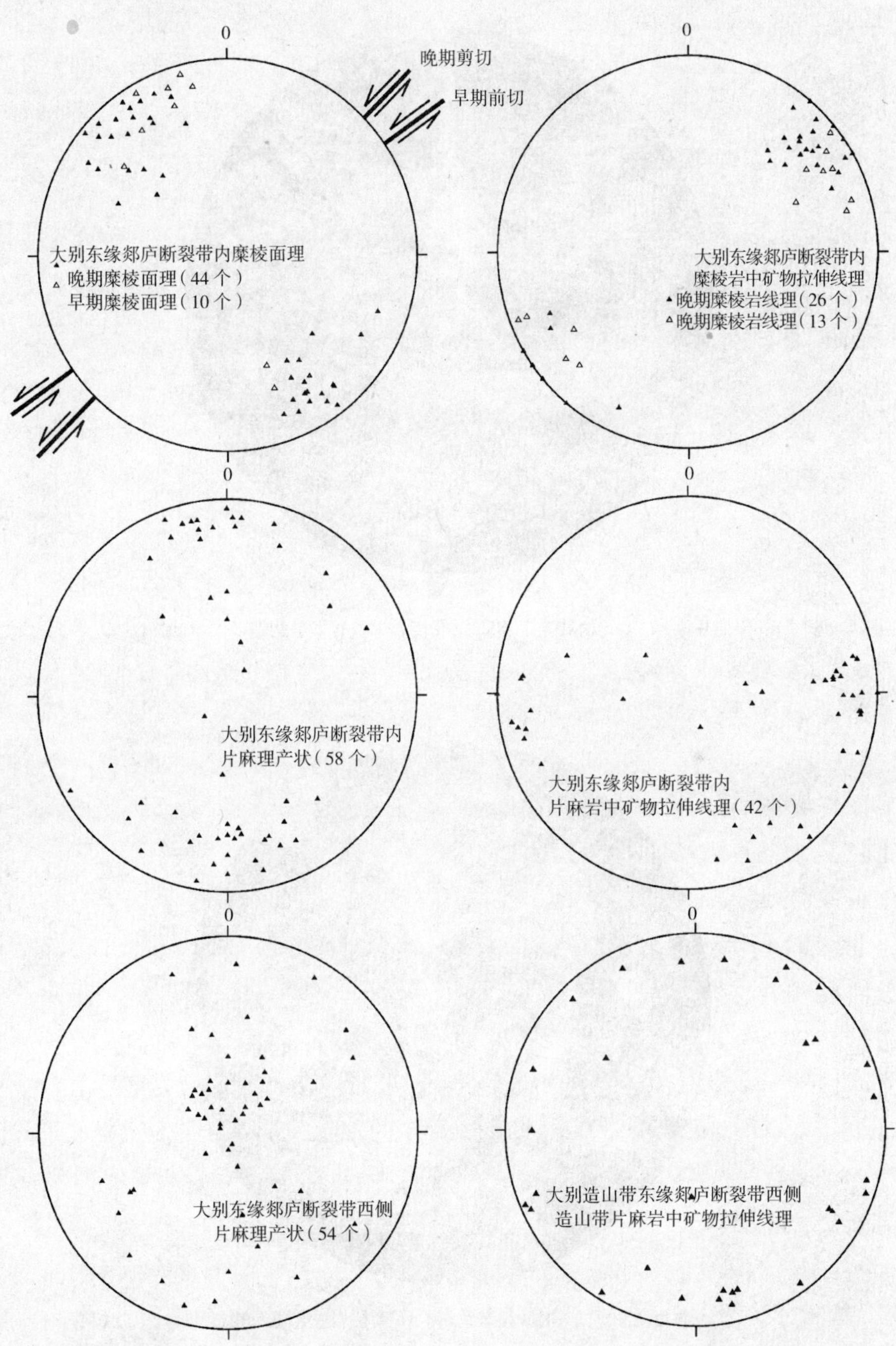

图5-5　大别造山带东缘郯庐断裂带面、线理统计

照片 5-2-1　桐城老丁 N8－7 糜棱岩中长石书斜构造(20×10)

照片 5-2-2　桐城挂车镇 N8－6 糜棱岩中云母鱼构造

照片 5-2　大别山东缘郯庐断裂带韧性剪切带中显微照片

第二节　郯庐断裂带同造山期走滑活动的年代学证据

郯庐断裂带内是否有早期的走滑构造和年代学信息,是恢复其早期历史的关键方面。

前已述,从构造解析的角度,大别山东缘出现了两期郯庐韧性剪切带。为了获得两期走滑剪切带的确切年龄,在野外工作中有针对性地选择有明显切割关系的早、晚两期剪切带处(均为采石场)采集年龄样品,其中选取未发生再次活动的早期剪切带,并在该带内采集了新鲜的含白云母糜棱岩样品进行年代学研究。测试样品 5 个,这些样品采自 3 个采场(图 5-4),分别是巴铺北万源老丁采石场(即胡老屋南,TL1)、挂车镇西北程坂采石场(TL2、TL3、TL4)和胡湾南胡山咀采石场(TL5)。

所采集的 5 个糜棱岩样品经显微镜鉴定为典型的糜棱岩(表 5-1),残斑为长石(斜长石和钾长石)、白云母和拉长的石英,石英已广泛发生了动态重结晶。白云母残斑长轴粒径大于 125μm,变形十分强烈,"云母鱼"构造十分普遍,这些指向性构造标志皆指示剪切带为左行运动。在 TL1、TL2、TL3 样品中长石残斑既出现显微破裂,还出现塑性拉长。而 TL4 和 TL5 样品中长石多数呈现为塑性拉长。长石的这些变形行为表示了岩石变形已进入到了脆—韧性变形域,其中以位错滑动变形机制为主。糜棱岩样品的基质为大量动态重结晶的石英、绿泥石、绢云母和黑云母。绿泥石是糜棱岩化过程中由早期的角闪石、黑云母退变质而来,广泛的退变质使早期暗色矿物很少保留。基质中大量同构造结晶的绢云母粒径长轴为 5～30μm,常围绕白云母残斑密集分布。另外,在基质中还出现了一些黑云母矿物,颗粒细小,粒径多在 10μm 左右。由此可见,这些样品在糜棱岩化过程中形成的同构造共生矿物组合为石英＋绿泥石＋绢云母＋黑云母。特别是其中黑云母的开始出现,指示其变质进入到中绿片岩相(相当于黑云母带的开始阶段)。Bucher－Nurminen(1987)研究表明,绿泥石＋白云母＋黑云母的共生组合在低于 6kb 压力下形成温度要大于450℃。Hoisch(1989)的白云母+黑云母温度计资料表明，两者共生出现时的温度一般大于440℃。因而，推断所分析样品在糜棱岩化过程中的形成温度为450℃左右。Tullis & Yund(1980)的变形实验表明，长石在300℃呈脆性显微破裂，在400℃以显微破裂为主，并开始出现塑性变形。本次所分析糜棱岩样品中的长石基本上都开始出现了塑性变形，指示变形温度大于400℃，这些与上述根据同构造矿物组合所估计的温度环境相一致。

表5-1 大别造山带东缘郯庐断裂带早期糜棱岩样品描述

编号	岩石类型	矿物组合	白云母 b_0值	长石变形行为
TL1	糜棱岩	Qz(35%)+Pl(20%)+K-fel(10%)+Mus(20%)+Chl(15%)	9.096	显微破裂为主
TL2	糜棱岩	Qz(35%)+Pl(15%)+K-fel(10%)+Mus(20%)+Chl(17%)+Cal(3%)	9.084	显微破裂为主
TL3	糜棱岩	Qz(35%)+Pl(12%)+K-fel(10%)+Mus(20%)+Chl(20%)+Ga(3%)	9.084	多显微破裂，少塑性拉长
TL4	糜棱岩	Qz(35%)+Pl(20%)+K-fel(10%)+Mus(15%)+Chl(20%)	9.090	塑性拉长为主
TL5	糜棱岩	Qz(40%)+Pl(20%)+K-fel(10%)+Mus(15%)+Chl(15%)	9.078	塑性拉长为主

注 1. Qz-石英；Pl-斜长石；K-fel-钾长石；Mus-白云母；Chl-绿泥石；Cal-方解石；Ga-石榴子石；2. b_0值分析仪器为日本产D/max-RB型X射线衍射仪，铜靶，电压：40kV，电流：80mA，扫描速度：4°/min

大别山东缘郯庐断裂带是叠加在高级变质的大别杂岩之上，而本次所测试的又是糜棱岩之前形成的白云母残斑，因而郯庐断裂带活动时的温度能否超过白云母的封闭温度至关重要。据Dunlap(1997)研究表明，白云母或多硅白云母$^{40}Ar/^{39}Ar$同位素体系的封闭温度为350±50℃。前文已述，样品糜棱岩的同构造共生矿物组合及长石的变形行为指示其形成温度为450℃，大于其白云母的封闭温度。因而，大别山东缘郯庐断裂带早期走滑糜棱岩的形成温度要高于所测试白云母的封闭温度，理论上白云母$^{40}Ar/^{39}Ar$体系在糜棱岩化中会被完全重置，适合于$^{40}Ar/^{39}Ar$年代学研究。

在对上述所采集的5个糜棱岩样品的同位素定年中，用常规方法分选出白云母样。分选的粒级皆大于125μm，都属于糜棱岩中的白云母残斑。这5个白云母样品是由澳大利亚国立大学地学研究院同位素热年代学实验室进行$^{40}Ar/^{39}Ar$测年分析(图5-6)，具体测试工作由W. J. Dunlap博士完成。分析仪器类型及分析程序详见Dunlap et al.(1995)，每个样品测试中使用了15个加热阶段。5个样品$^{40}Ar/^{39}Ar$年龄谱及反等时线特征见图5-6。

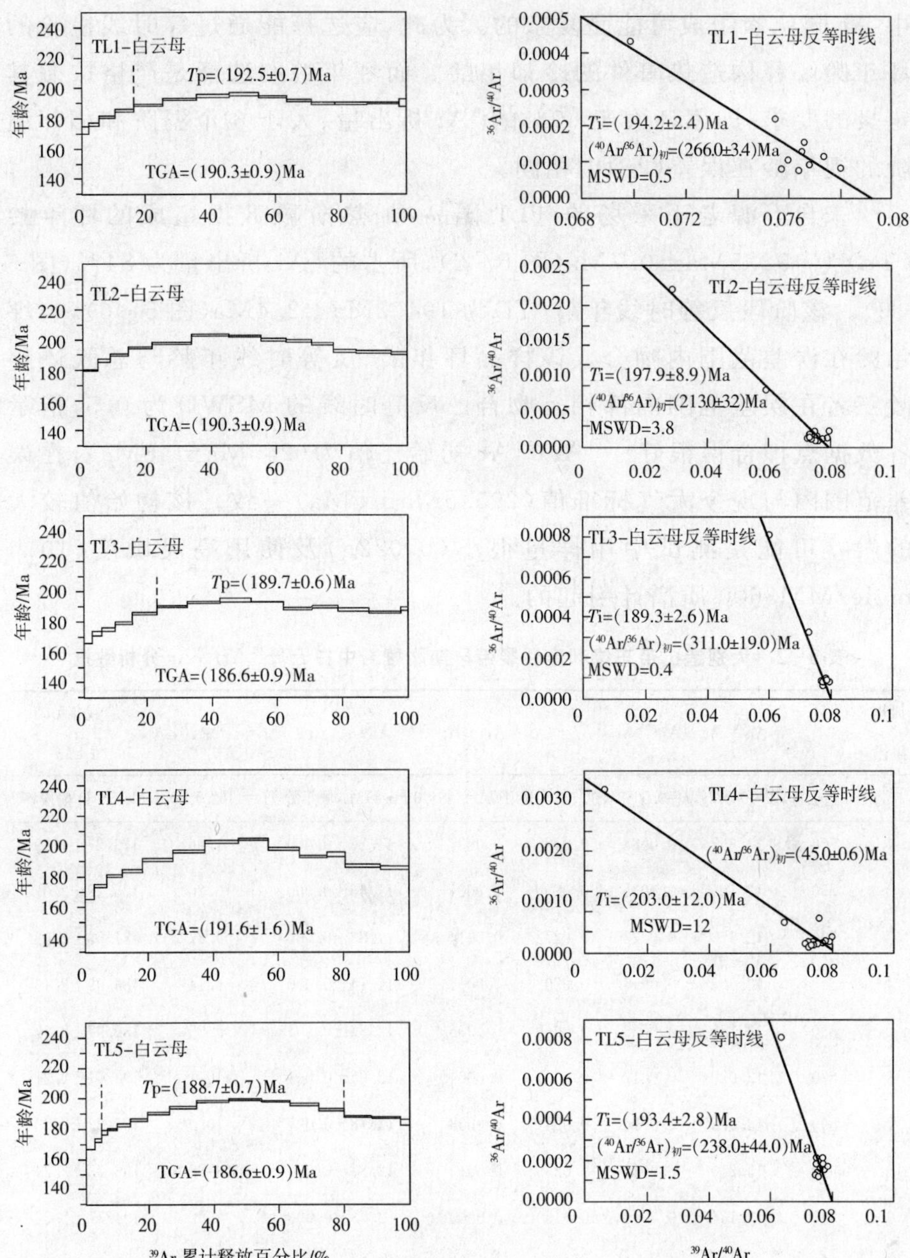

图 5-6　大别造山带东缘郯庐断裂带早期糜棱岩中白云母 $^{40}Ar/^{39}Ar$ 年龄谱及反等时线图

其中，TL1、TL2、TL3、TL4 和 TL5 样品的白云母 $^{40}Ar/^{39}Ar$ 总气体年龄（TGA）分别为 191.0Ma ± 3.8Ma、196.6Ma ± 3.9Ma、187.2Ma±3.7Ma、192.5Ma±3.8Ma 和 189.5Ma±3.8Ma（表 5-2）。这 5 个样品呈现为中间轻微上凸的坪谱特征，反映所测试白云母

中 Ar 同位素组成可能是复杂的。为此,应选择能通过等时线检验的坪年龄解释构造热事件的冷却年龄。而坪年龄的选择是严格按照其定义的要求,即累计大于 60%的^{39}Ar 析出量、大于 3 个温阶和相邻温阶的视年龄在误差(2σ)内相同。

来自万源老丁采场的 TL1 样品,加热阶段数据组成的坪年龄(Tp)为 192.5Ma±0.7Ma(图 5-6),所占的^{39}Ar 析出量为 84%(图 5-6)。该阶段反等时线年龄(Ti)为 194.2Ma±2.4Ma(图 5-6),与坪年龄在误差范围内吻合。该样品坪年龄、反等时线年龄与总气体年龄三者在误差范围内都相互吻合。反等时线的 MSWD 为 0.5,指示各数据点拟合得很好。^{40}Ar/^{36}Ar 初始比值为(245Ma±48Ma),在误差范围内与现今大气标准值(295.5Ma±5Ma)一致。该初始值较大的误差可能是测试中用样量很小(0.022g)及使用高灵敏度(10^{-18} mole)MM3600 质谱计引起的。

表 5-2　大别造山带东缘郯庐断裂带早期糜棱岩中白云母^{40}Ar/^{39}Ar 分析数据

加热阶段	温度(℃)	^{40}Ar/^{39}Ar	^{36}Ar/^{39}Ar	^{37}Ar/^{39}Ar	^{38}Ar/^{39}Ar	(^{40}Ar*/^{39}Ar)±1σ	^{39}Ar(%)	视年龄 $t±1σ$
TL-1 白云母,W=0.022g,J=0.00895,总气体年龄 TGA=(191.0±3.8)Ma,坪年龄 Tp=(192.5±0.7)Ma(5～14 阶段)								
1	700	13.867	0.0088	0.0498	0.0034	11.26±0.000	1.96	173.27±1.99
2	750	12.500	0.0035	0.0290	0.0021	11.46±0.000	3.20	176.28±2.02
3	790	12.500	0.0022	0.0272	0.0014	11.83±0.000	4.87	181.58±2.08
4	820	12.608	0.0015	0.0203	0.0011	12.14±0.000	6.14	186.09±2.13
5	850	13.245	0.0029	0.0089	0.0005	12.36±0.001	9.05	189.37±2.17
6	870	13.020	0.0012	0.0061	0.0004	12.65±0.001	10.1	193.61±2.21
7	890	13.088	0.0010	0.0247	0.0003	12.78±0.001	10.0	195.52±2.23
8	910	13.210	0.0011	0.0239	0.0043	12.87±0.000	8.88	196.78±2.24
9	940	13.164	0.0014	0.0150	0.0040	12.73±0.000	8.82	194.77±2.22
10	970	13.073	0.0017	0.0367	0.0046	12.56±0.000	7.63	192.30±2.19
11	1000	13.054	0.0020	0.0107	0.0058	12.45±0.000	7.09	190.66±2.17
12	1030	12.925	0.0015	0.0103	0.0041	12.45±0.000	9.95	190.66±2.17
13	1070	12.810	0.0011	0.0042	0.0041	12.46±0.000	10.0	190.83±2.18
14	1150	14.314	0.0062	0.1503	0.0202	12.49±0.001	2.05	191.20±2.19
15	1350	500.91	1.5688	9.5574	1.1009	40.49±0.5159	0.03	557.92±247.67

（续表）

加热阶段	温度(℃)	$^{40}Ar/^{39}Ar$	$^{36}Ar/^{39}Ar$	$^{37}Ar/^{39}Ar$	$^{38}Ar/^{39}Ar$	$(^{40}Ar*/^{39}Ar)\pm1\sigma$	^{39}Ar(%)	视年龄 $t\pm1\sigma$
TL－2 白云母，W＝0.025g，J＝0.00897，总气体年龄 TGA＝(196.6±3.9)Ma								
1	750	12.561	0.0027	0.0267	0.0085	11.74±0.000	4.82	180.67±2.06
2	780	12.682	0.0017	0.0315	0.0108	12.16±0.000	3.81	186.86±2.13
3	815	12.920	0.0015	0.0211	0.0072	12.46±0.000	5.68	191.20±2.18
4	840	13.156	0.0013	0.0263	0.0056	12.75±0.000	7.27	195.47±2.23
5	870	16.916	0.0134	0.0157	0.0033	12.94±0.000	12.4	198.19±2.26
6	890	13.821	0.0017	0.0144	0.0036	13.29±0.000	11.4	203.32±2.31
7	910	13.774	0.0017	0.0310	0.0058	13.26±0.000	10.0	202.86±2.31
8	930	13.533	0.0015	0.0159	0.0075	13.07±0.000	7.74	200.13±2.27
9	960	13.603	0.0018	0.0086	0.0075	13.06±0.000	7.70	199.97±2.27
10	990	13.620	0.0023	0.0250	0.0086	12.92±0.000	6.78	197.95±2.25
11	1020	13.206	0.0021	0.0243	0.0080	12.57±0.000	6.95	192.83±2.20
12	1060	13.048	0.0016	0.0284	0.0051	12.56±0.000	10.8	192.70±2.20
13	1100	13.364	0.0028	0.0243	0.0132	12.52±0.000	4.22	192.13±2.19
14	1150	35.035	0.0762	0.39917	0.30215	12.66±0.0301	0.184	194.08±5.98
15	1350	346.26	1.0447	3.3947	1.2537	39.37±0.2721	0.04	545.69±128.29
TL－3 白云母，W＝0.026g，J＝0.00891，总气体年龄 TGA＝(187.2±3.7)Ma，坪年龄 Tp＝(189.7±0.6)(6～14 阶段)								
1	700	14.039	0.0126	0.0381	0.0049	10.30±0.000	2.17	158.50±1.82
2	750	11.826	0.0020	0.0602	0.0035	11.23±0.000	3.00	172.11±1.97
3	790	11.904	0.0018	0.0010	0.0025	11.36±0.000	4.24	174.07±2.00
4	820	12.459	0.0026	0.0289	0.0020	11.66±0.000	5.28	178.41±2.04
5	850	12.472	0.0012	0.0062	0.00134	12.11±0.000	7.93	184.93±2.12
6	870	12.724	0.0009	0.0277	0.0011	12.43±0.000	9.31	189.50±2.17
7	890	12.845	0.0008	0.0193	0.0010	12.59±0.000	10.2	191.92±2.19
8	910	16.666	0.01354	0.0091	0.0011	12.67±0.001	9.52	193.92±2.21
9	940	12.979	0.0011	0.0185	0.0010	12.64±0.000	9.78	192.56±2.20
10	970	12.739	0.0011	0.0058	0.0012	12.38±0.000	8.74	188.85±2.16
11	1000	12.810	0.0013	0.0153	0.0013	12.41±0.000	7.90	189.27±2.16
12	1030	12.648	0.0011	0.0013	0.0011	12.31±0.000	9.69	187.83±2.15
13	1070	12.551	0.0011	0.0013	0.0010	12.20±0.000	9.83	186.23±2.13
14	1150	13.700	0.0045	0.0579	0.0047	12.36±0.000	2.25	188.60±2.15
15	1350	209.50	0.60180	1.7967	0.16742	32.64±0.089	0.06	460.58±36.63

（续表）

加热阶段	温度（℃）	$^{40}Ar/^{39}Ar$	$^{36}Ar/^{39}Ar$	$^{37}Ar/^{39}Ar$	$^{38}Ar/^{39}Ar$	$(^{40}Ar*/^{39}Ar)\pm1\sigma$	$^{39}Ar(\%)$	视年龄 $t\pm1\sigma$
TL－4 白云母，W＝0.021g，J＝0.00894，总气体年龄 TGA＝(192.5±3.8)Ma								
1	700	13.201	0.0087	0.0607	0.0572	10.63±0.004	2.95	163.86±2.03
2	750	12.500	0.0037	0.0760	0.0464	11.41±0.003	3.63	175.34±2.10
3	790	12.641	0.0027	0.0419	0.0327	11.84±0.002	5.16	181.64±2.11
4	820	12.901	0.0029	0.0345	0.0269	12.04±0.001	6.26	184.46±2.13
5	850	13.321	0.0025	0.0070	0.0183	12.58±0.001	9.18	192.32±2.20
6	870	13.514	0.0019	0.0140	0.0166	12.94±0.000	10.1	197.54±2.25
7	890	13.899	0.0019	0.0217	0.0163	13.33±0.000	10.3	203.13±2.31
8	910	14.014	0.0020	0.0067	0.0133	13.40±0.000	9.21	204.23±2.32
9	940	13.862	0.0028	0.02673	0.0131	13.02±0.000	9.41	198.76±2.26
10	970	13.632	0.0030	0.0094	0.0128	12.72±0.000	8.30	194.41±2.21
11	1000	15.530	0.0092	0.0114	0.0184	12.80±0.001	5.80	195.48±2.23
12	1030	13.042	0.0026	0.0079	0.0099	12.25±0.000	10.7	187.53±2.14
13	1070	12.938	0.0025	0.0132	0.0134	12.17±0.000	7.95	186.41±2.13
14	1150	160.07	0.50387	0.0039	0.1279	11.84±0.077	0.837	181.61±13.61
15	1350	1252.0	4.2213	9.3042	4.7131	11.41±4.742	0.01	175.34±792.49
TL－5 白云母，W＝0.025g，J＝0.0089608，总气体年龄 TGA＝(189.5±3.8)Ma，坪年龄 Tp＝(188.7±0.7)Ma(5～15 阶段)								
1	650	26.043	0.0579	1.5055	0.16546	9.144±0.016	0.254	142.08±2.75
2	700	13.504	0.0155	0.15401	0.0910	8.949±0.008	0.462	139.18±1.96
3	750	13.300	0.0091	0.0809	0.0446	10.60±0.003	0.943	163.75±1.96
4	800	12.477	0.0045	0.0003	0.0211	11.13±0.001	1.99	171.57±1.97
5	830	12.643	0.0039	0.0633	0.0202	11.47±0.001	2.07	176.52±2.03
6	860	12.331	0.0022	0.0299	0.0129	11.66±0.000	3.26	179.32±2.05
7	885	12.340	0.0018	0.0242	0.0104	11.80±0.000	4.03	181.34±2.07
8	910	12.695	0.0021	0.0002	0.0076	12.05±0.000	5.50	185.07±2.11
9	930	12.929	0.0020	0.0288	0.0044	12.32±0.000	6.65	189.00±2.16
10	950	13.144	0.0019	0.0044	0.0033	12.56±0.000	8.71	192.53±2.20
11	970	13.274	0.0015	0.0385	0.0028	12.82±0.000	10.3	196.23±2.24
12	990	13.362	0.0016	0.0283	0.0028	12.89±0.000	10.3	197.20±2.25
13	1010	13.277	0.0018	0.0280	0.0033	12.73±0.000	8.69	195.02±2.22
14	1040	13.326	0.0024	0.0305	0.0032	12.59±0.000	9.14	192.87±2.20
15	1075	13.317	0.0028	0.0171	0.0037	12.47±0.000	7.84	191.20±2.18
16	1115	12.938	0.0027	0.0001	0.0035	12.12±0.000	8.35	186.13±2.13
17	1165	12.941	0.0024	0.0001	0.0031	12.21±0.000	9.34	187.41±2.14
18	1220	15.720	0.0127	0.0614	0.0148	11.96±0.000	1.96	183.68±2.10
19	1350	420.15	1.3517	7.6255	0.98859	23.29±0.5404	0.04	341.97±168.41

笔者认为:TL1 白云母(192.5±0.7)Ma 的$^{40}Ar/^{39}Ar$坪年龄应代表了该处郯庐断裂带早期走滑热事件的冷却年龄。

对来自程坂采石场的 TL3 样品,加热阶段数据组成的坪年龄为 189.7Ma±0.6Ma,所占的^{39}Ar析出量为 77%(图 5-6)。该阶段反等时线年龄为 189.3Ma±2.6Ma(图 5-6),与坪年龄在误差范围内吻合。反等时线的 MSWD 为 0.4,指示各数据点拟合得很好。$^{40}Ar/^{36}Ar$初始比值为 311Ma±19Ma。该样品坪年龄、反等时线年龄与总气体年龄三者在误差范围内也都相互吻合。笔者认为 TL3 白云母 189.7Ma±0.6Ma 的$^{40}Ar/^{39}Ar$坪年龄应代表了该处郯庐断裂带早期走滑热事件的冷却年龄。

与 TL3 同一采场(具体为不同部位)的 TL2、TL4 样品,各自都没能组成符合坪年龄要求的坪年龄。TL2 样品全部加热阶段(除最后阶段)数据的反等时线年龄为 197.9Ma±8.9Ma(图 5-6),与总气体年龄在误差范围内吻合。但是$^{40}Ar/^{36}Ar$初始比值为 213Ma±3.2Ma,与现今大气标准值相差较大,MSWD 为 3.8。TL4 样品全部加热阶段(除最后阶段)数据的反等时线年龄为 203.0Ma±12.0Ma(图 5-6),与总气体年龄不吻合。$^{40}Ar/^{36}Ar$初始比值为 45Ma±0.6Ma,与现今大气标准值相差很大。MSWD 为 12,指示为混合线。这两个样品中间坪上凸现象明显,中间坪最大视年龄分别为 203Ma、204Ma。$^{40}Ar/^{36}Ar$初始比值都指示可能有继承 Ar 的存在。因而笔者认为,虽然这两个样品的数据含有丰富的 190Ma 左右信息,但严格地讲不适合地质解释。其原因可能是白云母残斑在强剪切扭曲中(与显微镜下现象一致)部分晶格受损而导致 K 丢失,造成等同于过剩 Ar 的现象。也可能是糜棱岩化过程中 Ar 同位素体系开放,但由于剪切带活动时间不够充分而出现未完全清空,从而使年龄偏大。

取自胡山咀采场的 TL5 样品,5～15 加热阶段数据组成的坪年龄为 188.7Ma±0.7Ma,所占的^{39}Ar析出量为 77%(图 5-6)。反等时线年龄为 193.4Ma±2.8Ma(图 5-6),仅略高于坪年龄。$^{40}Ar/^{36}Ar$初始比值仅为 238±44,MSWD 为 1.5。笔者认为 TL5 样品白云母的$^{40}Ar/^{39}Ar$坪年龄基本上可能代表该处郯庐断裂带早期走滑热事件的冷却年龄。

来自大别山东缘郯庐早期韧性剪切带走向上 3 个不同地点(图 5-4)的 TL1、TL3、TL5 白云母样品,分别给出了 192.5Ma、189.7Ma、

188.7Ma 的可靠 $^{40}Ar/^{39}Ar$ 坪年龄。由于这些糜棱岩中同构造结晶的矿物组合及长石变形行为指示了 450℃左右的变形温度，高于白云母的封闭温度，笔者认为这 3 个 $^{40}Ar/^{39}Ar$ 坪年龄代表了该段郯庐断裂带早期走滑韧性剪切带的冷却年龄。该段郯庐断裂带早期走滑韧性剪切带是由多条剪切带构成的，这 3 处冷却年龄 1Ma～3Ma 的差异既可能是不一致的活动中止或冷却造成的，也可能是测年本身的误差所致。这些测年结果可以限定大别山东缘郯庐断裂带早期左旋走滑运动确实发生过，其走滑热事件的冷却时间为 189Ma～193Ma。

大别造山带一系列榴辉岩的 Sm－Nd 同位素年龄（李曙光等，1996），指示碰撞造山过程中陆内深俯冲下的超高压峰期变质时间为 240Ma～220Ma。Hacker et al.（1995，2000）曾从南大别高压、超高压片麻岩中获得了一系列多硅白云母 $^{40}Ar/^{39}Ar$ 年龄，分别介于 222Ma～176Ma，并解释为造山过程中的冷却时间。与本次糜棱岩中白云母的 $^{40}Ar/^{39}Ar$ 年龄基本一致。因而，郯庐断裂带早期走滑构造确实发生在大别造山带的碰撞造山过程中，属于同造山走滑运动。

第三节　合肥盆地同造山期构造属性与前陆变形格局

造山带与盆地是大陆块内及其边缘部分的两个构造单元，它们在形成和时空演化上具有密切的联系，都是地球深部作用在地壳浅部的表现，是大陆动力学乃至地质学研究的重要方面。自上世纪八十年代以来，国际盆地研究专家认识到，对盆地构造的研究已不单是对其内部的构造几何形态、样式、沉积环境、热沉降史等方面的分析与研究，而是注重与盆地周边构造、与造山带的研究相结合，从而才能建立起盆地形成和演化的综合模式（肖庆辉等，1991）。

前人大量研究成果已表明（朱光等，1998；李曰俊等，1997；薛爱民等，1994、1999、2001），侏罗纪时合肥盆地是大别造山带北缘的前陆盆地，该时期华南板块与华北板块的强烈碰撞，使得大别山快速隆升，盆地南缘北淮阳构造带在构造上表现为一系列由前中生界岩石、地层组成的构造岩片，为大别造山带北部的、向北逆冲的逆冲—推覆带(图 5－7)。北淮阳构造带的北界为信阳—舒城断裂,南界为磨子潭—晓天断裂。信阳—舒城断裂为北淮阳逆冲—推覆带的前缘断裂

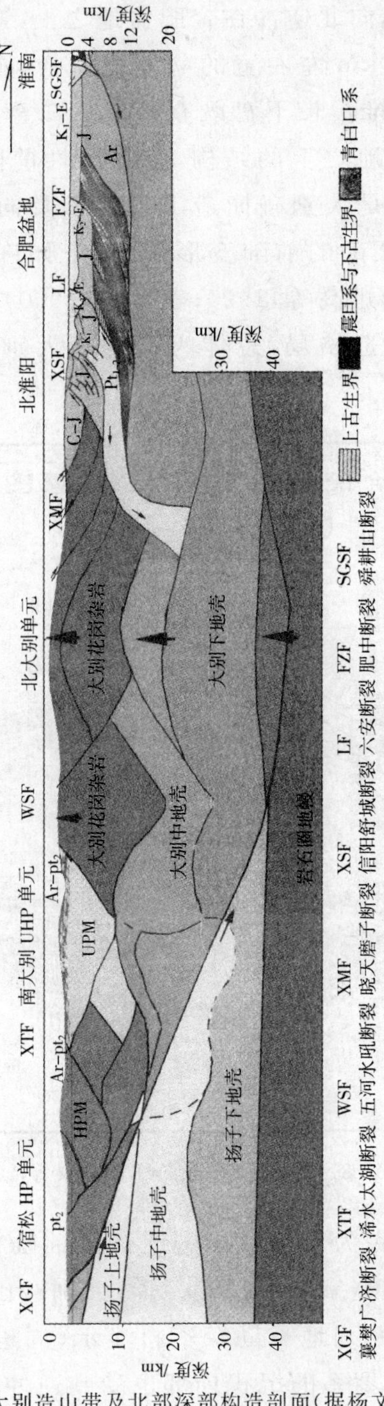

图 5－7　大别造山带及北部深部构造剖面(据杨文采,2003)

带，由一系列断面向南倾的叠瓦状逆冲断层组成，该逆冲—推覆构造带呈近东西向且略向北突出的弧形展布。结合前述重力和电性资料揭示，大别造山带是向北逆冲在合肥盆地之上，造山带北缘的逆冲—推覆带下掩盖有 20km 左右宽的盆地沉积物（图 5－8）（贾红义等，2002），推测逆冲—推覆带下盘既有石炭—二叠系，也有侏罗系。这种造山带逆冲在盆地之上的结构，应是压性前陆盆地特有的现象。反映出合肥盆地既是大别碰撞造山带隆升及向北逆冲中的沉积响应，也处于造山带北部的前陆变形带上，正如许多学者的研究表明（王清晨等，1997；周进高等，1999；李忠等，2000），侏罗纪时期合肥盆地主要呈东西向构造格局，总体为受控于大别造山带隆升的前陆盆地。

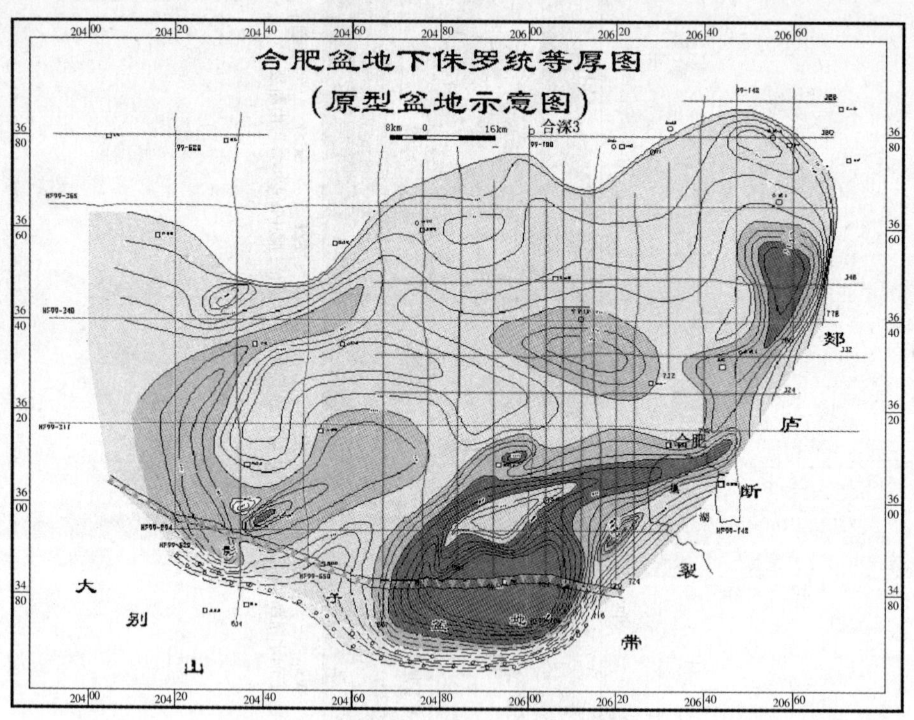

图 5－8　盆地原型示意图（据贾红义等，2002）

合肥盆地的基底为大别造山带北侧的前陆变形带，前陆变形最强烈期为晚三叠世（赵宗举等，2000），与大别造山带强烈的陆—陆碰撞同时。近年来一系列地震勘探资料显示（周进高等，1999；赵宗举等，2000），盆地内侏罗系的沉积局部也受到逆冲活动的影响，反映盆地内前陆变形时间持续至整个侏罗纪。合肥盆地区的前陆变形构造，是否已受到了郯庐断裂带的影响，关系到晚三叠世—侏罗纪期间是否已有郯庐断裂带的存在及活动，即该断裂带的早期起源问题。

一系列地震与钻探资料显示，合肥盆地前侏罗纪基底变化于太古界至上古生界，呈东西向展布，实际为不同的逆冲岩片所组成（图 5－9、图 5－10）。这些前侏罗系基底中展示为典型的前陆变形构造，为一系列呈东西走向、向北逆冲的逆冲断层（图 5－9、图 5－10）。这些逆冲—推覆构造，往往在逆冲断层的上盘为前青白口纪变质基底，而下盘较好地保留了古生界地层（图 5－10）。由前侏罗纪基底构造图（图 5－10）及前述的盆地基底地球物理场解释可见，盆地中、西部表

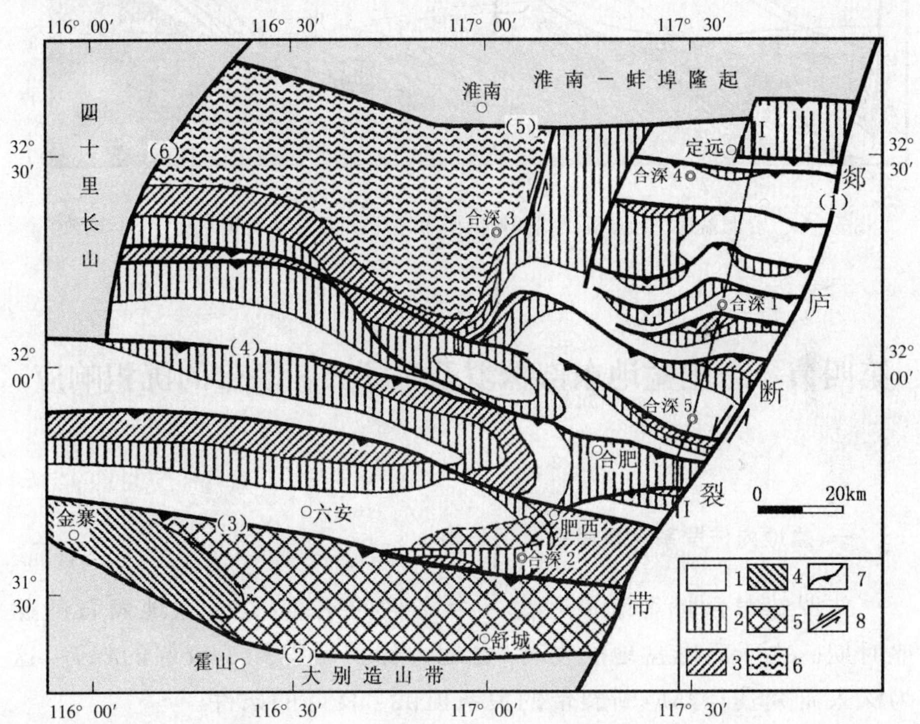

图 5－9　合肥盆地前侏罗系基岩地质图（据赵宗举等，2000 修改）

1. 上古生界；2. 震旦系—下古生界；3. 青白口系；4. 佛子岭群；5. 卢镇关群；6. 霍邱群；7. 逆冲断层；8. 走滑断层；Ⅰ—Ⅱ地震线位置；（1）郯庐断裂带；（2）信阳—舒城断裂；（3）六安断裂；（4）肥中断裂；（5）寿县—定远断裂；（6）吴集断裂。

现为延伸长、连续的东西向大型逆冲断层，而靠近郯庐断裂带一侧的合肥盆地东部则呈现为延伸短、条数多的逆冲断层格局，与盆地西南部的冲断构造格局具有明显的差别。这表明前陆变形时合肥盆地东

部郯庐断裂带的存在，受其影响而使得旁侧逆冲活动得到了明显加强，使逆冲断层较盆地中、西部大为发育。这些现象从构造变形强度上指示合肥盆地前侏罗纪基底在印支期的前陆逆冲活动中已受到郯庐断裂带同期活动的影响，是靠近郯庐断裂带一侧因应力集中所致，从而证明了这一时期合肥盆地东部已出现了郯庐断裂带，并发生了活动。合肥盆地前陆变形阶段的构造特征为郯庐断裂带同造山期活动提供了证据。

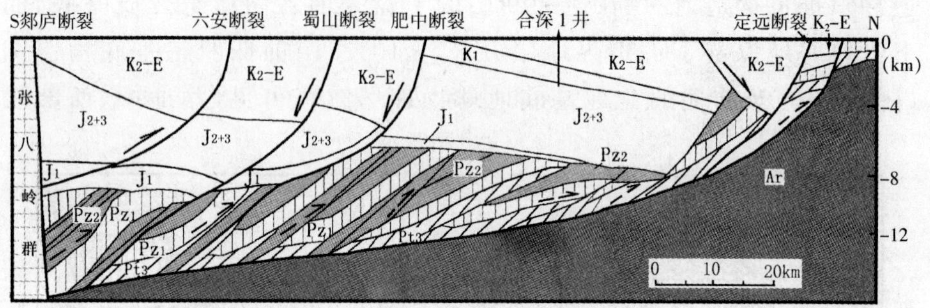

图 5-10　合肥盆地 1 号地震测线解释剖面图(据杭州石油地质研究所，1994，略改)

第四节　合肥盆地东部侏罗系对郯庐断裂带的沉积响应

一、盆地内侏罗系充填序列及沉积相

侏罗纪时合肥盆地呈现为一个完整的盆地，处于盆地发育的鼎盛时期。由于后继盆地的发育，盆地内侏罗系得到了较好的保存，这为深入研究其与郯庐断裂带的关系提供了良好的条件。

印支运动后，伴随大别造山带的隆升，合肥盆地内沉积了一套最厚可达 7000m 的侏罗系陆相地层。盆地内自下而上充填了下侏罗统防虎山组、中侏罗统圆筒山组(在盆地南缘带为三尖铺组)及上侏罗统周公山组(盆地南缘带为凤凰台组)。

下侏罗统防虎山组：防虎山组主要分布于盆地南部，在盆地南缘厚度约为 400m，其底部不整合于佛子岭群石墨片岩、云母石英片岩之上。下段下部以灰白色、灰黄色、紫灰色粗砂岩夹多层砾岩，以正砾岩为主，砾径一般小于0.2m，砾石分选、磨圆中等，在砾岩中可见叠瓦状构造；下段上部为灰色泥质粉砂岩夹薄层页岩及煤层，显示了砂质游荡河的沉积特征（李忠等，2000）。上段为灰白色含砾砂岩夹粉砂～细砂岩及砾岩。砂岩成熟度较高，发育有中大型交错层理，具有游荡河砂坝沉积特征（李忠等，2000）。另据安参1井揭示，下侏罗统厚度为1261m，岩性以厚层砂质泥岩、泥岩为主，夹薄层泥质粉砂岩。从随井地震反射剖面看（图4－5），在下侏罗统底部存在一中频率、强振幅、高连续反射层，反映出与下伏地层呈明显的角度不整合接触关系。

中侏罗统圆筒山组：该组地层厚度1000～1300m，下部以紫红、灰紫色中厚层似透镜状砾岩与粗砂岩—粉砂岩呈韵律互层状；中部则以杂色中～细粒砂岩夹薄层粉砂岩组成；上部以富含交错层理、粒级韵律发育的紫红色中厚层中细粒～中粗粒砂岩互层为特征。总体具有细粒曲流河及洪泛平原沉积特征（李忠等，2000）。安参1井钻遇中侏罗统圆筒山组厚度为2041m，该组可分为三个岩性段：下段岩性以砂岩与泥岩不等厚互层，砂岩以灰色、紫红色细砂岩为主，其次为泥质粉砂岩、泥质砂岩和粉砂岩，泥岩以紫红色砂质泥岩为主，局部夹有少量灰色、灰绿色砂质泥岩，厚450m。中段：中段下部以灰色、灰绿色细砂岩为主，夹有少量灰色、灰绿色砂质泥岩；中段上部则以紫红色、浅紫色粉砂质泥岩为主，含有灰色、灰绿色粉砂岩，厚1050m；上段岩性以紫红色、浅紫红色厚层粉砂岩、细砂岩为主，夹有很少量泥岩，厚541m。

上侏罗统周公山组：厚度900～1300m，下部为厚层含砾粗砂岩及富含交错层理的砂岩及粉砂岩不等厚互层，其中生物扰动构造发育，向上为浅褐色、灰色厚层砂砾岩、中粗粒砂岩及粉砂岩互层，发育有冲刷构造及槽状层理、波状斜层理等，其中砾石磨圆、分选差～中等；上部以砾岩薄层或透镜状的砾岩层增多为特征，其中发育有冲刷构造及大型槽状交错层理。总体显示了砂砾质辫状河及冲积平原沉积的环境（李忠等，2000）。安参1井揭示上侏罗统厚度为366.5m，该井段岩性为砂岩与泥岩不等厚互层，其中泥岩含量较高，泥岩以紫红色砂质泥岩为主，砂岩以紫红色粉砂岩、细砂岩为主。

二、沉积分布及地震相特征

合肥盆地内的侏罗系大面积为白垩系所覆盖，仅在盆地南缘零星分布。近年来石油部门在合肥盆地开展了大规模地震勘探与钻探，为揭示盆地内侏罗系完整的分布规律与沉积相特征创造了条件。根据合肥盆地内系列的地震剖面解释及钻孔标定，可以恢复盆地内全部侏罗系的沉积厚度（图 5－11、图 5－12）。而依据这些系列的地震剖面及盆缘地层对比、追踪，可以通过地震相解释而恢复全盆地的沉积相（图 5－13、图 5－14、图 5－15）。这一系列资料基本上可以揭示合肥盆地侏罗系对郯庐断裂带的沉积响应。

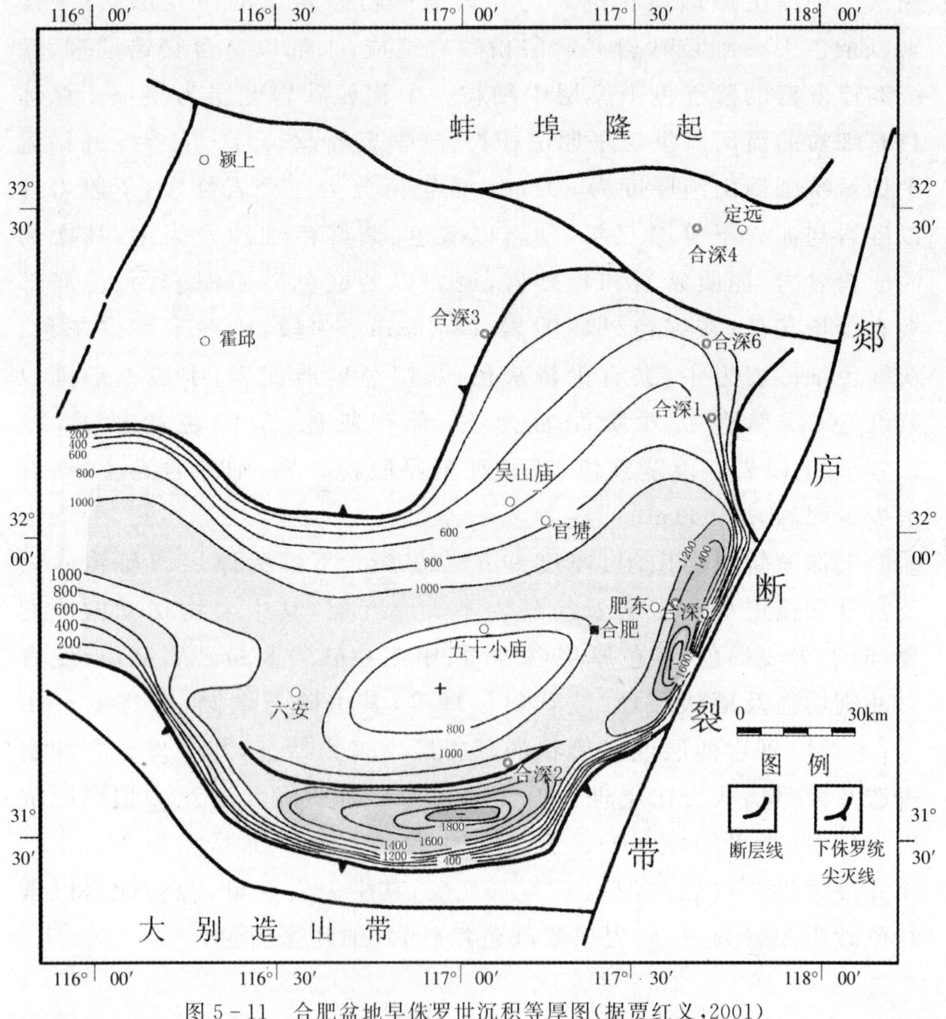

图 5－11　合肥盆地早侏罗世沉积等厚图(据贾红义，2001)

合肥盆地早侏罗世沉积等厚图(图 5-11)显示,该时期沉积总体呈东西向展布,但是存在两个中心:一个呈近东西向展布的沉积中心位于合肥盆地南缘,即大别造山带北侧,其中,下侏罗统沉积厚度>1800m;另一个沉积中心则位于盆地东侧的肥东凹陷一带,呈北北东向平行于郯庐断裂带展布,其中,下侏罗统最大厚度约 1600m。总体上下侏罗统地层分布于盆地的南部与东部,并具有由南向北、由东(近郯庐断裂处)向西明显超覆的特征。早侏罗世时期的地震相资料(图 5-12)与沉积厚度分布相互吻合。自盆地南缘与东缘向盆地内依次出现杂乱前积地震相、空白地震反射相、中等连续中低频中振幅

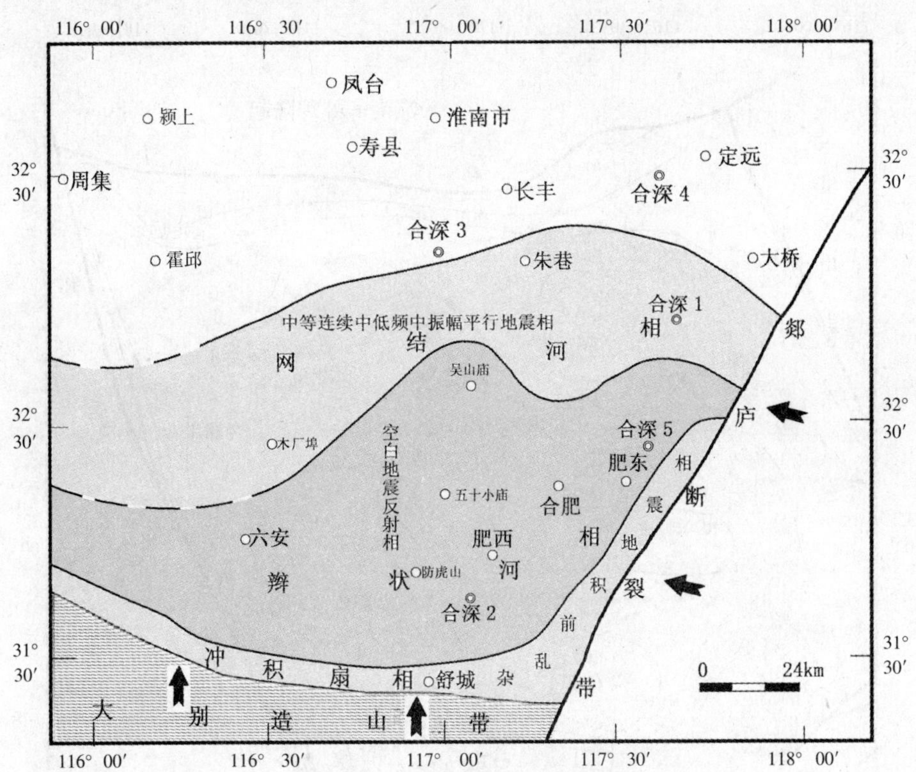

图 5-12　合肥盆地早侏罗世地震相及沉积相(据杭州石油地质研究所,1994,略改)

平行地震相,它们分别对应冲积扇相、辫状河相与网状河相。其中特别值得指出的是,除了盆地南侧由于大别造山带的隆升而控制出现了东西向的沉积中心与南缘的冲积扇相外,盆地东侧的郯庐断裂带旁也出现了北北东向的沉积中心与东缘的冲积扇相。这指示合肥盆地早侏罗世时沉积除了受控于南部大别造山带的隆升外,东部同时

还受控于郯庐断裂带。该断裂带所在的张八岭隆起此时已出现在盆地的东部，构成了下侏罗统沉积的物源区。这些重要的信息揭示，早侏罗世时郯庐断裂带已出现在合肥盆地的东部，而不是早白垩世左行错开大别、苏鲁造山带后才出现在合肥盆地的东部。这为郯庐断裂带的起源时间提供了十分重要而又可靠的信息。总观合肥盆地早侏罗世的古构造面貌，南部为大别造山带，东部为郯庐断裂带所在的张八岭隆起，而北侧的网状河相指示北部为地势不高的陆地（相当于前陆隆起）。

由中—上侏罗统等厚图（图 5 - 13）可见，沉积范围较下侏罗统大

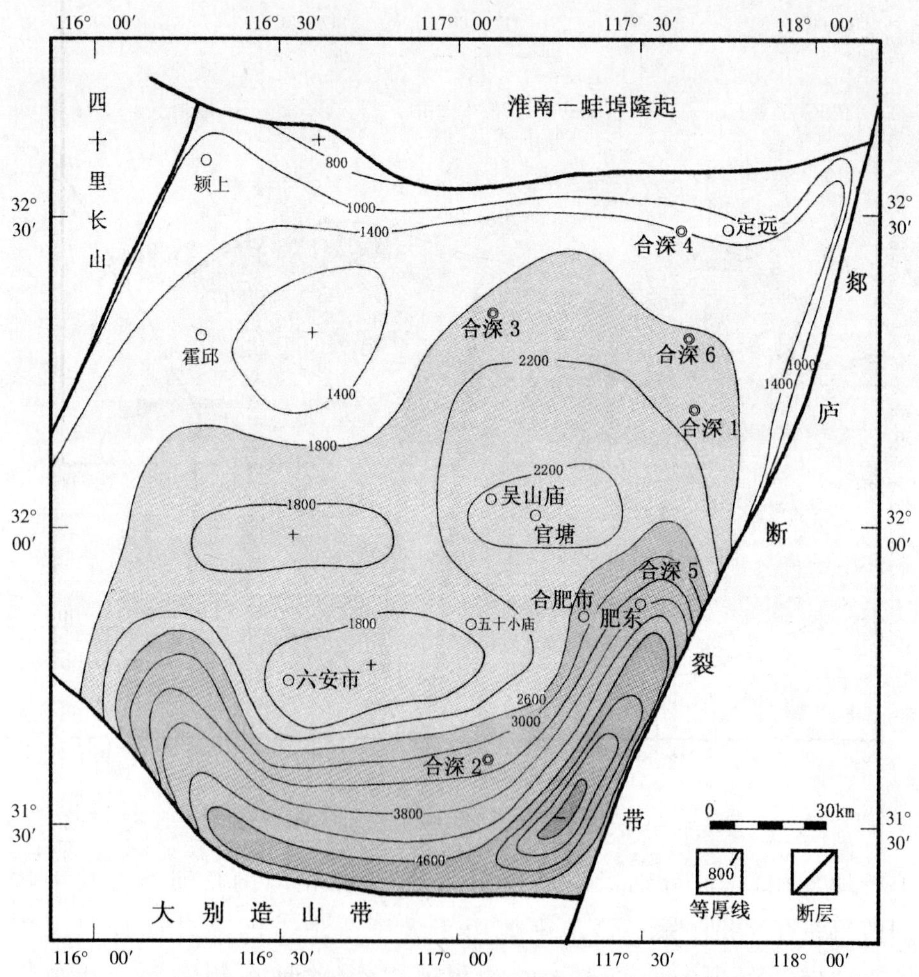

图 5 - 13　合肥盆地中—晚侏罗世残留地层等厚图（据贾红义，2001）

为扩大，但是盆地南部和东部仍为沉积中心而分别出现了东西向和北北东向的深凹带，沉积厚度大于 3000m。这两个沉积中心带此时已连成一体，呈现为总体向东南突出的弧形。根据中侏罗世地震相（图 5－14）资料，这一时期在盆地南缘和东缘广泛发育了冲积扇相沉

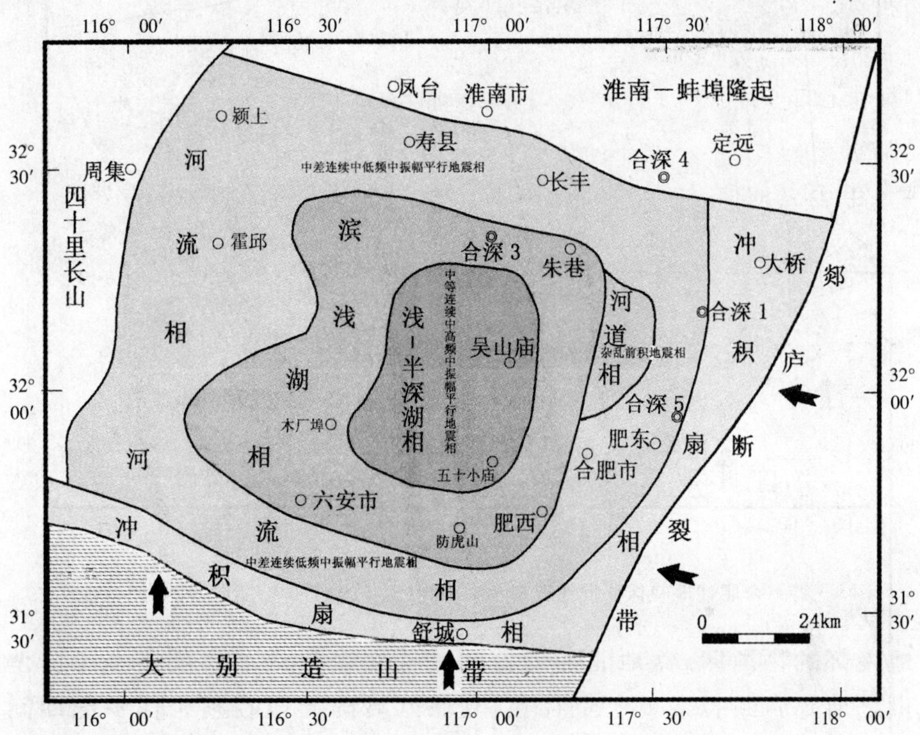

图 5－14　合肥盆地中侏罗世地震相及沉积相（据杭州石油地质研究所，1994，略改）

积，向盆地内部依次出现了河流相（中差连续中低频中振幅平行地震相）→滨、浅湖相→浅—半深湖相（中连续中高频中振幅平行地震相），湖心位于五十小庙—吴山庙一带。而盆地北侧和西侧为河流相，缺少冲积扇相，反映没有地势差大的隆起存在。至晚侏罗世时期盆地南缘和东缘依然发育有冲积扇相（图 5－15），指示大别造山带与郯庐断裂带张八岭隆起段物源区仍然存在。但盆地内部广泛出现了河流相，反映盆地开始萎缩，湖盆范围明显收缩，仅在盆地中心的吴山庙一带残留有滨浅湖相。由中—晚侏罗世沉积分布与沉积相资料可见，这一时期合肥盆地古构造面貌继承了早侏罗世状况，郯庐断裂带张八岭隆起段出现在盆地东侧并构成物源区，而大别造山带为盆

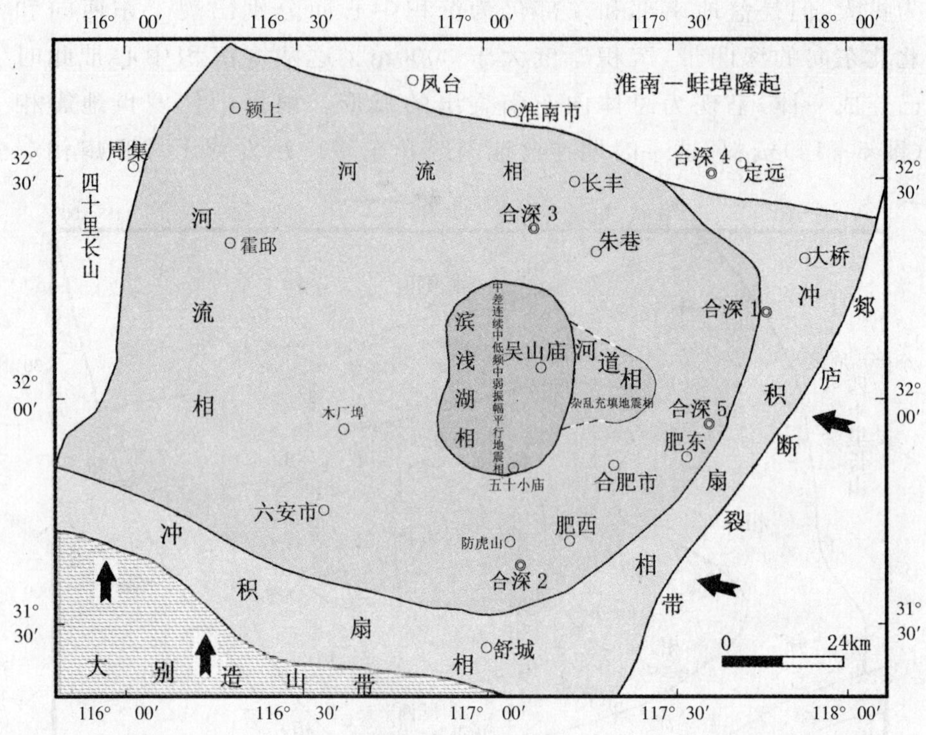

图 5-15　合肥盆地晚侏罗世地震相及沉积相(据杭州石油地质研究所,1994,略改)

地南部的物源区,盆地北部为古陆。这些现象进一步证实了早白垩世之前郯庐断裂带就已经存在,其张八岭隆起段在整个侏罗纪期间构成了合肥盆地东部的物源区,并控制了旁侧平行的冲积扇相与巨厚的沉积。

另外,根据合肥盆地一系列地震勘探资料所恢复的下侏罗统与中、上侏罗统层速度等值线图(图 5-11、图 5-12),郯庐断裂带旁侧侏罗系地震波层速度值明显加大,也指示有较大的沉积厚度,反映郯庐断裂带对旁侧侏罗系的沉积有明显的控制作用。

综上所述,合肥盆地侏罗纪的演化可分为四个阶段:早侏罗世早期为一套巨厚的砾岩、砂砾岩为主的沉积,属于山麓洪积相粗碎屑岩快速充填补齐的沉积模式,主要发育在盆地南部,南厚北薄,具有磨拉石盆地特征。早侏罗世中晚期在古地形夷平的基础上,接受了一套湖沼相含煤碎屑沉积。中侏罗世时期,盆地则全面坳陷形成统一的水域,使得中侏罗统遍及全盆,盆地发展达到全盛时期。根据地震勘探资料，盆地内的中、下侏罗统自下而上具有由南向北、由东向西逐渐超覆、扩大现象，指示了南部大别山造山带和东部张八岭隆起逐步隆升的控制作用。至晚侏罗世，盆地的沉积范围与中侏罗统大致相同，但沉积环境逐渐由湖泊相、河湖相而转变成河流相。至晚侏罗世末，盆地抬升、遭受一定的剥蚀，直至早白垩世复又断陷成盆，但是盆地性质已发生了转变（详见后文）。

结合前述的一系列地震及钻探资料所揭示盆地基底构造特征表明，合肥盆地基底在印支期前陆逆冲构造活动中，在郯庐断裂带旁侧明显加强。盆地内侏罗系的沉积分布与沉积相上，不但指示当时在郯庐断裂带一侧出现了边缘相，还控制出现了巨厚的沉积。这些从沉积学角度说明侏罗纪时郯庐断裂带已出现在合肥盆地的东界上，并因其走滑而造成张八岭隆起带进一步隆升，构成了盆地侏罗系沉积的主要物源区之一。在该时期大别山的快速碰撞隆升、郯庐断裂带的转换走滑使得旁侧块体合肥盆地产生坳断陷而接受沉积。

第五节　合肥盆地形成与同造山期郯庐断裂带的关系

一、同造山期郯庐断裂带的构造型式

由前述可见，合肥盆地的构造与沉积信息及同位素年代学研究，为郯庐断裂带的同造山期的存在提供了重要的证据，表明郯庐断裂带起源于华北与华南板块的碰撞过程之中。关于郯庐断裂带在造山期是以何种构造型式出现，是仍然没有解决的重大问题。前人关于郯庐断裂带早期构造型式主要是两类观点，即斜向汇聚的边界和同造山走滑断层。

如果郯庐断裂带在造山期是板块的斜向汇聚边界，那就应有其一侧凸出板块的先期嵌入与点碰撞。可是，大别、苏鲁造山带几乎同等规模出露了超高压变质带。两造山带榴辉岩 Sm－Nd 年龄（李曙光等，1996）所指示的郯庐断裂带两侧深俯冲中超高压变质时间也是

一致的。这些事实并不支持郯庐断裂带早期为斜向汇聚的边界。另外，大别造山带东缘郯庐早期走滑构造及合肥盆地内郯庐断裂带旁侧所出现的走向上近垂直的前陆逆冲断层，也不支持该断裂带早期为斜向汇聚的边界。

基于这些现象，笔者等认为郯庐断裂带早期仍是左旋走滑构造，具体应该是以转换断层的形式出现（图 5－16）。该转换断层启动时间是在陆—陆碰撞造山的晚期。合肥盆地前侏罗纪基底出现受郯庐断裂带影响的逆冲构造，暗示开始时间发生在侏罗纪以前的印支期。大别造山带东缘郯庐断裂带早期 190Ma（早侏罗世）的冷却年龄，只是指示了断裂带停止活动后冷却至封闭温度的时间，并不能准确限定开始活动时间。近年来的深部地球物理资料揭示（董树文等，1998；杨文采等，1999；徐佩芬等，2000），大别和苏鲁造山带下的扬子板块都一致向北俯冲，指示郯庐转换断层的出现不是由典型的反向陆内俯冲造成的。因而，笔者认为郯庐断裂带在造山期发生转换断层运动的机制，是由于大别、苏鲁造山带陆内俯冲速度差异造成的。苏鲁造山带陆内俯冲相对较快，这也说明了为什么苏鲁造山带走向向北东偏转及其中超高压变质带在造山带走向方向上延伸较长。郯庐断裂带早期为转换断层的观点，可以合理地解释为何该断裂带在大别造山带南端的突然中止及华北板块北界错距与大别—苏鲁造山带错距的不协调。

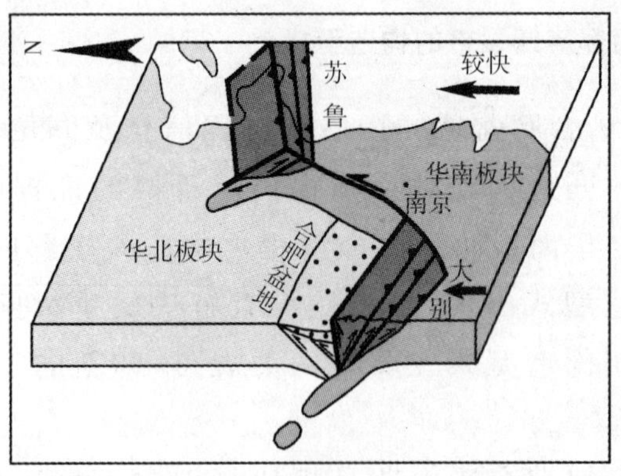

图 5－16　郯庐断裂带同造山期转换断层模式

二、同造山期盆地形成模式

同造山期的转换走滑构造的存在，直接影响和控制了旁侧地块——合肥盆地的形成，合肥盆地的沉积与同造山期郯庐断裂带活动有着良好的响应关系。具体表现在如下几个方面：

1. 从上述基底构造特征看，盆地中、西部表现为延伸长、连续的东西向大型逆冲断层，而靠郯庐断裂带一侧的盆地东部即呈现为延伸短、条数多的逆冲断层格局；基底逆冲活动在郯庐断裂带附近具有明显的加强。这些现象指示合肥盆地前侏罗纪基底在印支期的前陆逆冲活动中已受到郯庐断裂带同期活动的影响，是断裂带一侧因应力集中所致，也表明前陆变形时合肥盆地东部郯庐断裂带的存在。这些基底的变形特征是对郯庐断裂带的构造响应。

2. 合肥盆地内侏罗系构造、地层格架，呈现南坳北超、东断西超，即由南向北、由东向西逐渐超覆、扩大的现象；据研究（李忠等，2000；薛爱民等，1994），盆地东南部侏罗系的埋深及埋藏温度均远大于盆地的北西部。盆地内双沉积中心的存在及沉积中心沿郯庐断裂带的展布等现象，均反映出侏罗系沉积时受到大别造山带和郯庐断裂带的双重控制，具有双物源系统，即南部物源来自大别山造山带、东部物源来自张八岭隆起。

3. 沉积相方面，侏罗系在断裂旁侧的快速沉积、冲积扇的广泛发育及颗粒粗大的盆地边缘相沿盆地边缘郯庐断裂带呈长条状展布等，有力地说明了盆地对断裂有着良好的沉积响应关系。

综上所述，从沉积方面证实了侏罗纪时郯庐断裂带已出现在合肥盆地的东界上，控制了盆地形成，并且因其走滑造成张八岭隆起进一步抬升，从而构成了盆地侏罗系沉积的主要物源区之一。因此，认为合肥盆地同造山时期的形成同时受到大别造山带和郯庐断裂带双重体制的控制，属于前陆＋走滑挠曲的沉积模式（图 5－16、图 5－17）。值得说明的是，断裂活动往往是短暂的，合肥盆地东部侏罗系沉积并没有显示明显的迁移现象。因而，郯庐断裂带同造山期的左行走滑快速错开大别—苏鲁造山带后，一方面在合肥盆地东部残留了属于造山带一部分的张八岭隆起，另一方面在盆地东部造成了走滑挠曲的沉积空间。随后的大部分侏罗纪时期，张八岭隆起为合肥盆地东部沉积提供了稳定的物源。因此对于合肥盆地的发生、发展和演化的研究，既应考虑与大别山造山带活动有关的盆—山耦合，也应该考虑到郯庐断裂带的贡献，这样才能更客观地评价盆地。

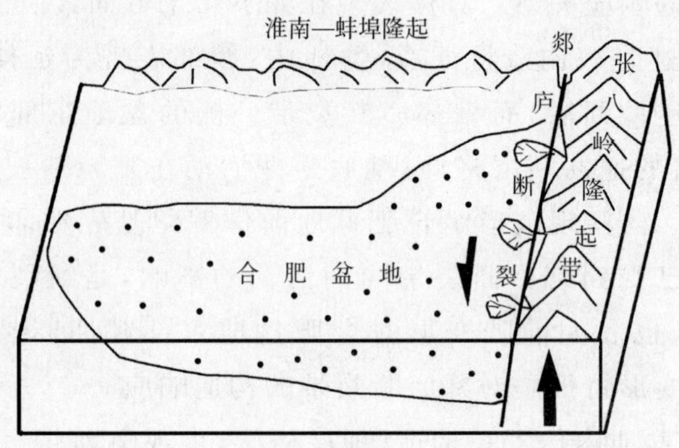

图 5-17　同造山期走滑构造与走滑挠曲盆地模式

第六章　合肥盆地对郯庐断裂带早白垩世走滑活动的沉积响应

作为巨型走滑断裂带，由于其断裂结构及沿走向的波动或一侧运动受阻，相应产生水平缩短分量，必然导致伴随断裂内岩石的补偿隆升，往往会在断裂带的某些地段形成走滑盆地（Furlong et al.，1989；Venture et al.，1989；Miyata，1990；Bozkurtet et al.，1996；Barnes et al.，2001）。前文已述，合肥盆地东部侏罗系的沉积是对郯庐断裂带同造山期走滑活动的响应，随后该断裂带是以何种形式运动及其与周边地块之间的关系如何？与合肥盆地构造演化的关系等问题都是应该回答的。本文通过野外地质调查、实测剖面、系统采集样品并进行了重砂分析、粒度分析及对朱巷组黏土矿物的X射线衍射分析，综合了大量钻井及地球物理资料，对合肥盆地朱巷组的沉积特征、沉积环境和沉积相进行了分析，对下白垩统沉积物源等进行了详细的分析研究，发现合肥盆地东部的下白垩统的沉积对郯庐断裂带早白垩世的走滑活动有着明显的构造耦合与良好的沉积响应关系。

第一节　合肥盆地东缘郯庐断裂带造山后的走滑活动

郯庐断裂带继印支—早燕山（同造山期）转换走滑活动之后，仍出现了大规模的左旋走滑构造。这一大规模的走滑活动，造成了两类走滑构造：一类为发育在变质岩中（低绿片岩相带）左行韧性剪切带；另一类为发育在中生代火成岩和沉积岩中的脆性左行平移断层。

在脆性断层带内，伴随断裂带的走滑活动还诱发了大规模的，以富钾、中酸性为主的岩浆活动（徐嘉炜等，1992；Xu，1993；朱光与徐嘉炜，1999；窦立荣等，1996；朱光等，2001，2002；牛漫兰等，2001；宋传中等，2003）。郯庐断裂带在走滑活动中，除了在山东境内莱阳盆地形成了拉分盆地外（周建波等，1999），还在其南段安徽省境内形成了合肥盆地的走滑挠曲，由此而控制了合肥盆地内下白垩统朱巷组的沉积。

一、郯庐断裂带造山后的走滑活动基本特征

郯庐断裂带在安徽境内的张八岭隆起段出现在合肥盆地东侧，呈北北东向延伸。脆性断裂带主体向西倾，倾角为 70°～80°，宽 8～10km。其走滑构造在不同地段表现出不同层次的构造特征。

（一）张八岭隆起南段构造特征

张八岭隆起南段出露在肥东县境内巢湖北岸至文集一带，呈北北东向延伸，平面上呈豆荚状，分布面积约 424km²（图 5－3）。核部地层为肥东群高角闪岩相变质岩，岩性上可与大别—苏鲁造山带内的大别群、苏鲁群对比。从肥东群变质岩中获得锆石年龄为 199.468Ma$\pm_{95}^{102}$Ma（葛宁洁等，1993），属于晚太古—早元古代，向外为张八岭群出露。郯庐断裂带在该段上主要表现为如下特征：

1. 几何学特征

郯庐断裂带在该段文集—王铁一线，表现为一系列呈北北东走向的韧性剪切带。韧性剪切带中有多条强剪带相间出现，所发育的糜棱面理产状陡而平直，且越靠近中部越强烈、越密集。次级韧性剪切带分带现象明显，由中部向两侧依次出现超糜棱岩—糜棱岩—初糜棱岩—糜棱岩化。受其影响该段肥东群先存面理被韧性剪切带强烈置换。这些深变质、强变形带表现出深层次构造核杂岩特征。

在核的外围，解集、阚集之间及王铁以南地区为中间层次，以脆—韧性剪切为主要形式，数条呈 NE—NNE 走向的脆—韧性剪切带断续、相间分布。该段所出露的肥东群、张八岭群中先存造山期面理清晰可辨，但受剪切带左行平移影响，多被拖曳至 NE—NEE 向（图 5－3），在平面上构成大“S”形或左行雁列状展布。

2. 运动学特征

该段北部几乎完全发育韧性剪切带糜棱岩，北东向的糜棱面理几乎完全置换了先存的造山期组构。在剪切带中部广泛发育有C—S面理、“云母鱼”组构（显微照片 6-1（A）、（B）），其中C面理平行郯庐断裂带的主体走向。经野外统计该组糜棱岩面理的优势产状为：倾向 126°∠65°（图 6-1）。在韧性剪切带中发育广泛，发育有布丁构造和构造透镜体及矿物生长线理，经统计线理的优势方位为 209°∠10°（图 6-1）。在野外对区内布丁构造和构造透镜体的长轴方向进行了统计，其优势产状为 10°～30°，这些线理有效地指示了郯庐断裂带的左行走滑的特征。

(A)桴槎山 NFC-1 剪切带 C-S 显微组构(4×10)

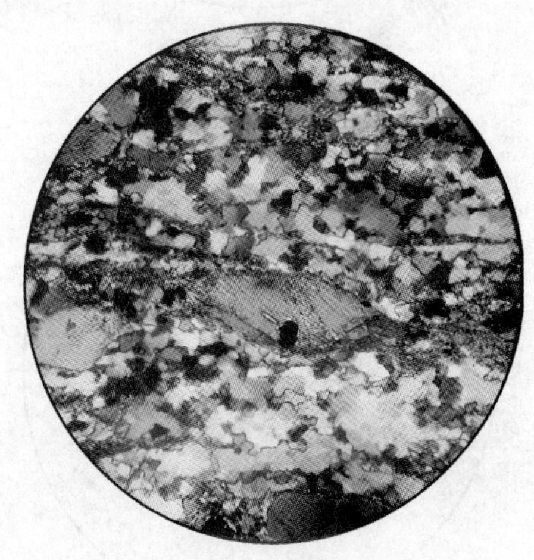

(B)桴槎山 NFC-3 剪切带显微组构“云母鱼”(4×10)

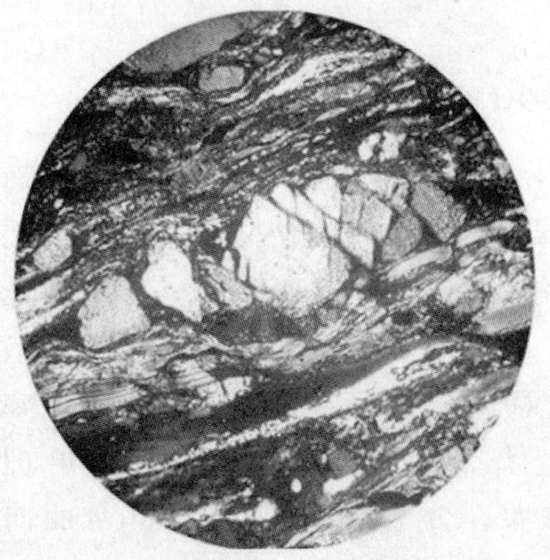

(C)桴槎山 NFC-1 韧性剪切带内书斜构造(4×10)

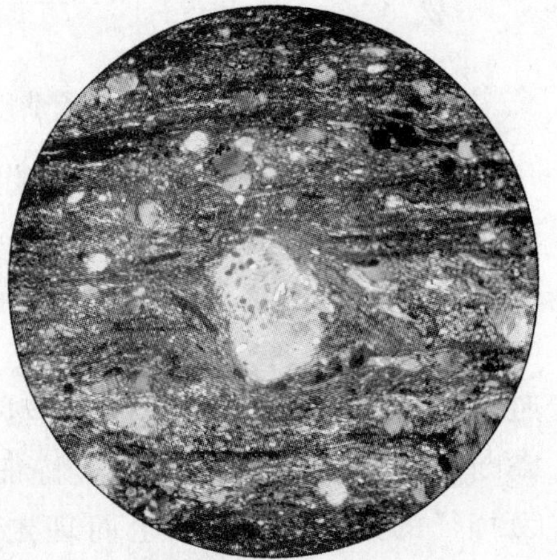

(D)肥东桴槎山 N6-1 石英 σ 残斑(4×10)

显微照片 6-1　桴槎山地区郯庐韧性剪切带内糜棱岩显微组构

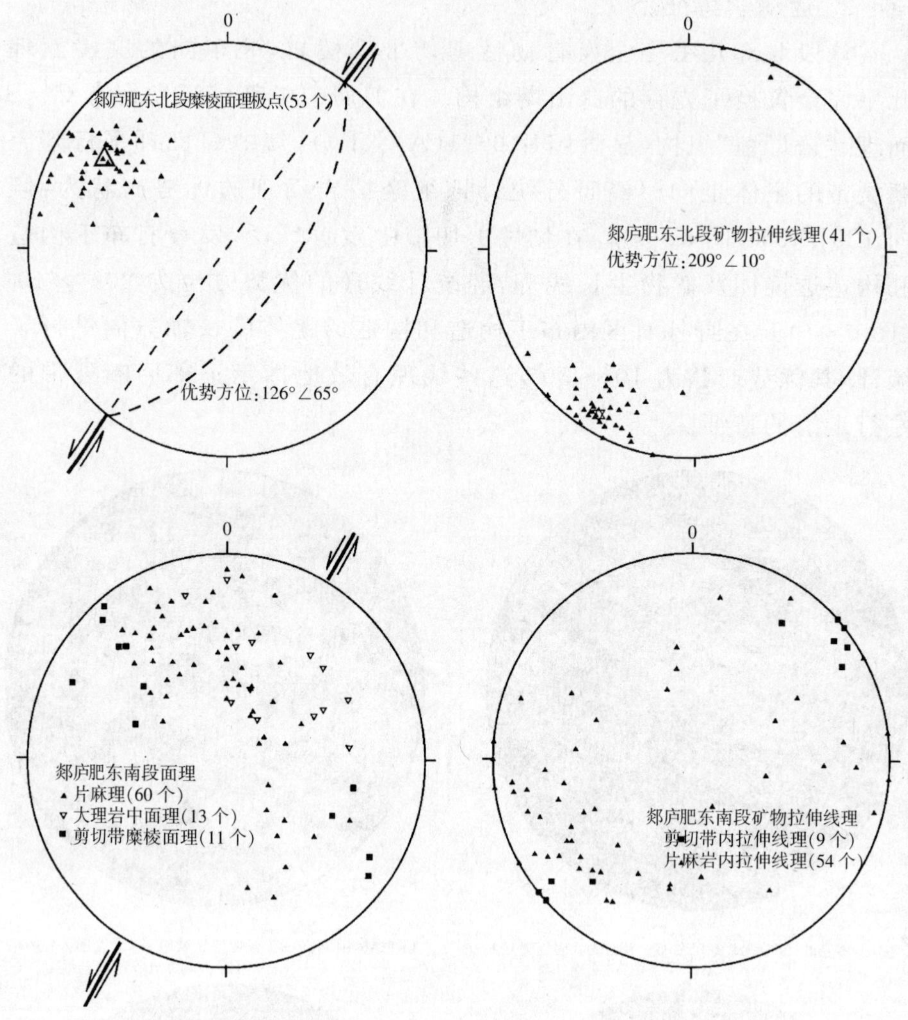

图6-1　郯庐断裂带肥东段线理、面理极点统计图

通过对该段糜棱面理的测量，该段南部发育有两种类型的面理：其一，C面理呈20°～40°方向延伸，产状近直立，该组面理代表了郯庐断裂带强烈平移时期的一组主要糜棱面理；其二，S面理走向50°～60°，一般与C面理斜交，二者同时形成，该C—S组构(显微照片6-2)都是郯庐断裂带强烈平移阶段的产物，该组构指示了郯庐断裂带左行平移的运动学特征。第二组面理则是以片理、片麻理为特征的先存面理，该组面理走向大部分为60°～70°，局部弯曲而转变至40°～50°。根据野外观察、分析，认为该组面理应属于大别造山带造山期面理，而局部的弯曲、牵引现象是受到郯庐断裂带左

行平移活动的牵引所致。根据其牵引弧判断，郯庐断裂带亦具有左行平移的性质（图5－3）。韧性剪切带的另一特征是伴生褶皱普遍发育，且具有愈接近剪切带的中部揉褶愈紧密，单个褶皱的规模愈小，有的波长仅为1～5cm（宋传中，2003），反映出变形愈强；总体特征是自中部强剪带向两侧褶皱规模渐大，反映出剪切强度的变弱。上述褶皱的枢纽近直立，褶皱形态清晰可辨，其长短翼亦可明显区别，是指示郯庐断裂带左行平移的有力证据。

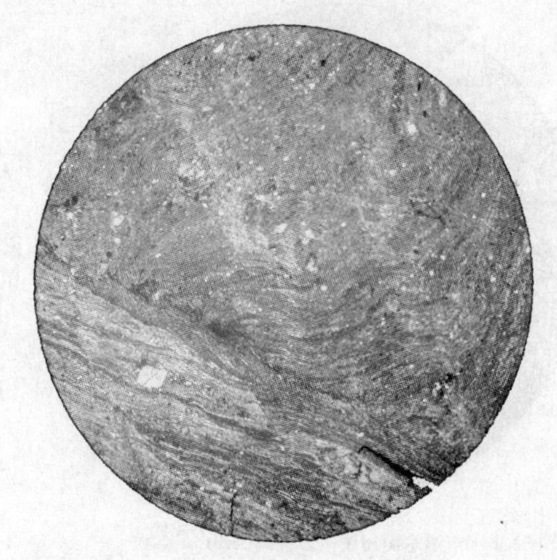

显微照片6－2　肥东北剪切带内两期糜棱面理

3. 构造岩特征

发育在张八岭隆起南段上的郯庐断裂韧性剪切带形成了一套完整的糜棱岩系列，由中部向两侧依次出现超糜棱岩→糜棱岩→初糜棱岩→糜棱岩化片麻岩有规律分布（显微照片6－3(A)、(B)、(C)），颜色由深到浅，粒度由细到粗，变形由强到弱，具有大型剪切带的变形规律。韧性剪切带内糜棱岩、超糜棱岩的形成伴随着显著的低绿片岩相退变质，原先的黑云母、角闪石广泛退变成绿泥石。

南段北部韧性剪切带的糜棱岩中显微构造十分发育。显微构造特征如下：石英的波状消光（显微照片6－3(D)）有平行消光、扇形消光、S形消光，反映了一种扭应力作用下的变形结果。石英颗粒的定向排列和丝缎构造，动态重结晶（显微照片6－3(B)）的细小颗粒普遍发育，石英颗粒拉长明显，长宽比达8∶1，甚至更大。长石机械双晶（显微照片6－3(E)、(F)）和破裂构造集中分布，书斜构造和显微破裂构造（显微照片6－3(G)）则显示出剪切条件下硬矿物粒内的破裂扩展和滑移特征。从该剪切带的边缘到中心部位，糜棱岩动态重结晶现象普遍发育，从缎带构造、核幔构造到全部动态重结晶的出现，明显反映了边缘弱、中部强的变形特征。

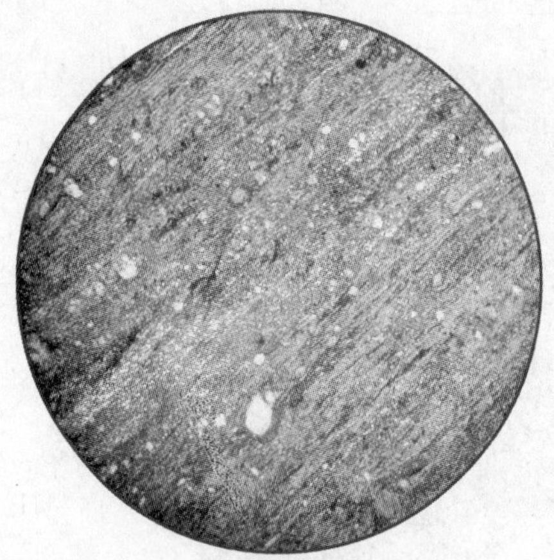

(A)N5-1 肥东清水涧超糜棱岩显微照片(10×10)

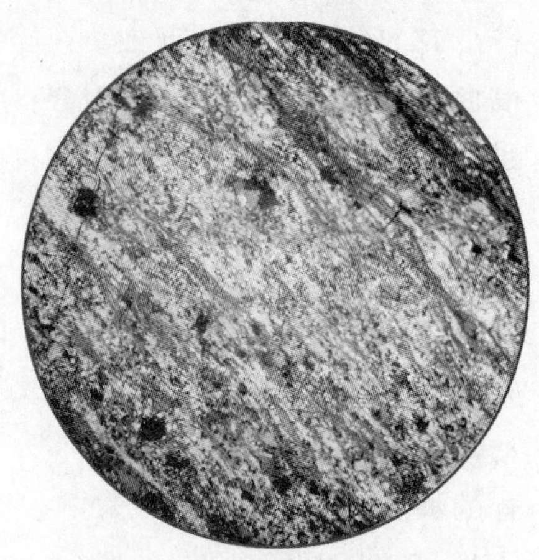

(B)FC-2 桴槎山东采石场超糜棱岩显微照片(4×10)

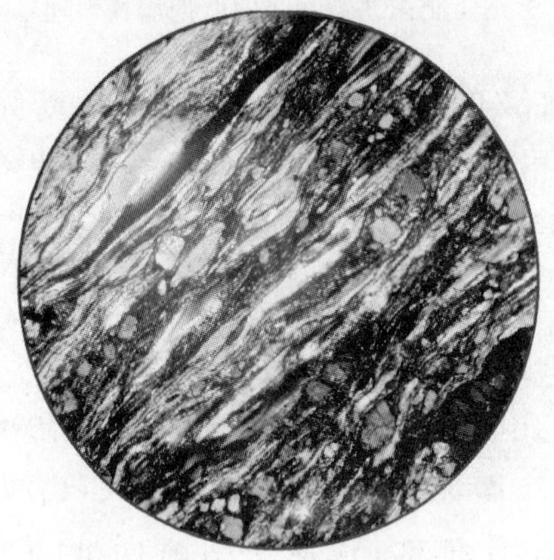

(C)FC-1 桴槎山西糜棱岩显微照片(4×10)

(D)FC-3 桴槎山糜棱岩中显微构造—石英波状消光(20×10)

(E)FC-7 桴槎山西侧糜棱岩中石英亚颗粒与动态重结晶(10×10)

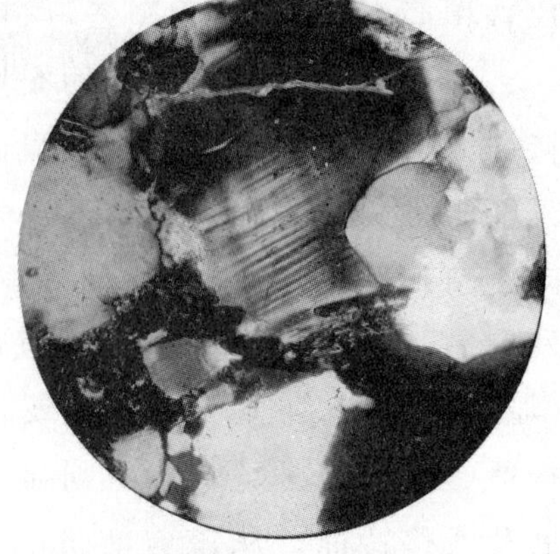

(F)K-1 桴槎山西侧糜棱岩中长石机械双晶(20×10)

显微照片 6-3　肥东段郯庐断裂带糜棱岩中显微构造

在南段上剪切带的糜棱岩中广泛发育δ型和σ型斑晶，斑晶多为长石，根据旋转斑晶、书斜构造（显微照片6-1）与拖尾的几何学特征判定是左行平移的结果。C-S面理广泛发育，该组构具有由剪切带边缘向剪切带中部逐渐消逝，这是由于随着构造应力的增强，典型的C—S面理中的S面理逐渐接近或平行C面理的缘故。

（二）张八岭隆起北段构造特征

张八岭隆起带北段所显示的构造层次相对隆起南段要浅，郯庐断裂带在张八岭群中主要表现为北北东向的脆性、脆—韧性左行平移断裂。如在安徽肥东龙山一带毛坦厂组火山岩中发现有NE-NNE的左行平移断层；在张八岭隆起北段上的早白垩世管店、瓦屋刘和瓦屋薛岩体中也多见有NE向的脆性、脆—韧性左行平移断层。瓦屋刘岩体内受这些左行平移断层的影响局部已出现了金矿点。在这些断裂中，规模较大的为管店—龙王尖断裂（黄德志等，2000），该断裂出现在隆起带的中部和西侧，与隆起带总体走向夹角10°～15°（图6-2）。该断层总体向西倾，局部向东倾，倾角以70°为主。根据野外观测，断层旁侧派生的指向性构造也表明该断裂具有左行平移性质。

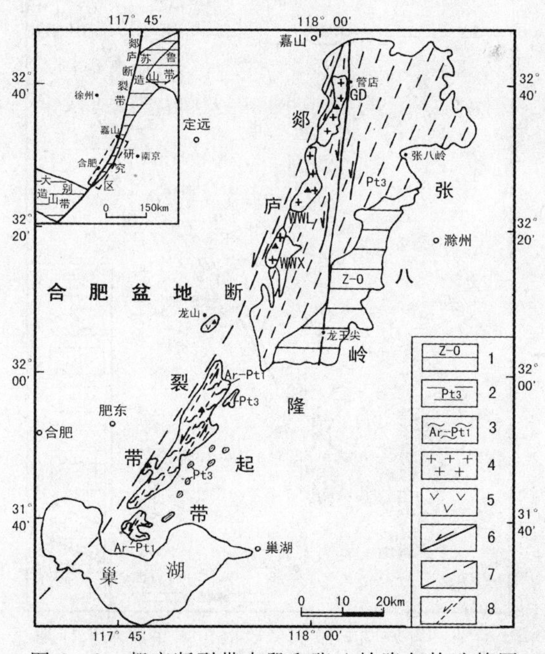

图6-2 郯庐断裂带南段和张八岭隆起构造简图

1. 震旦—奥陶系；2. 张八岭群；3. 肥东群；4. 中生代侵入岩；5. 中生代火山岩；6. 左行平移断层；7. 隐伏断层；8. 左行走滑韧性剪切带。

综上所述，张八岭隆起因郯庐断裂带的走滑而隆升，发育在张八岭隆起带上的郯庐断裂带在纵向上具有明显的分层性，在平面上具有明显的分带性。其中，以变质程度达角闪岩相的肥东群（Pt_1）为隆升核，表现出深层次的塑性变形特征；中间带为变质程度达绿片岩相的张八岭群（Pt_3），表现为脆—韧性变形的特征；外带由震旦系及其以上地层构成，表现出脆性变形特征。

二、造山后郯庐断裂带走滑构造的同位素年代学证据

（一）断裂带内糜棱岩$^{40}Ar/^{39}Ar$同位素年龄

朱光等（2002）分别对采自合肥盆地东缘张八岭隆起段和大别造山带东缘郯庐断裂晚期剪切带上的糜棱岩、超糜棱岩全岩$^{40}Ar/^{39}Ar$样品进行了同位素年龄测定（图 6-3）。$^{40}Ar/^{39}Ar$同位素年龄测试工作由中国科学院地质与地球物理研究所 Ar—Ar 法定年室完成。测

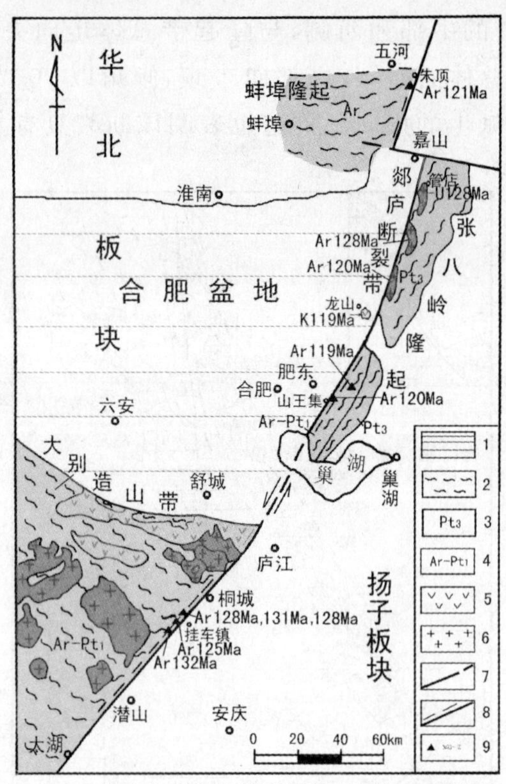

图 6-3 郯庐断裂带安徽段同位素年龄及采样地点

1. 盆地；2. 变质基底；3. 上元古界；4. 太古界—下元古界；5. 中生代火山岩；6. 中生代岩体；7. 断层采样点；8. 韧性剪切带；9. 采样位置及编号；Ar-表示$^{40}Ar/^{39}Ar$年龄；K-表示 K-Ar 年龄；U-表示 U-Pb 锆石年龄

试获得合肥盆地东缘张八岭隆起带南段西侧肥东山王集十八拱水库北岸郯庐断裂带走滑糜棱岩全岩样品的$^{40}Ar/^{39}Ar$坪年龄为120.48Ma±0.75Ma，肥东清水涧烟头山超糜棱岩样品的$^{40}Ar/^{39}Ar$坪年龄为118.75±0.45Ma。且这两个坪年龄在误差范围内相吻合，证明了郯庐断裂带安徽段晚期走滑糜棱岩属于早白垩世。从蚌埠隆起东缘郯庐断裂带千糜岩全岩的$^{40}Ar/^{39}Ar$坪年龄为120.96Ma±0.66Ma，也属于早白垩世。大别造山带东缘郯庐断裂带上四个糜棱岩、超糜棱岩类全岩$^{40}Ar/^{39}Ar$坪年龄分别为128.35Ma±0.64Ma、130.61Ma±0.88Ma、124.67Ma±0.73Ma和132.1Ma±0.53Ma（朱光等，2001），新获得的糜棱岩中白云母年龄为127.62Ma±0.19Ma（朱光等，2004），与前述结果吻合。

上述一系列$^{40}Ar/^{39}Ar$测年结果表明，在郯庐断裂带南段早白垩世时期形成了大规模走滑糜棱岩。因此，郯庐断裂带早白垩世时的走滑活动得到了进一步证实。

（二）走滑期侵入岩$^{40}Ar/^{39}Ar$同位素年龄

在张八岭隆起带北段西侧，沿郯庐断裂带呈北北东向由北至南依次侵入了管店岩体、瓦屋刘岩体和瓦屋薛岩体（图6-3）。它们皆以长轴沿郯庐断裂带走向定向侵位，是郯庐断裂带走滑中的同构造侵入花岗岩。前人从管店花岗岩岩体中获得锆石U－Pb年龄为128Ma±1Ma（李学明等，1985）。从瓦屋刘和瓦屋薛花岗岩岩体中获得黑云母$^{40}Ar/^{39}Ar$年龄分别为：127.87Ma±0.46Ma和120.00Ma±0.50Ma（牛漫兰等，2002），这两个年龄值均证明了岩体的侵位时间属于早白垩世。上述三个顺郯庐断裂带侵位的花岗岩体的早白垩世同位素年龄，也验证了合肥盆地东部郯庐断裂带的走滑时代为早白垩世。

（三）走滑期火山岩K－Ar同位素年龄

在合肥盆地东缘肥东龙山一带出露了安山玄武岩（图6-3），野外调查发现，该套火山岩的喷发也明显受郯庐断裂带的控制，同时火山岩本身又受到断裂平移的切割，应属于同走滑期的火山喷发。通过对该套火山岩全岩K－Ar同位素测年的年龄值为119.2Ma±2.3Ma（牛漫兰等，2002），从而进一步证明了该套火山岩属于早白垩世的产物。该套火山岩的年龄与前述的郯庐断裂带走滑糜棱岩的形成时代（120Ma）是一致的，显然是断裂带在走滑活动中所诱发的火山活动。

综上所述，郯庐断裂带在早白垩世时期的走滑构造具有如下特征：

(1)郯庐断裂带在该期大规模走滑活动是在同造山走滑构造基础上发展起来的，断裂产状普遍较陡，倾向以向西为主，倾角达75°以上，具有切割深、平移幅度大的特点。它除控制了一系列岩浆活动和沉积，还构成了合肥盆地的陡立边界。

(2)叠加在张八岭隆起南段高角闪岩相的肥东群之上的郯庐断裂带，以广泛的韧性剪切带出现为特征，肥东群中先存构造已被强烈改造。韧性剪切带内糜棱岩、超糜棱岩的广泛发育均显示出该段处于深层次塑性变形域的特征；韧性剪切带内糜棱岩、超糜棱岩的形成伴随着显著的低绿片岩相退变质，原先的黑云母、角闪石退变成绿泥石，反映断裂剪切热效应的存在。这些深层次构造特征及在地表的直接出露，应是因郯庐断裂带走滑而隆升的结果。

(3)该期郯庐断裂带在张八岭隆起带北段的郯庐断裂带主要表现为脆性至脆—韧性左行平移断层，被其所切割的张八岭群中相对较好地保留了原先(造山期)逆冲构造。这种现象不只是在北段出现，自内核肥东群向外围东侧、南侧均是如此，在平面上构成由北、东、南三面环绕隆升核分布的格局。结合它们所处的构造变形域分析，该段构造处于中深层次，而再向外围依次分布的震旦系—三叠系，则以浅层次脆性变形为主。

上述郯庐断裂带在早白垩世时期显示出大规模平移特征，其结果使得张八岭带大幅度隆升而构成旁侧合肥盆地的沉积物源剥蚀区。由于张八岭的隆升，使得断裂带西侧合肥盆地因走滑隆升而产生走滑挠曲坳陷，从而形成了合肥盆地的沉积可容空间。

第二节　合肥盆地下白垩统的沉积响应

一、盆地充填序列

出露在合肥盆地东部的下白垩统为朱巷组，其主要沉积区位于盆地东部的大桥凹陷、肥东凹陷及舒城凹陷东部。大桥凹陷内朱巷组地层最厚处位于凹陷东部，凹陷中心平行边界断裂呈北北东向延伸，钻孔资料表明其最大残留厚度超过1000m。据地震资料显示，底界向东倾斜（赵宗举等，2000），最大残余厚度可达2000～2500m。

大桥凹陷内朱巷组总体上呈现东厚西薄的状况，其东侧边界为郯庐断裂带，西侧边界是渐薄超覆的边界。在大桥凹陷东南部古城一带，合浅8井、合浅9井所钻遇含暗色泥岩的深湖相沉积，反映沉积中心位于边缘断裂附近。郯庐断裂以西、肥中断裂以南的肥东凹陷，东侧边界亦为郯庐断裂带，西侧仍为超覆边界。舒城凹陷东部钻孔未揭露出朱巷组，但推测原先也存在着类似肥东凹陷的朱巷组充填。合肥盆地内朱巷组的总体沉积特征为东厚西薄，东断西超的充填格局，受郯庐断裂带的控制明显。

下白垩统朱巷组充填具有如下特征：底部为棕红色砾岩、含砾粗砂岩夹粉砂岩、泥岩；下部为以深棕褐色粉砂质泥岩和黑灰色钙质泥岩、泥岩为主，夹少量粉砂岩和细砂岩；中部自下而上由砂砾岩渐变为粉砂岩和粉砂质泥岩；上部以棕褐色粉砂质泥岩为主，细砂岩、凝灰质砂岩组成不等厚互层，并含硬石膏。据在该地层发现的瓣鳃类及植物化石（王开发等，1985；安徽省地质局，1987），确定其属于早白垩世。前述安参1井所钻遇该套地层的同位素测年结果也证明其为早白垩世。

二、盆地沉积物源分析

合肥盆地内钻遇朱巷组的钻井及地表露头均十分有限，这为常规的物源分析带来了很大的困难。但是通过对盆地东部现有的露头与钻井资料的收集、分析，也可提供十分重要的信息（图6-4）。

（一）砾石粒径及成分分析

通过野外观察，位于盆地东缘朱巷组大量砾岩的出现，确实指示为一套边缘相为主的沉积。在盆地东缘的郎峰、章广至雨林以东一带，朱巷组主要为边缘相的含砾粗砂岩、粗碎屑岩夹细碎屑岩。根据野外对盆缘朱巷组含砾粗砂岩中砾石成分统计（图6-5、图6-6），在章广一带砾石成分以张八岭群变流纹岩为主，占92%，明显指示了物质来自张八岭隆起。从其粒径统计看，粒径为3～6cm的砾石占砾石总含量的38%，粒径1～3cm者占55%，反映了近源沉积的特征。在

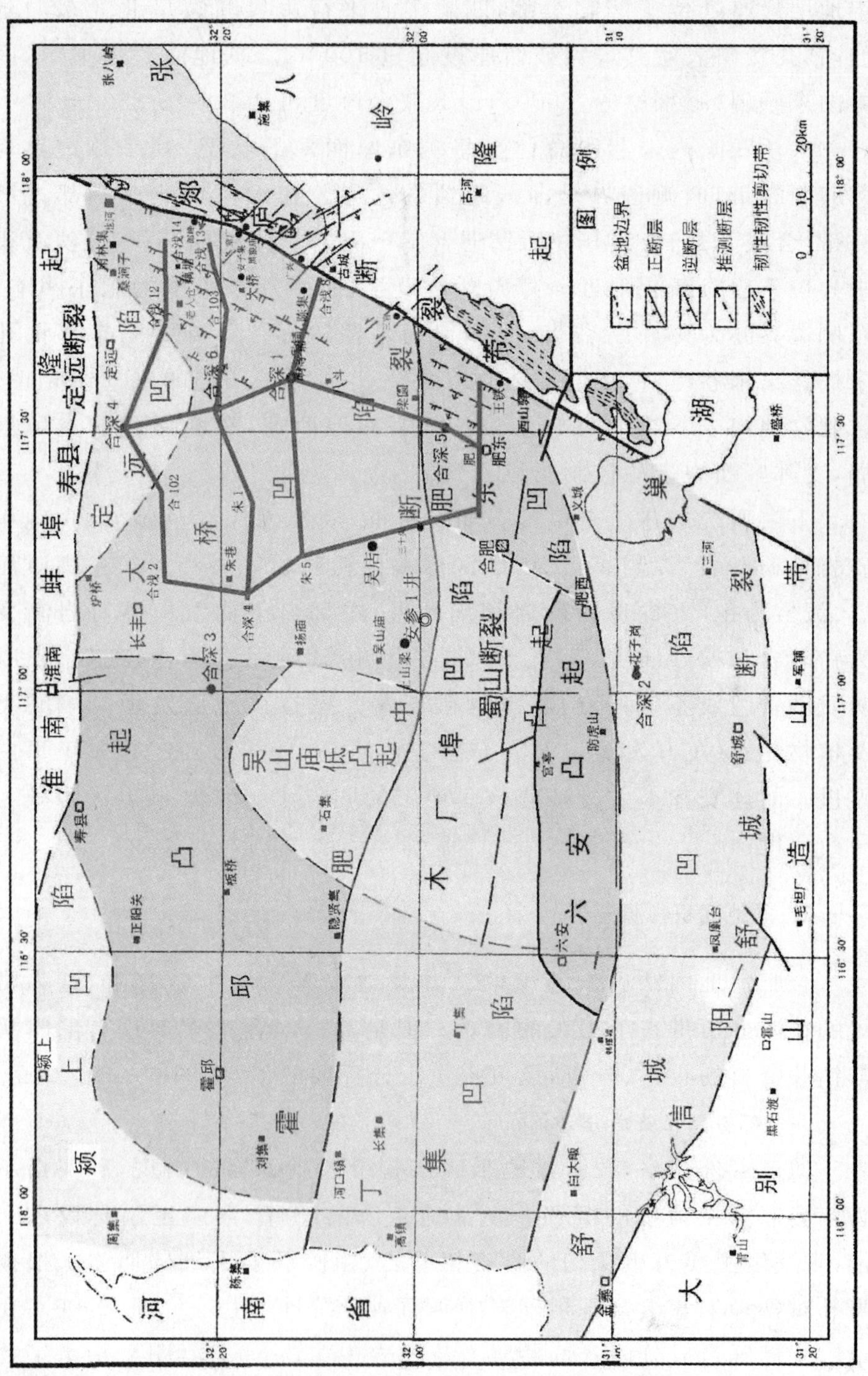

图 6－4　合肥盆地主要钻孔及连孔剖面位置图

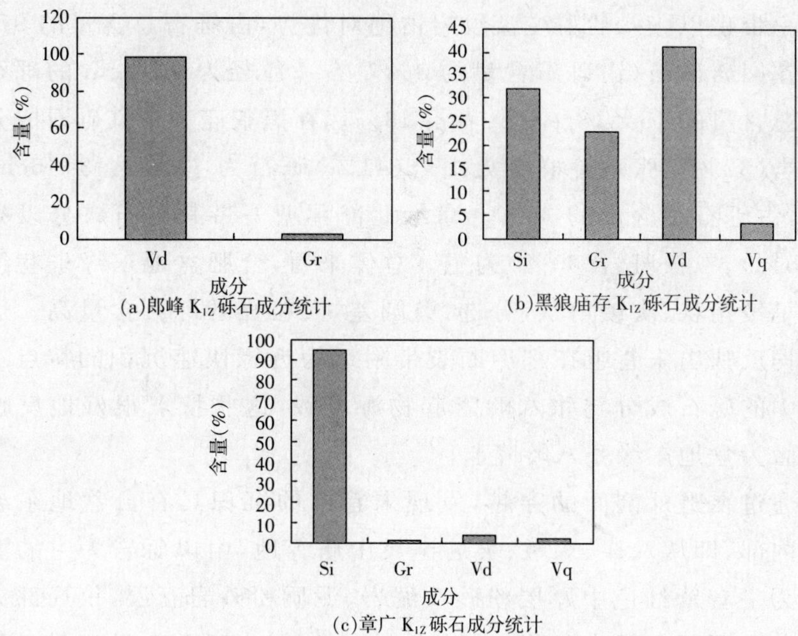

图 6-5　合肥盆地东部下白垩统碎屑岩中砾石成分统计(采样地名位置见图 6-4)

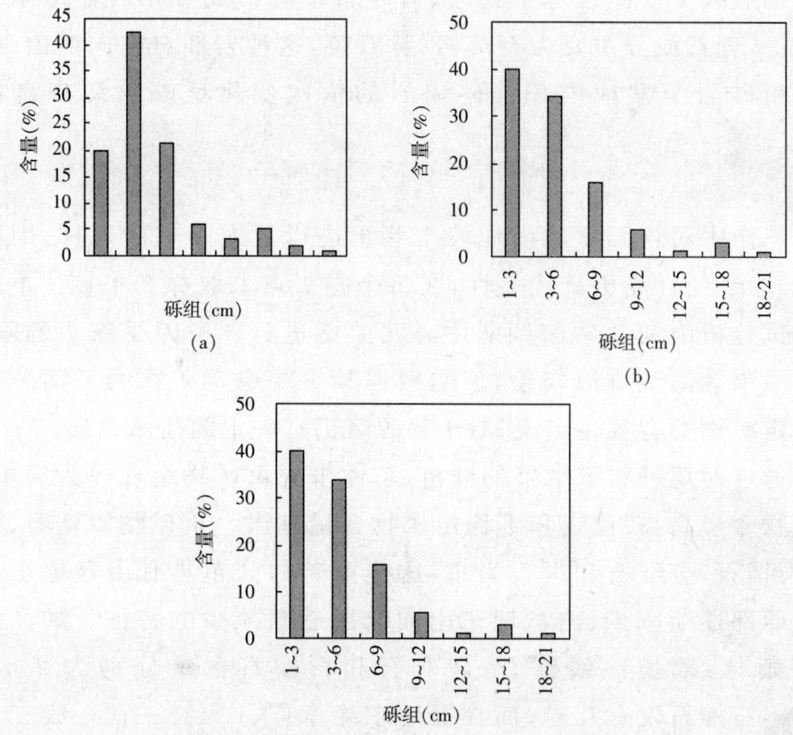

图 6-6　合肥盆地东部下白垩统碎屑岩中砾石砾组统计(采样地名位置见图 6-4)

(a)郎峰 K1Z 砾石粒径；(b)黑廊庙 K1Z 砾石粒径；(c)章广砾石粒径

郎峰一带也以张八岭群变流纹岩占绝对优势，占砾石总含量的97%，偶见花岗岩砾石（占砾石含量的3%左右）；粒径为6～9cm的砾石占砾石总含量的15%，3～6cm者占43%。在黑狼庙一带其砾石成分以硅质岩（32%）、张八岭群变火山岩（41%）砾石为主；粒径3～6cm的砾石，占砾石总含量的35%。东缘北部藕塘一带其砾石成分以凝灰岩（63%）、二长斑岩（30%）为主。总体来看，合肥盆地东缘朱巷组中砾石呈棱角状、次棱角状，分选、磨圆差，大粒径的砾石含量高。这些特征均反映出朱巷组在郯庐断裂带附近为近缘快速沉积的特点。朱巷组中的砾石成分与张八岭隆起物源一致，这些特点很好地反映出物源区为盆地东缘张八岭隆起。

通过在野外剖面的穿越，发现朱巷组的沉积具有自盆地东缘向盆地内部，即从八斗、双墩、吴店至吴山庙等地，由以砾岩为主的沉积变化为一套紫红色中厚层粉砂质泥岩、泥质粉砂岩互层，仅局部夹有紫红色中厚层含砾中粒岩、屑砂岩，盆内地层中砾石含量相对于盆地东缘明显减少。而含砾中粒岩、屑砂岩中砾石成分相对盆地东缘变得单一，砾石成分主要为石英岩、脉石英，这种岩性自东向西由砾岩、含砾粗砂岩至盆地内部细碎屑岩的依次变化反映物源来自盆地东缘。

（二）重砂分析

工作中对合肥盆地内地表朱巷组进行了人工重砂取样，因露头所限，为了使样品更具代表性，在每个露头点上取样2千克。重砂样品测试分析由河北省区调队中心实验室进行。虽因受露头的限制，重砂结果等值线难以勾绘，但是根据其主要稳定矿物的平面分布和不稳定矿物的有规律出现，对于物源区仍有一定的指示意义。

通过对重砂鉴定结果的分析，总体来说重矿物组合较为简单，稳定矿物含量高，较稳定和不稳定矿物含量甚微。重矿物以锆石、磷灰石、石榴石、金红石和榍石为主，这些重矿物分布具有由盆地东缘向盆内西部逐渐减少、由盆地东南向北西逐渐减少的特征。如在盆地东部雨林、藕塘一线锆石、磷灰石和石榴石含量分别为2.87%、3.6%，石榴石仅有几粒；而在盆地东缘章广、广兴、三官一线三者含量分别为6.35%～7.93%、6.8%～19.55%，石榴石在三官一带最高达29.57%（反映出物源与东南侧肥东群有关）。在广兴一带发现1～

5粒角闪石；在盆缘章广一带发现21～50粒角闪石、5～10粒辉石，这些不稳定矿物在东部的出现，虽然量小，但给我们提供了重要信息，即反映了盆地东缘为近源区快速沉积的特点，指示盆地东部朱巷组物源来自于东缘张八岭隆起。另外，据金福全等(1999)对盆地东部钻井岩芯及露头样品含砂量统计分析[1]，朱巷组在合肥盆地东部以粗碎屑为主，向西、向盆内明显变细，也指示物源来自盆地东缘。

结合盆地东部已有浅井中重砂资料(图6-7，据安徽省石油化工局石油勘探处地质队，1975)[2]，石榴子石相对含量向南西方向增加，而绿帘石相对含量向南西方向相对减少，明显指示综合物源方向为北东向，进一步证实了张八岭隆起为合肥盆地东部朱巷组物源区，这一资料同时也暗示盆地北部的淮南—蚌埠隆起区也是朱巷组源区之一。

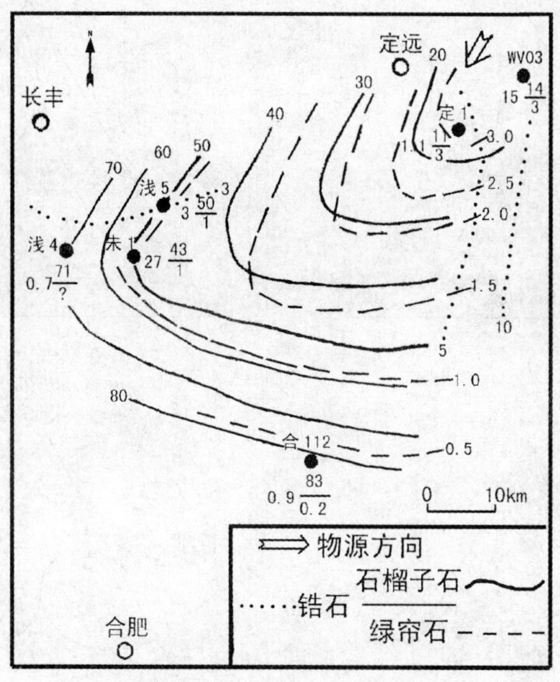

图6-7　朱巷组重矿物相对含量等值线图

(据安徽省石油化工局石油勘探处地质队，1975)

[1]　安徽省石油化工局石油勘探处地质队．合肥盆地石油地质阶段工作总结，1975。

[2]　金福全等．合肥盆地及邻区地层格架及沉积一构造演化，1999。

（三）端元成分分析

工作中对地表朱巷组碎屑岩在显微镜下进行了端元成分分析，进行了石英颗粒、单晶石英、单晶长石、不稳定复晶岩屑及岩屑的统计分析。单晶石英（Qm）：在双墩处为 51.28%，吴山庙为 34%，章广、藕塘一带分别为 39%、25%，指示向盆缘的降低。火山岩屑及变火山岩屑（Lv）：吴店为 4.31%，而在三十头处几乎为零，章广、藕塘处分别为 27.56%、44.8%，指示向盆缘增加。沉积岩和负变质岩含量在各处均较低，其含量仅为 3%～4.5%。将这些数据投在 Qm－Lv－Ls 三端元图上（图 6－8），反映物源区为混合造山带型。在 Qm－F－Lt 图解上表现为混合区，Qt－F－L 图解上呈现为介于再循环造山带及火山弧物源区之间的混合区特点。这些都指示张八岭隆起源区的特征。

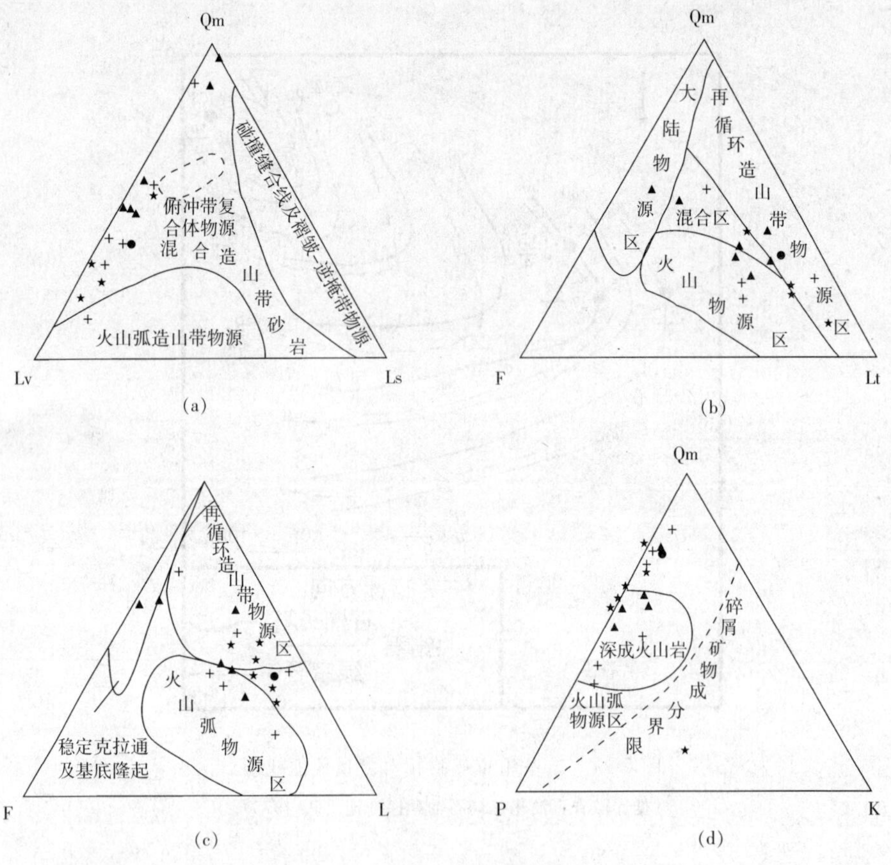

图 6－8　合肥盆地东部三端元图解

Qm－单晶石英；F－单晶长石；Lt－岩屑总含量；Q－稳定石英颗粒；L－不稳定复晶岩屑

三角表示朱巷组；十字表示响导铺组；星号表示张桥组；圆表示定远组

三、下白垩统沉积环境及沉积相

通过对野外露头的岩性、结构和沉积特征的实际观察，结合岩石薄片鉴定、粒度分析和重矿物分析等，并利用前人的钻井资料，对合肥盆地东部朱巷组的沉积相进行了恢复。工作中重点是对钻井中朱巷组沉积相进行了恢复，通过连孔剖面图（图 6－4），最终做出平面沉积相分布图（图 6－9）。

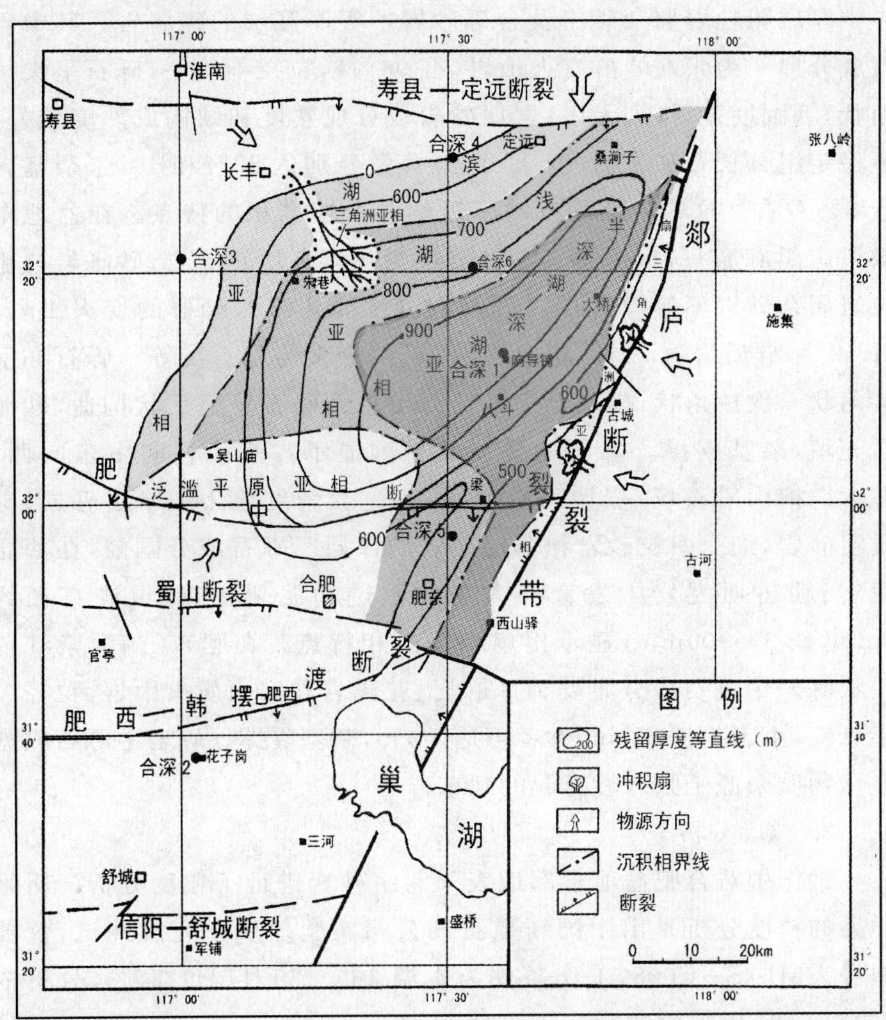

图 6－9　合肥盆地下白垩统朱巷组沉积相图（地层厚度据钻井中地层，多未见底）

从图 6－9 可看出朱巷组主要发育有扇三角洲相、泛滥平原相、滨浅湖相和半深—深湖相沉积。其中，半深湖—深湖相总体上发育在盆地东部，向西依次变为浅湖相、滨湖相、泛滥平原亚相，呈现为平行郯庐断裂带的北北东向展布相带。

(一)扇三角洲亚相

1. 岩性及沉积构造

扇三角洲广泛发育在郯庐断裂带沿线，在定远藕塘—界牌—肥东三官一带，由一系列水上和水下扇体组成的呈北北东向扇三角洲裙。在盆地东缘郎峰一带，出露了一套岩性为紫红、暗紫色块状砾岩与中厚层粗粒岩屑杂砂岩及含砾砂岩不等厚互层的碎屑岩。其中砾石成分单一为张八岭群变火山岩(占 98%)，粒径不均一，砾石呈尖棱角状，磨圆度差，排列无序；岩屑砂岩成分成熟度和结构成熟度较差，不稳定组分长石和岩屑(变火山岩)含量分别达 23%和 49%，杂基含量 8%左右。这些特征均反映了近物源快速堆积的特点。在盆地东缘章广黑廊庙一带，出露了一套岩性为灰紫色块状砾岩、砂砾岩与粗粒岩屑杂砂岩不等厚互层。砾石成分主要为张八岭群的变火山岩，占 42%，硅质岩占 32%，花岗岩占 23%，余多为脉石英等。砾石亦呈棱角状—次棱角状，排列无序。局部可见到砾石呈叠瓦状构造，砂泥质充填，杂基支撑。砾石的叠瓦状排列显示古水流方向由东向西。在章广梅山采石场，岩性稍有变化，为一套紫红色中—厚层砾岩、砾质粗砂岩，细—中粒砂岩和薄层泥岩韵律层。砾石成分同前，在薄层泥岩、粉砂质泥岩中发育有大量的虫迹和泥裂构造，虫迹直径约 8mm，长 3～100mm，显示出扇缘暴露相特点。在肥东三官，紫红色块状砾岩中砾石成分主要为片麻岩、花岗岩和安山质火山岩，粒径大小悬殊，小者为 1～2cm，大者可达 40cm，杂基支撑。砾岩中砾石成分显示物质来源于张八岭隆起的肥东群。

2. 粒度分析

工作中对合肥盆地东部地表朱巷组砂岩进行了粒度分析。所采样品的粒度分析是由中国新星石油公司实验地质研究院测试，仪器型号为MIAS－C008，工作条件为室温 16℃、相对湿度 75%，分析依据 SY/T6312－97 进行。

通过对盆缘朱巷组样品粒度分析，得到两种概率曲线图(图 6－10)：一种是无明显粗细截点的上凸弧形和多段式(四段)上凸形折线，反映粒度展布范围宽，分异差或无分异现象，是悬浮组分高的特点(图 6－10(a));另一种是三段式,跳跃组分斜率低达 40°～47°,分选中等,悬浮组分高,占 50%以上,并有 2%的滚动组分。前者反映扇中碎屑流沉积特征,后者反映扇缘(端)沉积特征(图 6－10(b)),都指示盆地东缘朱巷组砂岩形成于冲积扇环境。

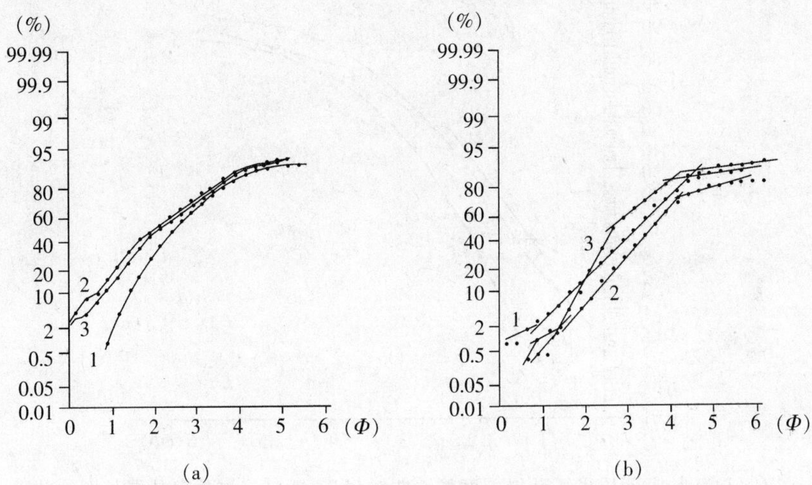

图 6－10　盆地东缘朱巷组冲积扇砂岩概率曲线(采样地名位置见图 6－4)

(a)1. 定远郎峰林场;2. 滁州章广;3. 肥东三官;

(b)章广梅山采石场,1、2. 下部砂岩;3. 上部砂岩。

(二)泛滥平原亚相

泛滥平原亚相出现在盆地西南缘吴山庙—双墩—吴店一带,可能包括一系列复杂微相。根据野外观察,这一带主要为两类环境:一类是曲流河道的砂岩沉积,如在苏桥一带的岩性为一套浅灰—灰黄色块层中—粗粒砂岩,下部夹有少量薄层(10～20cm)粉砂岩和青灰色页岩,底部常见有由花岗岩、片麻岩、石英岩砾石。砂岩中斜层理发育,在中—粗粒砂岩中常夹有由冲刷所致的砂质泥砾,大者可达 40cm,其上含有较多植物碎片。中—粗长石岩屑砂岩中不稳定碎屑组分长石和岩屑分别为:22.3%和 40.4%,杂基含量达 25%,成分成熟度低。从采自苏桥采石场砂岩粒度分析概率曲线(图 6－11)看,河道底部砂岩为三段式,在跳跃次总体的粗端存在分选极差的牵引次总体,二者的粗截点在 1.1φ 附近。跳跃次总体与悬浮次总体没有明显的截点,反映两者分异极差,代表了曲流河底部沉积环境。另一类曲线是上凸型,无粗细截点,悬浮成分高达 40%以上,相当于决口扇相。

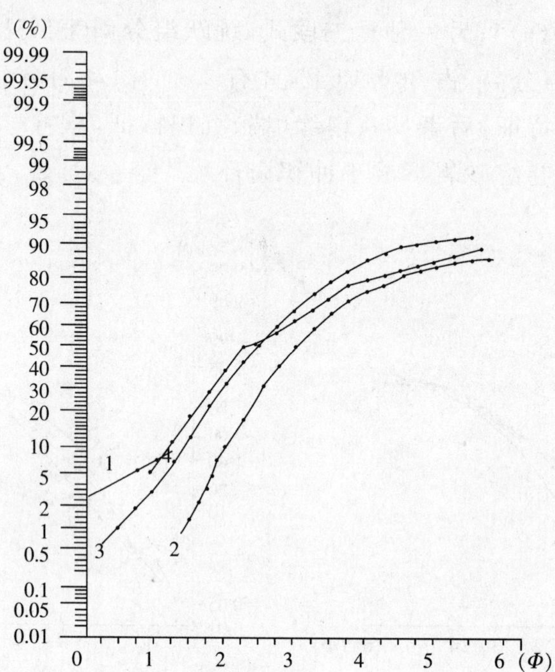

图 6－11　长丰苏桥采场砂岩粒度概率曲线(河道相)(采样地名位置见图 6－4)

1. 河道底部砂砾岩；2. 下部砂岩；3. 上部砂岩

在土山梁一带为一套紫红色中厚层粉砂质泥岩、泥质粉砂岩，砂岩呈层状或似层状、透镜状，冲刷现象普遍，生物挠动明显，浪成波纹和泥裂构造发育。粒度曲线(图 6－12)呈多段上凸型，跳跃次总体与悬浮次总体无明显截点，以悬浮式次总体为主，占 55%～75%，均反映出河泛平原的特征。

岗集—大观塘—吴店一带，为一套紫红色、灰紫色薄—中厚层粉砂岩、泥质粉砂岩、粉砂质泥岩夹中厚—厚层状中粗—中细粒砂岩，或呈不等厚互层，砂岩底部普遍发育有冲刷泥砾，泥岩中发育有泥裂和虫迹构造，其中还发育有小型斜层理、槽状层理。岩石中不稳定成分长石占 21%～38%、岩屑 3%～8%、石英 62%～64%、杂基 5%～15%。该段粒度曲线特征(图 6－13)一类为二段型，跳跃次总体与悬浮次总体呈较多的弧形过渡，反映二者分异差。跳跃次总体含量 60%～80%，斜率 50°～60°，分选中等。悬浮次总体＞20%，细截点(3.7～4.2)。另一类为三段型(图 6－13 右)以跳跃次总体为主，下部细砂岩 84%～90%，上部粉砂岩、泥质粉砂岩含量 65%～74%。悬浮次总体次之，跳跃次总体的斜率为 55°～59°，最高达 64°，分选中等。

这两类曲线均反映了曲流河特征。据寿 1、肥 4 井资料，寿 1 井从 65.66～611.7m 钻遇地层为浅灰—灰褐色粉砂、细砂岩与暗紫色泥岩不等厚互层，砂岩中可见交错层理，肥 4 井中也有该类型沉积，其厚度约 400m。综合分析该段应相当于决口扇沉积。

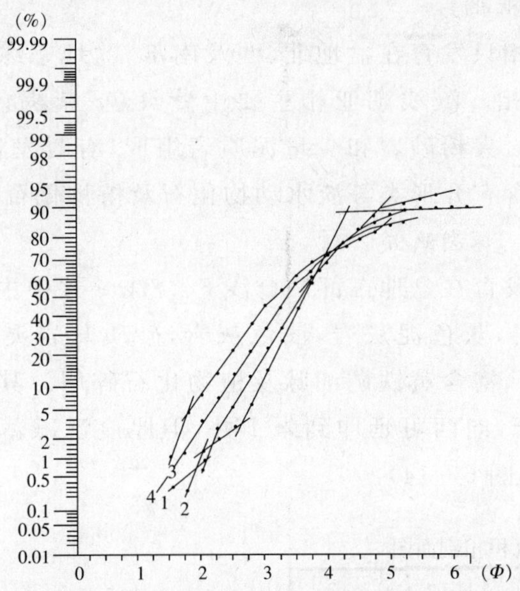

图 6-12　土山梁段粒度概率曲线(泛滥平原相)(采样地名位置见图 6-4)

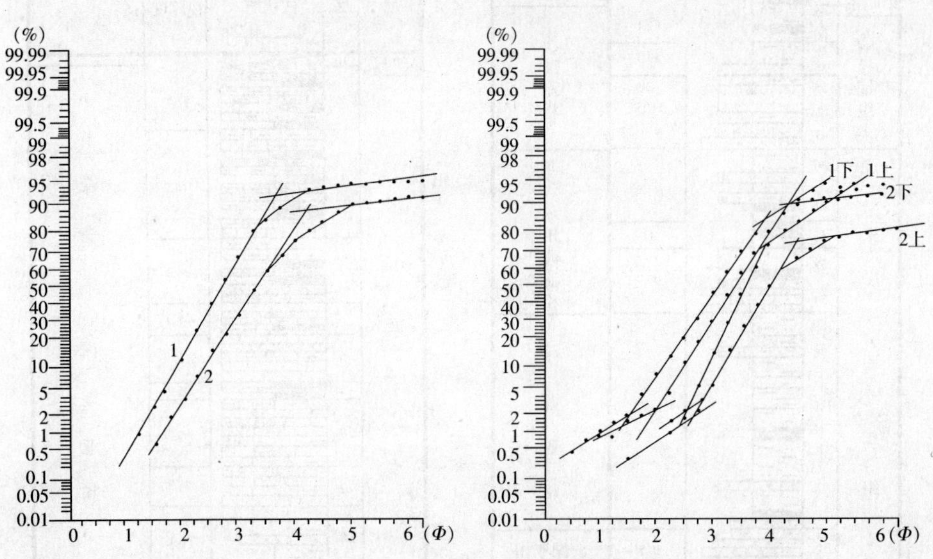

图 6-13　岗集—吴店一带朱巷组粒度概率曲线(曲流河)

左:1 岗集细砂岩;2 戴新庄细砂岩右;1 下,大观塘下部砂岩;1 上,大观塘上部砂岩;
2 下,吴店尚庄下部砂岩;2 上,吴店尚庄上部砂岩

综合上述诸特征，这一带主要为两类环境：一是曲流河道砂岩为主，另一类为河道外泥岩、粉砂质泥岩和泥质粉砂岩沉积为主。结合野外观察，该带沉积环境以后者为主，相当于天然堤和泛滥平原亚相。

（三）滨浅湖亚相

滨浅湖亚相只发育在盆地北、西及南部，盆地东缘因强烈差异升降缺失这一亚相。滨浅湖亚相主要由紫红色、紫褐色、暗紫色粗砂岩，砂砾岩，砾岩夹粉砂岩和少量泥质岩组成，有时发育有斜层理、浪成波纹、泥裂，含有介形类等淡水动物化石及植物化石碎片。

（四）半深湖—深湖亚相

深湖亚相发育在盆地东部。合浅 8、合浅 9 井中主要岩性为灰黑色、深灰色泥岩，灰色泥灰岩，浅色灰岩，砂质灰岩夹少量灰质粉砂岩，灰质细砂岩，富含黄铁矿细脉及植物化石碎屑。其中暗色泥岩累积厚度＞600 米，向西可延伸到朱 1 井，但厚度已减薄至 30 米，甚至出现浅湖亚相（图 6－14）。

朱 1 井沉积相剖面图

地层	层号	柱状图 0 100m	视厚度(m)	岩相
第四系				
响导铺组	65—60		61.1	浅湖亚相
	59—56		49.3	
	55—47		110.9	
朱巷组	46—41		123.6	河口三角洲亚相
	40		41	
	39—34		96.9	
	33—10		321.72	浅湖亚相
	9—1		58.7!	滨湖亚相

合浅 8 井沉积相剖面图

地层	层号	柱状图 0 100m	视厚度(m)	岩相
第四系	10			
朱巷组	9		97.5	半深湖—深湖亚相
	8		161.2	
	7		94.3	
	6		48.3	
	5		71	
	4		25.7	
	3		99.2	
	2		58.3	
	1		96.4!	

图 6－14　东部合浅 8 井与西部朱 1 井钻井柱状图

综上所述，从沉积环境与沉积相分析，发现下白垩统朱巷组的沉积与郯庐断裂带的走滑活动有着良好的耦合关系。沿郯庐断裂带呈北北东向广泛发育的冲积扇体系，说明了控盆断裂——郯庐断裂带的强烈活动特征。该时期由于盆缘郯庐断裂带的大规模平移，使得东侧张八岭快速隆升，并在其西侧因走滑而控制了合肥盆地早白垩世时的沉积可容空间，这样就出现了明显的地形高差，物源近而且丰富。从近断裂带出现的半深湖—深湖亚相，向西依次为滨浅湖亚相到泛滥平原亚相的规律性分布，说明下白垩统的沉积中心及沉积厚度由东向西的尖灭、超覆，构成了明显的东断西超的盆地构造格局，更充分反映了郯庐断裂带对盆地的控制作用。

第三节　合肥盆地早白垩世走滑期构造模式及动力学背景

一、合肥盆地早白垩世走滑构造模式

通过上述大量事实已证明了郯庐断裂带继同造山走滑之后，在早白垩世早期又一次发生了大规模的走滑活动。当走滑断层弯曲或叠置时，可引起伸展分量或压缩分量(黄怀曾等，1994)。伸展分量引起的沉降可形成走滑—拉分盆地，如庐—枞盆地、银川地堑等。而由于压缩分量可产生走滑挤压构造，如中国的阿尔金山等，同时在其相邻一侧可以形成走滑—挠曲盆地(刘和甫等，1999)。

合肥盆地在早白垩世阶段主要发育了大桥凹陷与肥东凹陷，它们东侧都是以郯庐断裂带为界，而西侧是一超覆边界，该沉积区的沉积中心总体上位于盆地东部郯庐断裂带旁侧。地震与电法剖面显示朱巷组地层在郯庐断裂带附近没有很显著的突然加厚现象。这些特点表明朱巷组沉积区为一挠曲盆地模式，沉积主要受控于郯庐断裂带的活动。前已证明早白垩世郯庐断裂带为大规模的平移活动，因而，合肥盆地东部下白垩统沉积时的盆地原型为郯庐断裂带平移中旁侧形成的走滑挠曲盆地(图 6－15)。其挠曲机制，一是由于郯庐断裂带的大规模左行走滑使岩石圈或地壳块体之间产生侧向运动形成

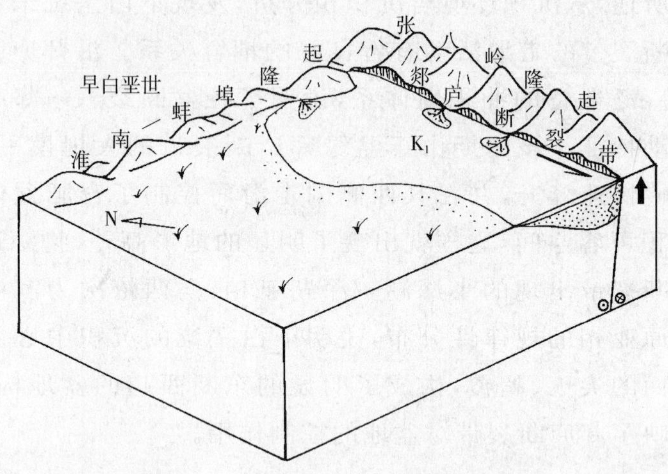

图 6-15　合肥盆地早白垩世构造模式图

了张八隆岭起带（与向东陡倾的面理和向北东缓倾的线理相吻合），由于其隆升造成垂向拖曳，使得西侧相应产生了挠曲凹陷（图 6-16）。二是由于郯庐断裂带左行大规模平移中派生了 NWW-SEE 向的压应力使得西侧产生挠曲，从而形成了朱巷组的沉积空间。同时由于走滑诱发了中酸性为主的岩浆活动，除了当时张八岭隆起带上有早白垩世花岗岩体侵位和火山喷发（现多已被剥蚀掉）外，在合肥盆地东侧朱巷组沉积过程中局部也有火山喷发（如龙山地区安山玄武岩），均反映了较活动的构造背景。值得说明的是，断裂活动往往是短暂的。合肥盆地东部下白垩统沉积与侏罗系沉积类似，并没有显示明显的迁移现象。因而，郯庐断裂带早白垩世又一次左行平移，一方面在合肥盆地东部因走滑隆升而形成新一时期的张八岭隆起，另一方面又在盆地东部造成了走滑挠曲的沉积空间。随后的大部分早白垩世时期，张八岭隆起为合肥盆地东部沉积提供了稳定的物源。合肥盆地东部早白垩世的走滑挠曲盆地与我国点苍山—哀牢山西南侧红河走滑断裂控制的兰坪—思茅盆地、美国的圣安德列斯走滑断裂带控制的文图拉盆地可作类比。

二、区域动力学背景

前述郯庐断裂带内走滑糜棱岩的一系列 $^{40}Ar/^{39}Ar$ 年代学研究表明，其在早白垩世时发生了走滑活动。该期的断裂活动不仅诱发了

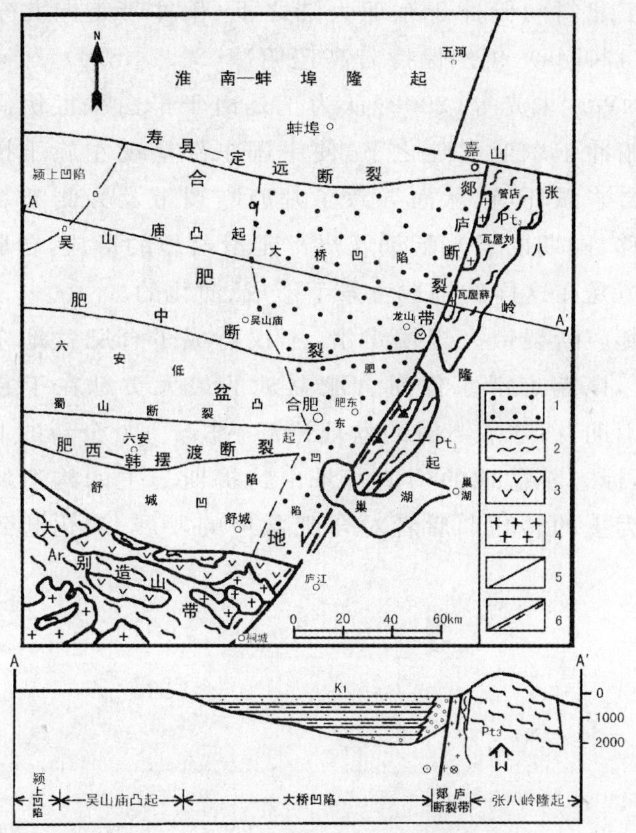

图 6-16　合肥盆地早白垩世走滑挠曲剖面图

1. 下白垩统沉积区；2. 变质岩；3. 中生代火山岩；4. 中生代岩体；5. 断裂；6. 韧性剪切带。

强烈的岩浆活动，还控制了旁侧地块盆地的形成。岩浆岩的地球化学研究表明，断裂带在走滑期已切入了壳—幔边界，因而，该断裂带早白垩世的走滑活动不仅仅是简单的断裂变形与变位，同时也是中国东部强烈的岩浆活动带和盆地发育区。而断裂带上早白垩世强烈的岩浆活动和走滑盆地的形成，反过来也进一步证明了它在早白垩世确实发生了大规模走滑活动，并且为其走滑活动的几何学与运动学特征提供了丰富的信息。巨型郯庐断裂带在早白垩世的构造、岩浆、沉积事件，是中国东部同期动力学演化的缩影。它们在中国东部叠加在印支期板块南北汇聚而形成的古特提斯东西向构造之上，应该是西太平洋区大洋板块强烈活动的产物。根据 Engbretson et al.(1985)和 Maruyama et al.(1997)的研究，从早白垩世初期(140Ma)开始，西太平洋伊泽纳崎板块突然改变了运动方向和速度，呈 30cm/a

的高速向正北斜向俯冲于东亚大陆之下(俯冲带走向北东),至早白垩世中期(120Ma),仍然保持着高速俯冲(20.7cm/a),运动方向逐渐变成向NNW。朱光等(2002)认为正是由于早白垩世伊泽纳崎板块高速斜向俯冲于东亚大陆之下,使中国东部呈现左旋压扭及活动大陆边缘的岩浆弧环境,从而导致了郯庐断裂带及旁侧断裂系的大规模左行平移、同期的岩浆活动及局部走滑盆地的形成,合肥盆地早白垩世的充填是在这样的构造背景下形成、演化的。

该期郯庐断裂带大规模走滑,不仅造成了合肥盆地东侧张八岭隆起,而且,该期走滑事件对合肥盆地的最大贡献在于它打破了印支—早燕山期,前陆加走滑的盆地格局,进入一个全新的北北东向的构造格局,标志着盆地的构造背景由特提斯为主的构造域向以太平洋构造域为主的转化。后者对合肥盆地的发展、演化起到更关键的控制作用。

第七章　合肥盆地对郯庐断裂带伸展活动的沉积响应

郯庐断裂带在经历了同造山期的转换走滑和早白垩世的大规模左行平移运动之后，与整个中国东部在晚白垩世—古近纪时期都卷入了伸展活动，控制发育了一系列中、新生代陆相盆地。前人就该时期郯庐断裂的性质、运动学、动力学、年代学等方面已有很多的研究并取得了很大进展（Xu J. W.，1993；Xu J. W.，Zhu G.，1994；朱光等，1998，2000，2001）。对郯庐断裂带伸展活动的研究，直接关系到对其周边盆地演化的认识和其中油气资源的评价。关于该断裂伸展活动与合肥盆地的演化进程方面尚无系统的分析研究。本章则主要是对郯庐断裂带晚白垩世—古近纪时期的伸展构造活动及其合肥盆地的沉积响应方面加以探讨。

第一节　合肥盆地东缘郯庐断裂带的伸展活动

通过野外观察，合肥盆地东缘的边界断裂——郯庐断裂带的伸展活动出现在走滑活动之后，伸展运动的主要表现形式是主断面利用和继承了前期北北东向左行走滑断裂，因此，断层面产状普遍陡立。野外测得主断面产状普遍向北西倾斜，倾角一般在 70°～80°。如肥东山王集十八拱水库西侧，伸展期的郯庐主断层出现在张八岭隆起带肥东群双山大理岩与盆内上白垩统张桥组红层之间（图 7－1），呈现为 30～50 米宽的张性角砾岩带，主断层面产状 295°∠70°，断层带既卷入了肥东群大理岩，也卷入了张桥组（K_2z）红层。在肥东凹陷的东缘肥东桥头集—阚集一带，野外地貌上常可辨出郯庐主边界伸展断层构成的断层崖。而在肥东桥头集至山王集北一带，盆缘地表出露上白垩统张桥组红层中也发育有多条北北东走向的西倾的小型正断层（图 7-2），它们是主边界伸展断层旁侧发育的小型正断层，更充分说明盆缘发生过断陷活动。

图 7-1　合肥盆地东缘肥东十八拱水库西侧郯庐断裂带主干伸展断层照片

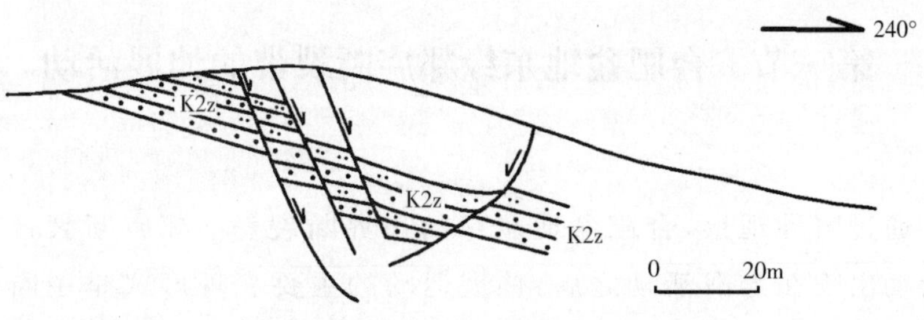

图 7-2　肥东鸡龙山采砂场构造剖面

据合肥盆地地震剖面资料，张八岭隆起西侧控制伸展沉积的郯庐断裂带多表现为较陡立的产状（图 7-3）。在盆地内部主伸展断面西侧形成规模较小的次级伸展断层，且越靠近主断面次级伸展断层越发育。

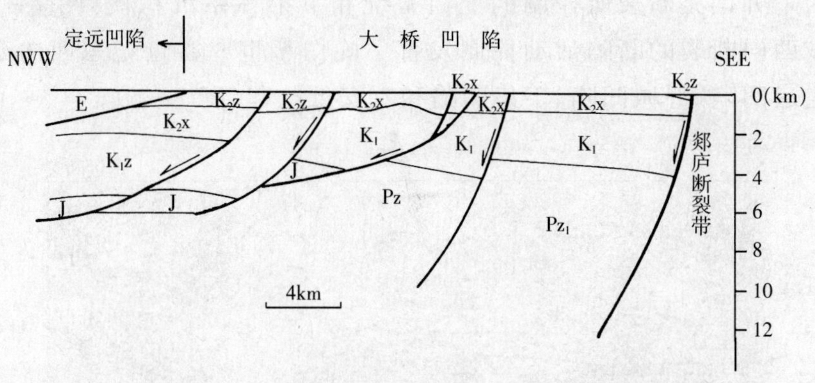

图 7-3　合肥盆地东北部东西向 89—224 地震测线

（据安徽石油勘探公司，1989）

在晚白垩世—古近纪时期，伴随郯庐断裂带的伸展活动沿郯庐断裂带及其邻区发生了大量以拉斑玄武岩为主的火山喷发，从分布在合肥大蜀山、嘉山明光、嘉山大横山及山东临朐山旺尧等地的火山岩中获得的 K－Ar 同位素年龄分别为：36.19Ma、54.79Ma、37.58Ma（陈道公等，1988）、44.1Ma（金隆裕，1983），这些年龄值进一步证明了在该时期，郯庐断裂带及邻区发生了伸展断陷活动。

郯庐断裂带在晚白垩世时期发生的伸展运动产生了一系列伸展正断层，其结果使得断裂带东盘张八岭隆起带进一步抬升，构成了合肥盆地东部的源区；西盘下降形成了合肥盆地的沉积空间。因此，使得原先早白垩世大桥—肥东凹陷上叠加发育了较深的、北东向展布的半地堑式盆地。

第二节　盆地内近东西向断裂构造特征

在郯庐断裂带卷入伸展活动的同时，合肥盆地内部乃至整个中国东部也相应产生了区域性的伸展活动（朱光等，2000），使得盆地内原近东西向展布的前陆变形中形成的逆冲断层也转变为伸展正断层，产生了断陷活动。这些盆内断裂产状多南倾，倾角 65°～75°。从地震剖面可见近东西的寿县—定远（图 7-4）、肥中断裂（图 7-5）和肥西—韩摆渡断裂所控制的上白垩统和下第三系沉积楔(图 7－5)。近东西向断裂的断陷活动控制发育了晚白垩世—古近纪东西向延伸的定远凹陷、舒城凹陷、丁集凹陷和六安低凸起(图 7－6)。

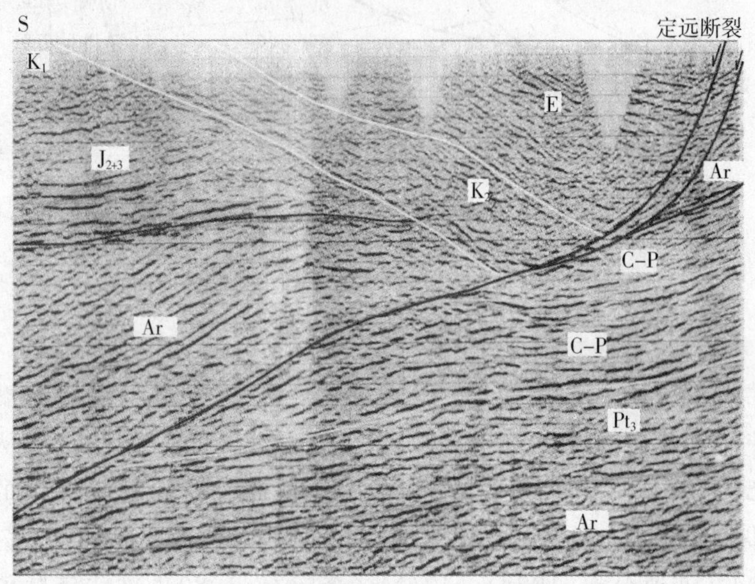

图 7－4　HF93－L23 地震反射剖面

(据安徽石油勘探公司,1993)

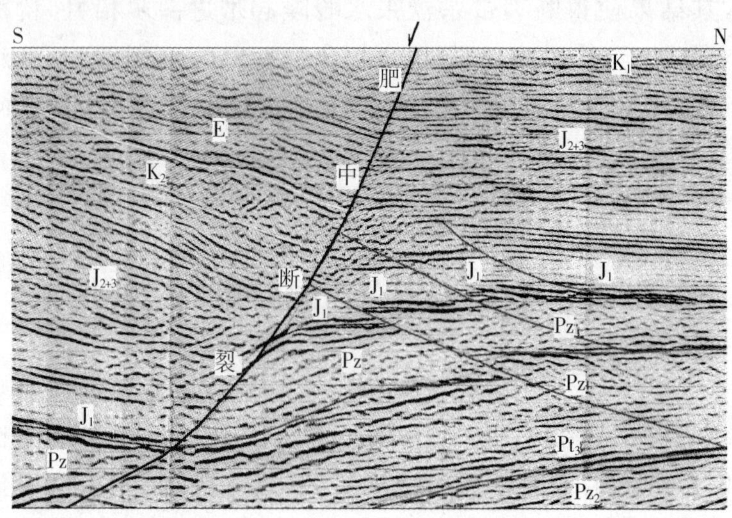

图 7－5　SL99－700 地震反射剖面

(据胜利油田,1999)

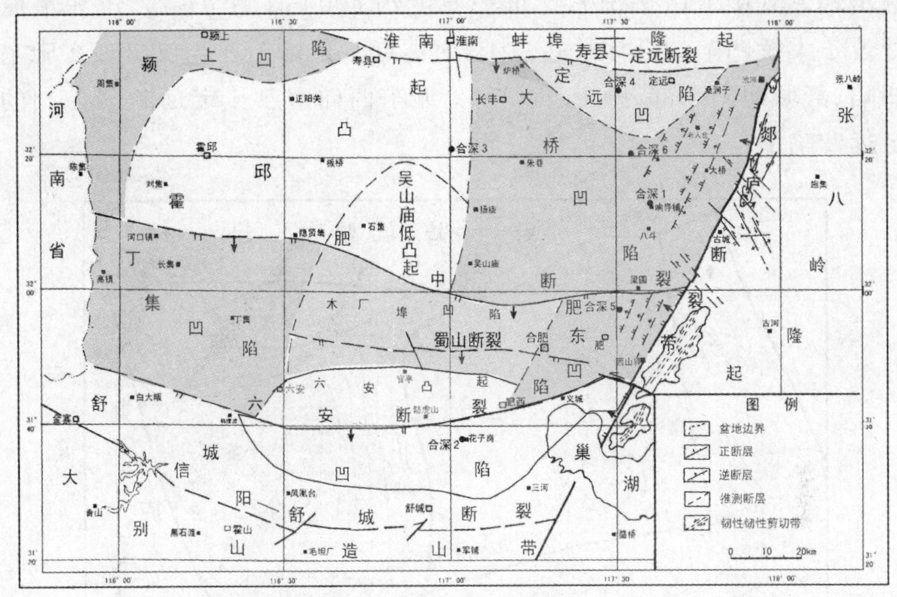

图 7－6　合肥盆地伸展期构造简图

上述现象表明，晚白垩世至古近纪期间合肥盆地内部先存的前陆期近东西向展布的逆冲断裂（如寿县—定远断裂、肥中断裂、蜀山断裂和肥西—韩摆渡断裂）随着构造应力场的转化也发生了伸展断陷，转变成正断层，从而也控制了盆地内部近东西向展布的、多以北断南超的半地堑式沉积。由此可看出，合肥盆地在该时期的沉积既受到北北东走向的郯庐断裂带的控制，同时也受到盆地内近东西向断裂的控制，即显示出区域伸展的构造背景。合肥盆地东部上白垩统响导铺组（K_2x）、张桥组（K_2z）和古近系定远组（E_d）便是在这样的背景下形成的。

第三节　合肥盆地的沉积响应

一、盆地的沉积充填序列

晚白垩世—古近纪伸展期的合肥盆地，在断陷区内自下而上充填了上白垩统响导铺组、张桥组及古近系定远组。主要沉积区位于盆地东部，受伸展断裂控制明显，上白垩统响导铺组和张桥组沉积普遍出现。其中上白垩统累计沉积厚度约 4000m(图 7-7),沉积最厚处位于大桥凹陷的合深 6 井一带,而古近系定远组现今仅出现在肥东凹陷、舒城凹陷东部、颍上凹陷和受近东西向寿县—定远断裂控制的定远凹陷中。

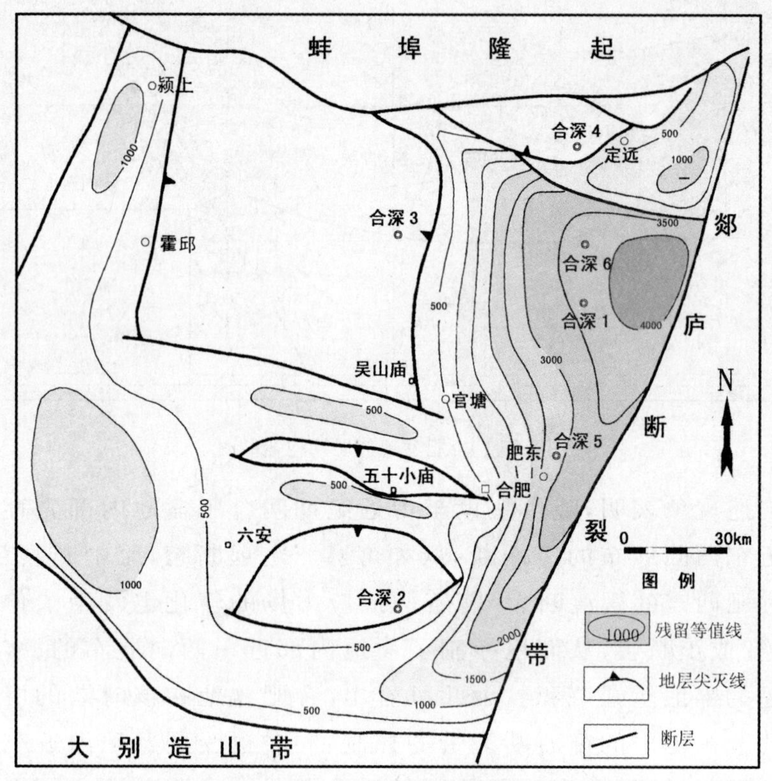

图 7-7　白垩系残留地层等厚图(据贾红义等,2001)

上白垩统响导铺组:以棕褐色泥岩、粉砂质泥岩、粉砂岩夹薄层细砂岩为主。下段下部为紫灰色、紫色砾岩,含砾砂岩和岩屑砂岩构成旋回性沉积,其间在局部夹有棕褐色泥岩,厚度>720m,获得 ESR 测年结果为 93Ma(吴跃东等,1999)。下段上部为暗灰色中薄—中厚层安山质砾岩、含砾砂岩夹浅灰红色薄—中薄层岩屑砂岩,厚度>165m。中段为棕红、浅灰红色中厚—厚层长石石英砂岩、钙质长石石英砂岩、粉砂岩,近东缘浅井中及露头上常见火山质砾岩,厚度>327m,ESR 测年为 91Ma(吴跃东等,1999)。上段则以浅灰红色、棕红色细碎屑岩为主,含植物化石 *Manica tholistoma*,瓣鳃类 *Sphaerium shantungense*, *S. cf. shantungense*(安徽地质矿产局,

1987)。该组地层以含较多的火山碎屑为特征，最大厚度1500m，沉积中心位于合深6井一带。

上白垩统张桥组：下段在南部出露于杨塘至藕塘一带，以深棕褐色、暗褐色中—细砂岩为主夹粉砂岩、粉砂质泥岩，底部有粗砂岩与含砾砂岩及细砾岩出现，其中砾石成分为张八岭群西冷组变质岩，厚度>413m；在北部出露于藕塘—岱山一线，以紫红、砖红色砾岩，含砾砂岩及石英砂岩，砾石成分以张八岭群变质岩为主，厚度>147m。中段以砖红色块状砾岩、砾岩为主，及砖红色厚—块层状长石石英砂岩，局部夹棕红色泥岩，厚度>522m。上段以砖红色石英砂岩为主，其上部以细砂岩与粉砂岩、泥岩互层为主，含有含砾砂岩与薄层砾岩。

其中上白垩统与下白垩统之间呈不整合接触；晚白垩世晚期张桥组与晚白垩世早期响导铺组之间从盆地内部到盆地边缘由整合接触到超覆不整合接触。从上白垩统中获得ESR测年结果为93Ma～70Ma(吴跃东等，1999)。

古近系定远组：该组地层分布于定远凹陷、肥东凹陷、颍上凹陷、舒城凹陷之中。定远凹陷中最大钻厚1200m，肥东凹陷中最大钻厚800m，舒城凹陷东部最大钻厚3000m。据地震资料，一般厚1000～2000m，最大厚度3500m。定远组主要为一套红色基调的砂岩、泥岩互层，中上部夹灰色泥岩，在定远地区还夹有膏岩层。自下而上由粗变细，顶部又略粗，构成一个较明显的沉积旋回。

二、盆地沉积物源系统分析

(一)碎屑岩成分及粒径分析

经野外对合肥盆地东部响导铺组、张桥组及定远组中砾石成分与粒径统计(图7-8，图7-9)。

发现它们具如下特点：在盆地东北部定远倪家、藕塘等地响导铺组砾石成分以凝灰岩为主(63%)，还有二长斑岩(30%)及石英岩、花岗岩等。在盆地东部广兴、陈集一带为猪肝色厚—中厚层含砾砂岩，砾石成分主要为紫灰色火山岩，次为片麻岩、石英岩、脉石英，杂基支撑，砾石粒径一般为1～2cm(55%)，大于6cm者约15%，其中火山岩砾石大者可达30cm(50%)(图6-5、图6-6)。张桥组为一套砖红、棕红色河湖相为主的沉积。在定远桑涧西为一套砖红色中厚层砾岩，砾石成分主要为片麻岩（60%），其次为石英岩和脉石英（20%），灰岩、泥灰岩及火山岩砾石约占15%，粒径3～6cm（53%）、少数达12cm。广兴一带则为含砾或砾质泥岩、粗砂岩，砾石成分以火山岩、花岗岩、片麻岩、变火山岩及脉石英为主，粒径一般为1～2cm，最大可达10cm。而向西、向南至张桥、八斗等地为一套砖红色粉砂岩、粉砂质泥岩。从上述统计结果看，盆地东部自东向西，砾石粒径由粗变细，碎屑成分由复杂到相对简单，反映出上白垩统物源来自东部的特点。而在盆地北部定远桑涧一带，张桥组、定远组中发现有石灰岩、片麻岩及玄武岩砾石，说明沉积的中晚期兼有东部张八岭隆起区和北部蚌埠隆起区的物质，应具双物源的特点。

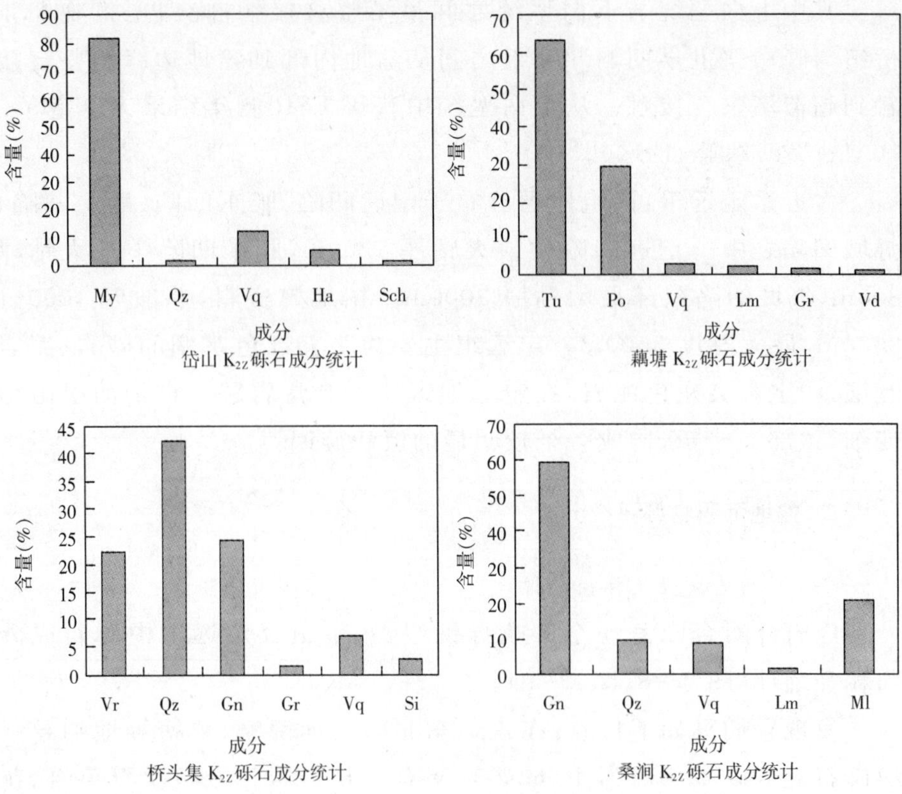

图7-8　合肥盆地东部上白垩统碎屑岩砾石成分统计（采样地名位置见图6-4）

Vr—安山质火山岩；Qz—石英岩；Gn—片麻岩；Gr—花岗岩；Si—硅质岩；

Vq—脉石英；Mb—大理岩；Lm—石灰岩；Ml—泥灰岩；My—糜棱岩；Sch—片岩；

Ha—细晶岩；Tu 凝灰岩；Ba—玄武岩；Di—辉绿岩；Po 二长斑岩；Vd—变火山岩。

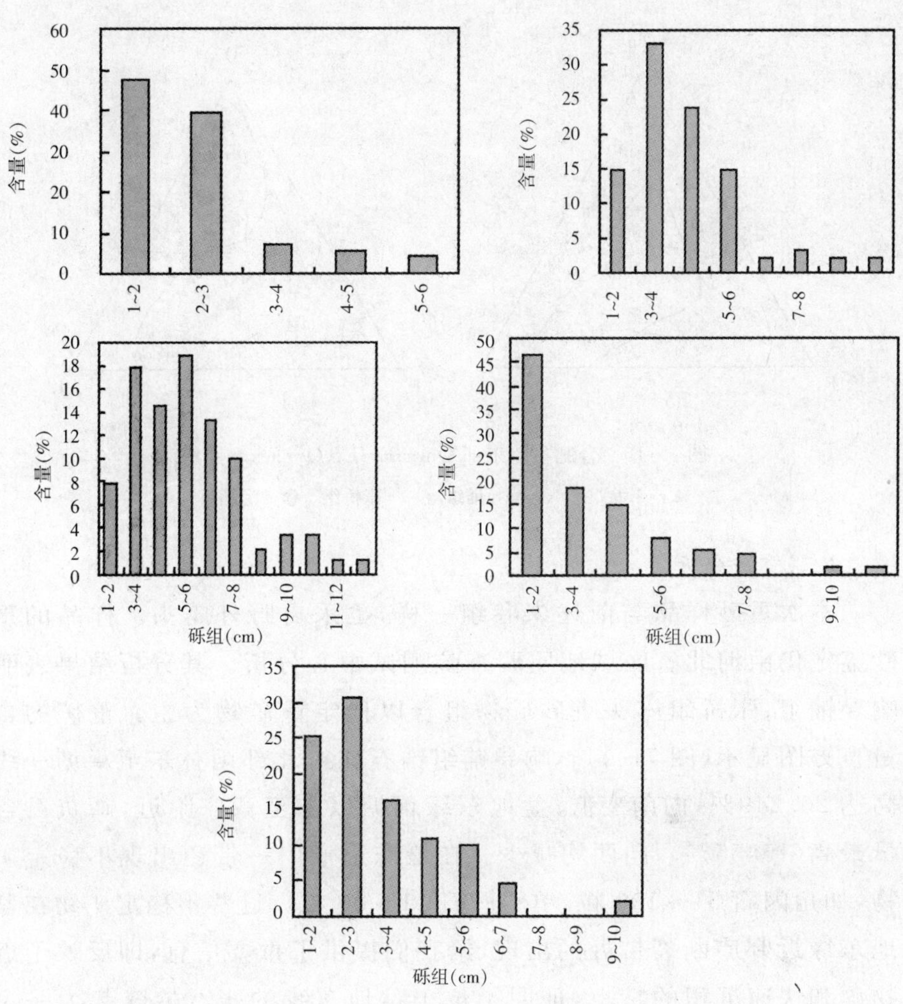

图 7-9　合肥盆地东部上白垩统碎屑岩粒径统计(采样地名位置见图 6-4)

(二)端元成分分析

通过对合肥盆地东部上白垩统及古近系露头碎屑岩的镜下碎屑成分统计,在东部广兴、桥头集、藕塘一线,火山岩(包括变火山岩)岩屑一般含量为50%左右,向西南在夏店为6.9%;沉积岩(包括负变质岩)岩屑一般含量为3%~7%;单晶石英(Qm)含量为20%~40%,在夏店处为53.02%。从Qm-Lv-Ls三角图解(Dickinson,1985),物源区应介于再循环造山带与火山弧之间,在Qm-F-Lt图解上,应介于再循环造山带和火山弧物源区之间的混合区(图7-10)。由此可看出合肥盆地东部上白垩统和古近系物源区特征与前述的下白垩统十分相似,均反应了张八岭隆起的物源区特征。

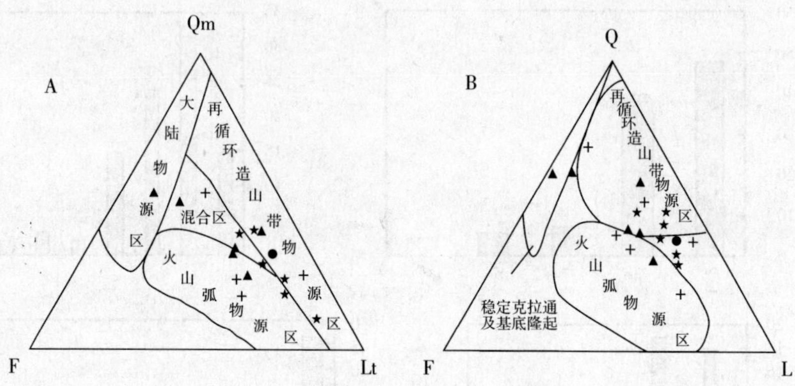

图 7-10　合肥盆地东部 Qm—F—Lt、Q—F—L 图解

▲—朱巷组　+—响导铺组　*—张桥组　●—定远组

（三）重砂分析

本次重砂样品与前述朱巷组一样，也采自野外露头。样品的重砂鉴定仍由河北省区域地质调查院测试中心分析。其分析结果表明响导铺组、张桥组露头重砂矿物组合以稳定重矿物为主。重矿物含量直方图显示（图 7-11），响导铺组锆石在东北部雨林东至藕塘一线高达 20.249%，向南变低；盆地东缘藕塘以东至章广附近，磷灰石含量最高（15.55%），向西均减少。在最东边章广一带还出现不稳定矿物，如角闪石 51～100 粒，单斜辉石 11～20 粒。这些不稳定矿物在盆地东缘近郯庐断裂带处的出现，给我们提供了重要信息，即反映了近物源和快速沉积的特点，证明了位于盆地东缘的张八岭隆起为一主要物源区的事实。

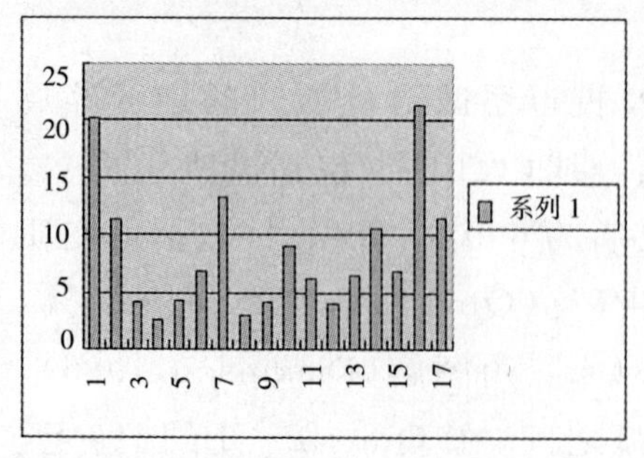

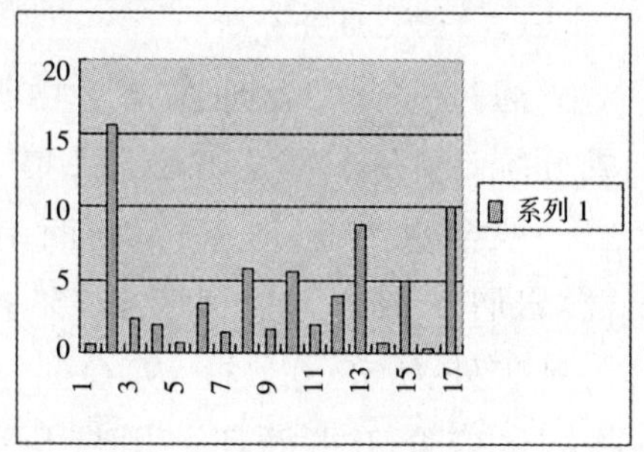

图 7-11　合肥盆地东部上白垩统重矿物百分含量变化图（采样地名位置见图 6-4）

左图—锆石分布；右图—磷灰石分布

盆缘样品：1、2，代表藕塘；7，代表广兴；16、17，均采自盆地东缘的桥头集

另外，各点几乎都发现有海绿石，这些海绿石主要分布在盆地北缘凤（阳）—定（远）山脉中下古生界海相沉积地层中。这点说明有来自北部山区的物质成分，因此，总体物源应是北东向。

从张桥组重砂分析结果看，不稳定矿物种数和相对含量要比响导铺组为高，总趋势也是在盆地东部地区，如广兴、王铁、桥头集、八斗等处重矿物和不稳定矿物含量较高。另据安徽石油勘探处地质队井下重矿物相对含量以及对锆石、石榴石、绿帘石相对含量分析结果与本次地面重砂分析结果吻合（图 7－12、图 7－13），指示综合物源区方向为东北部。

据金福全等（1999）对合肥盆地东部上白垩统含砂量统计资料，总的分布趋势是从北东向南西，由高变低；泥砂比则由北东向南西变高，反映沉积物源应来自北东方向。

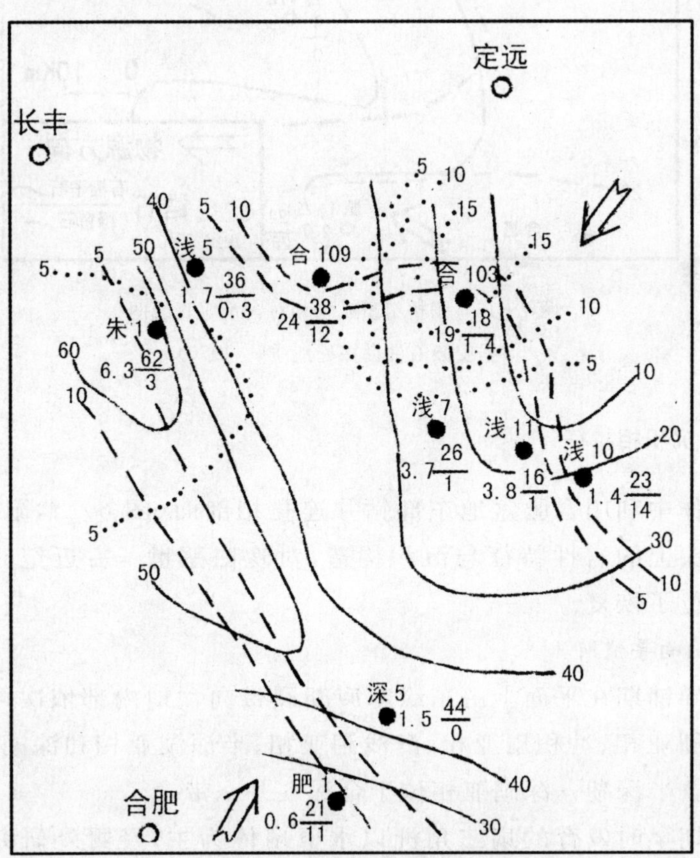

图 7－12　响导铺组重砂矿物相对含量等直线

（据安徽石油勘探处地质队，1975）

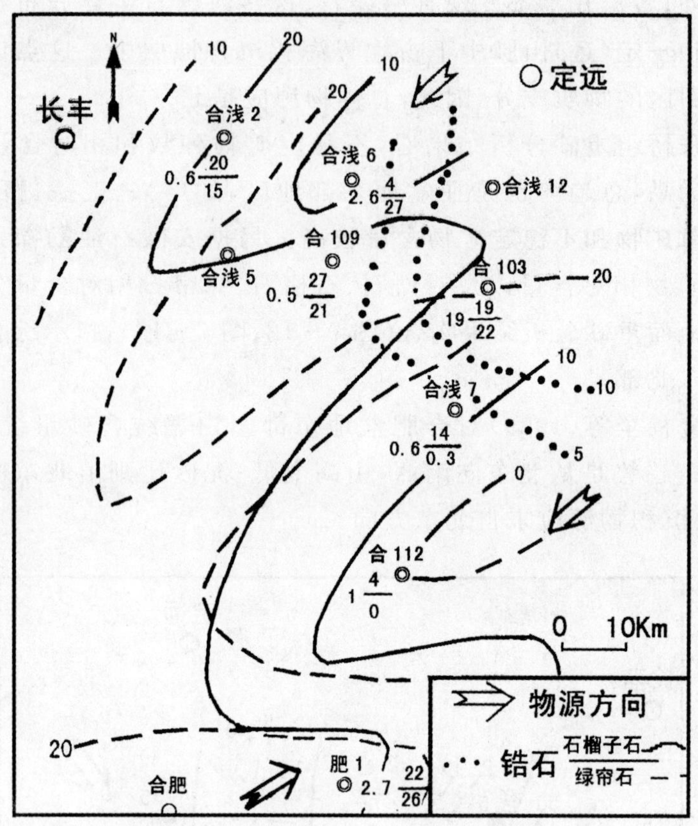

图 7－13　张桥组重矿物相对含量等直线图

（据安徽石油勘探处地质队，1975）

三、沉积相特征

工作中利用合肥盆地东部钻井连孔相剖面（图 6－4，附录Ⅰ）及野外露头上的岩性特征与沉积构造，对晚白垩世—古近纪时期的沉积相进行了恢复。

（一）响导铺期

响导铺期在平面上由东缘郯庐断裂带向盆地内部依次可分辨出扇三角洲亚相、冲积扇亚相、滨浅湖亚相、半深湖亚相和深湖亚相（图 7－14）。半深湖—深湖亚相位于合深 6 井一带。

该期早时发育的扇三角洲以水下扇体为主，经野外研究发现其水上冲积扇部分因盆地后期反转而被剥蚀。这些扇三角洲主要发育在盆地东缘郯庐断裂带附近，自北向南有定远雨林集、沈徐、安子集

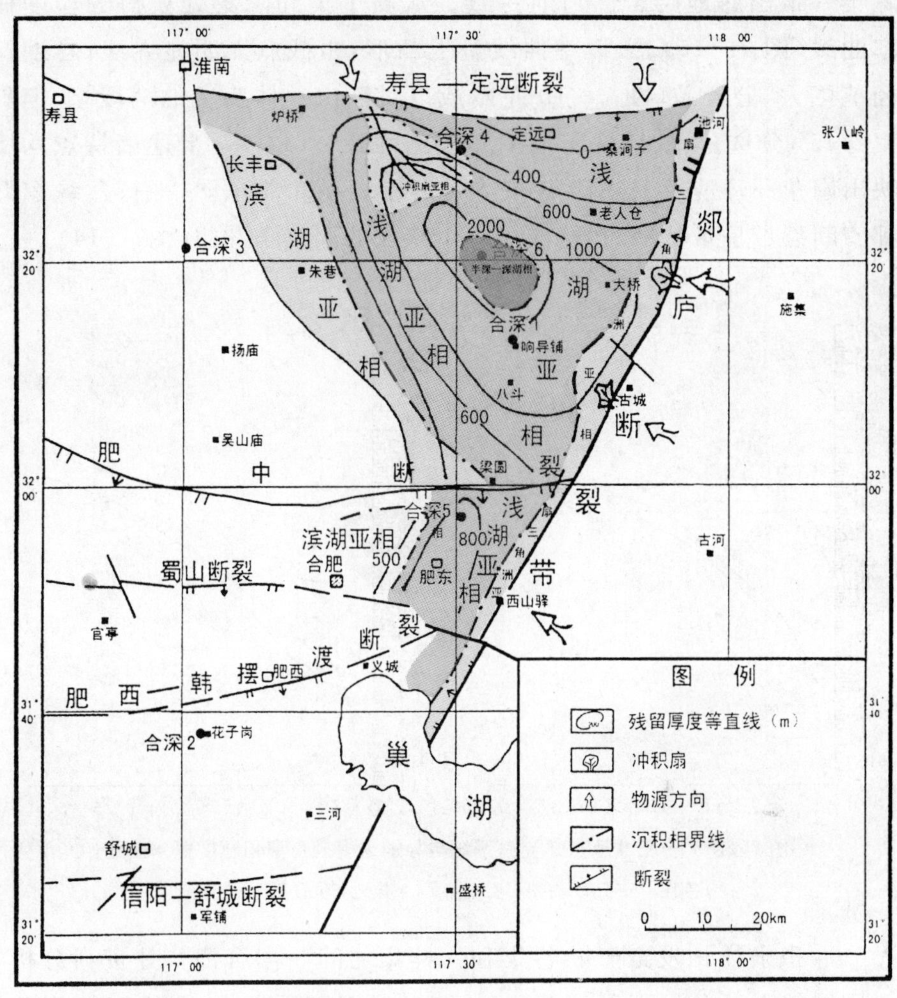

图 7-14　响导铺期沉积相分布图

和肥东的陈集等地。扇三角洲主要岩性特征在雨林集一带为一套砾质岩屑粗砂岩与紫红色细砾岩不等厚互层，砾石成分主要为安山质火山岩，约占 90%，其余为石英和花岗岩等，粒径在 1～10cm 之间。砂砾岩厚 30～50cm，泥岩厚约 200cm。砂砾岩中粒序层理清晰，砂砾岩对底部泥岩冲刷普遍，在纵向上呈正律序。在泥质岩中虫管构造发育，管径 8～20cm，垂直或斜交层理分布，表现为扇三角洲重力流沉积。在沈徐处砂岩中平行层理、递变层理发育。安子集处，层理发育完整，以砂砾岩—泥质岩的韵律沉积为主，韵律层达 10 多层，反映物源区频繁地携带大量碎屑直接冲刷到湖盆形成水下三角洲。肥东陈集一带出露地层岩性与前一致。从安子集和陈集处获得的粒度概率曲线(图 7－15)看，概率曲线呈上凸形，粗截点无明显界线，粒度跨径范围大，分异差(图 7－15 左)，或以跳跃次总体为主的两段型，但斜率<45°，分选差，粒径展布范围亦较宽(图7－15右)。上述诸特点均反映出扇角洲环境。上述诸点在空间上连线呈北北东向，平行盆缘东界郯庐断裂带呈带状展布，构成了一个狭长的扇三角洲裙(图7－14)。

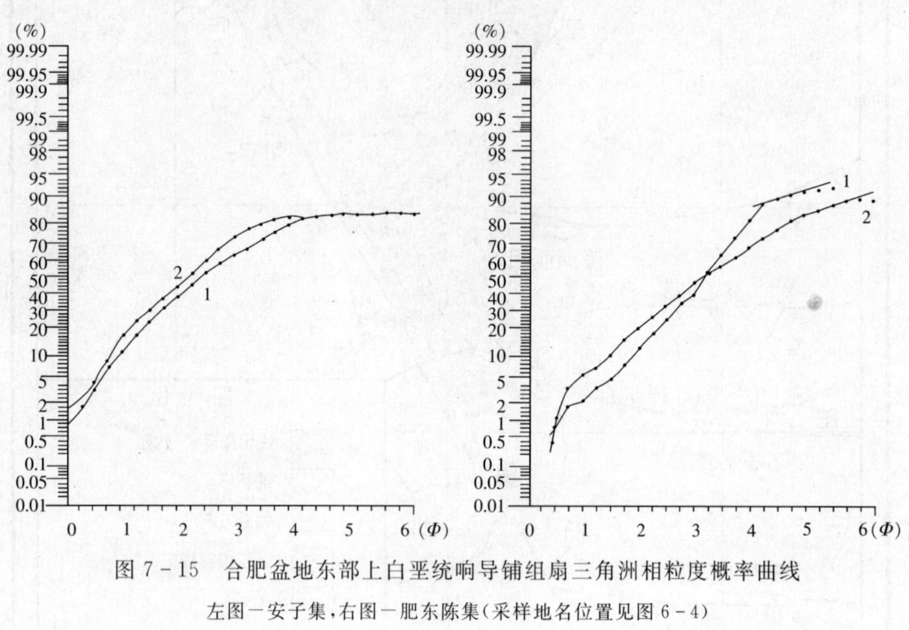

图 7－15　合肥盆地东部上白垩统响导铺组扇三角洲相粒度概率曲线

左图—安子集，右图—肥东陈集(采样地名位置见图 6－4)

冲积扇亚相发育于耿巷集和九梓集之间。据合浅 6 井资料分析，响导铺组在该井钻遇厚度为 260.35m，分上、下两段，上段以棕褐色、浅棕色含砾砂岩夹薄层砂砾岩及粉砂质泥岩，下段为棕红色砂砾岩。经分析砾石成分主要为石英、火山岩等，粒径一般在 1～4cm，石英呈半浑圆状，其余呈棱角—次棱角状，砾石含量 20%～50%。砂岩成分以长石为主，石英、云母次之。总体显示出辫状河道微相的特征。

滨浅湖亚相以朱 5 井为代表(图 7－16)，主要由褐紫色砂岩、细砂岩、泥质粉砂岩和粉砂质泥岩组成，普遍发育交错层理，泥砾和泥裂等构造常见，反映了滨湖环境时而水下时而水上的暴露相特征。该期晚时，发育的浅湖相主要分布在大桥凹陷西南部斜坡带和北部地区，以合浅 1 井、合浅 2 井和合浅 13 井为代表。岩性特征反映为氧化环境下沉积。

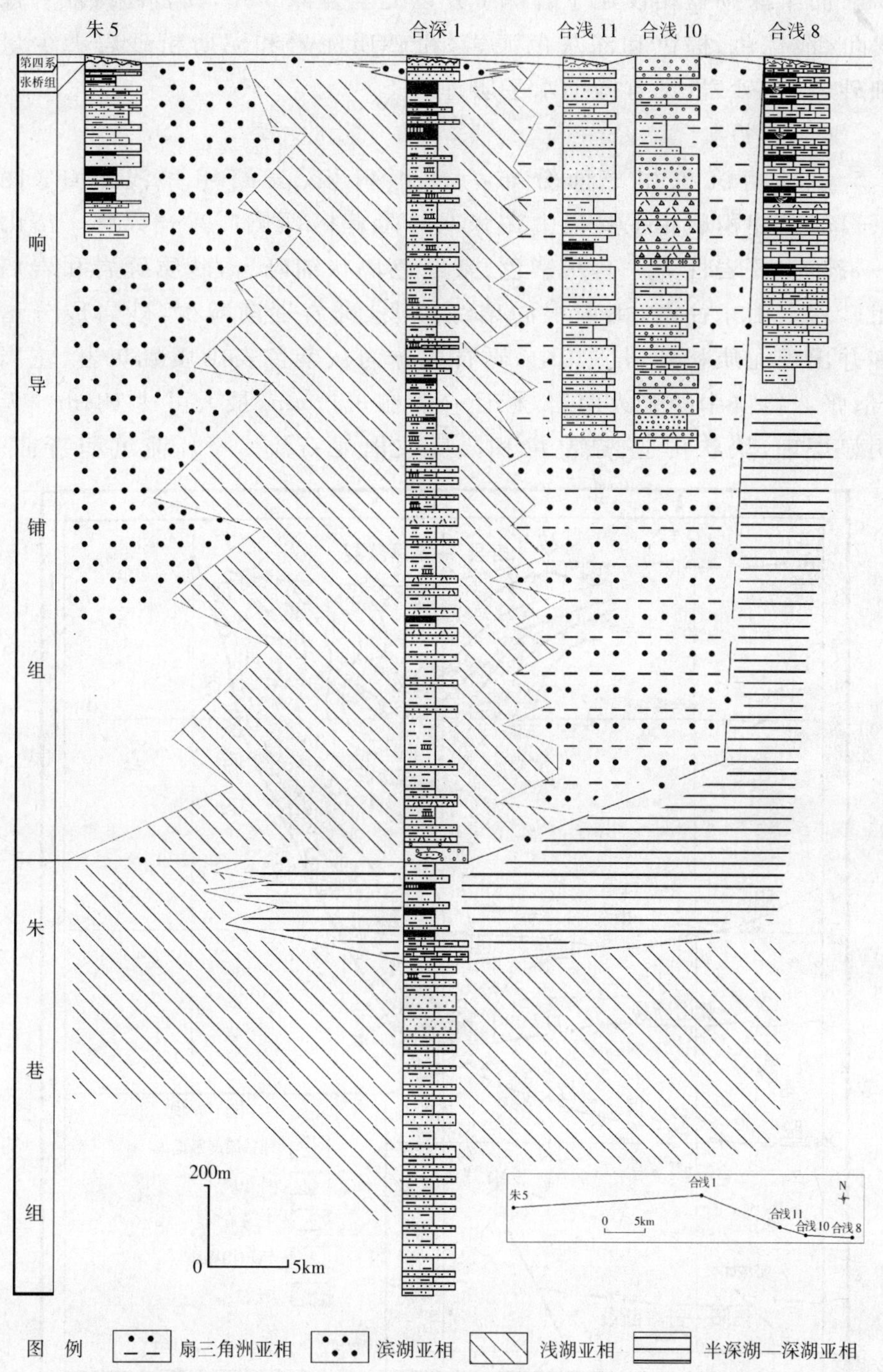

图 7－16　朱 5 井—合浅 8 井钻孔沉积相剖面

而半深湖亚相仅见于合深1井以北至合深6井，其岩性特征为棕褐色、浅棕色、棕色和深灰色泥岩，粉砂质泥岩和泥质粉砂岩夹少量细砂岩、粉砂岩，见有微细水平层理。

(二)张桥期

该时期沉积相平面分布为冲积扇相、滨湖相和浅湖相（图7－17）。冲积扇相主要集中在张八岭隆起区西侧广兴—界牌—岱山一带。主要岩性为一套灰紫色、紫红色块状细砾岩，砂质砾岩和岩屑粗砂岩。由东往西，由扇根向扇缘过渡，砾岩逐渐减少，砂岩成分增多并出现泥质粉砂岩。其中，砾石成分为灰紫色安山质凝灰岩、花岗岩、张八岭群中的变火山岩，粒径一般在3～5cm，最大可达18cm。无明显层理，块状构造、杂乱堆积。反映出泥石流——片流沉积特征。

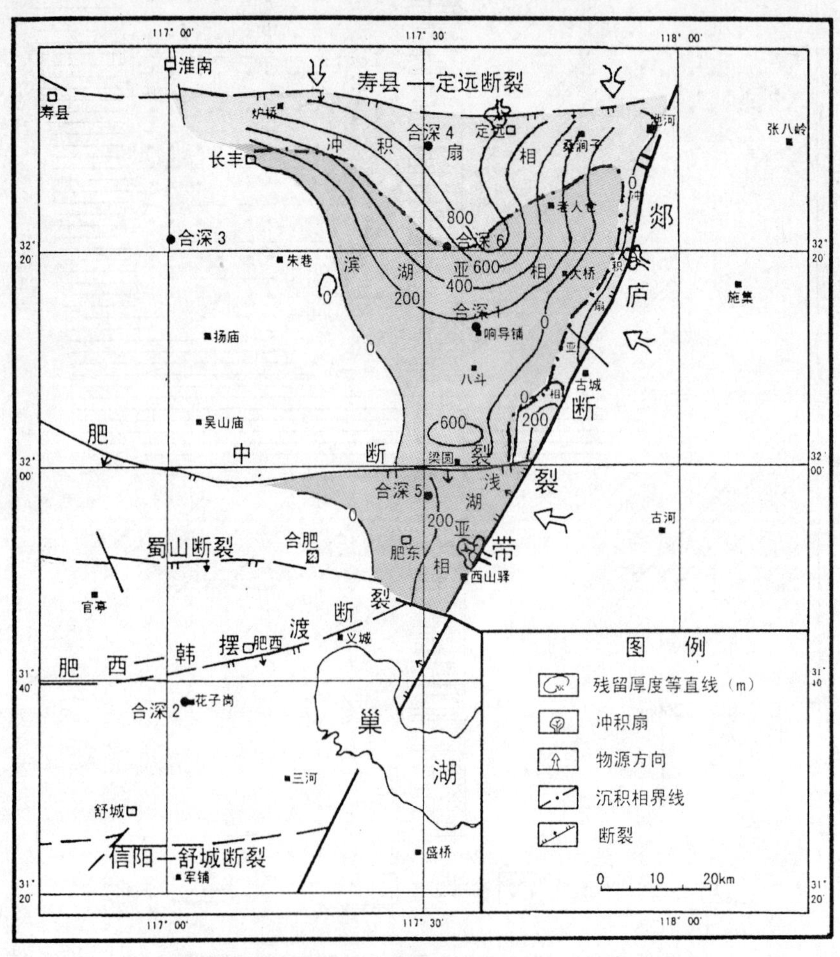

图7－17　合肥盆地东部张桥期沉积相分布图

定远岱山、藕塘，肥东王铁处砂岩粒度概率曲线（图 7－18）显示，砂岩透镜体的粒度曲线为三段式，牵引次总体含量＜2％，斜率低，分选差。与跳跃次总体存在一过渡带，细截点 5ϕ，＞4ϕ 的泥质组分约占 80％，说明以悬浮方式搬运为主。粒度曲线 2、3 则为多段上凸式折线，粒径范围跨度大，悬浮次总体 30％～50％，细截点过度带宽。上述粒度曲线特征类似密度流沉积物曲线，推测为在滨湖环境的背景上断续暴发山洪所致，这反映出张桥期周边地形高差显著降低的特点。

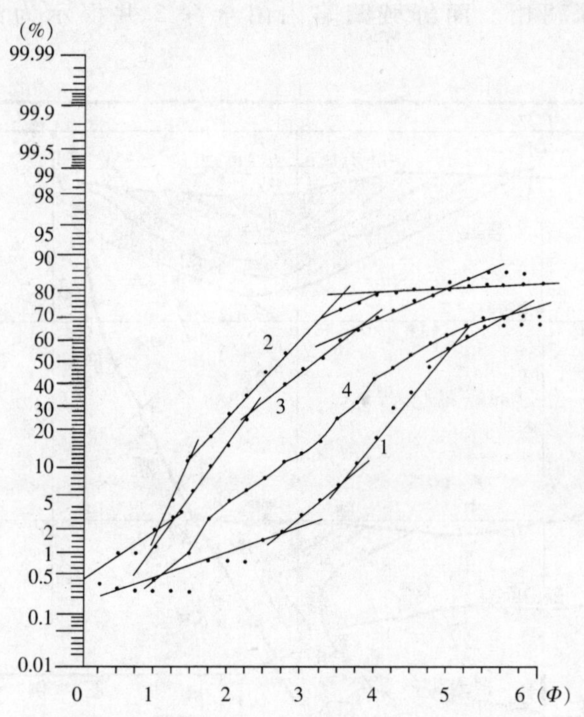

图 7－18　合肥盆地东部张桥组冲积扇相粒度概率曲线（采样地名位置见图 6－4）
1，定远岱山砂岩透镜体；2、3，定远藕塘砂岩；4，肥东王铁砂岩

另据钻井资料，张桥期的冲积扇在定远—凤阳山区南缘合浅 2 井、合浅 6 井、合浅 102 井、合深 4 井等也有分布。滨湖亚相则主要分布在大桥—响导铺—杜集及桥头集一带，其岩性为棕红色、砖红色细砂岩，泥质粉砂岩，粉砂质泥岩夹少量中粗粒砂岩或含砾粗砂岩。

浅湖亚相主要发育在肥东凹陷，为一套浅棕色、棕色和青灰色泥质粉砂岩，粉砂质泥岩和泥岩夹少量灰白色细砂岩。该期晚时，研究区全部转为辫状河流相沉积。河道滞留沉积，岩性为砾岩，具正粒序层理并有底部冲刷构造；砾质砂坝和砂质砂坝沉积，分别以砾质长石岩屑砂岩和含砾长石石英砂岩为主。沉积空间明显向北部和东部郯庐断裂一带收缩，反映出合肥盆地已进入衰亡阶段。

（三）定远期

定远期盆地进一步萎缩到肥东凹陷和定远凹陷中（图 7－19），在舒城凹陷、颍上凹陷内也有沉积。盆地东部肥东凹陷中表现为一套棕色、棕褐色、青灰色粉砂岩，粉砂质泥岩，泥岩夹细砂岩的淡水浅湖相沉积。在定远凹陷中为棕褐色、暗色盐湖相沉积，具体呈现为滨湖—半深湖相。而舒城凹陷内由合深 2 井揭示为浅湖—半深湖相。

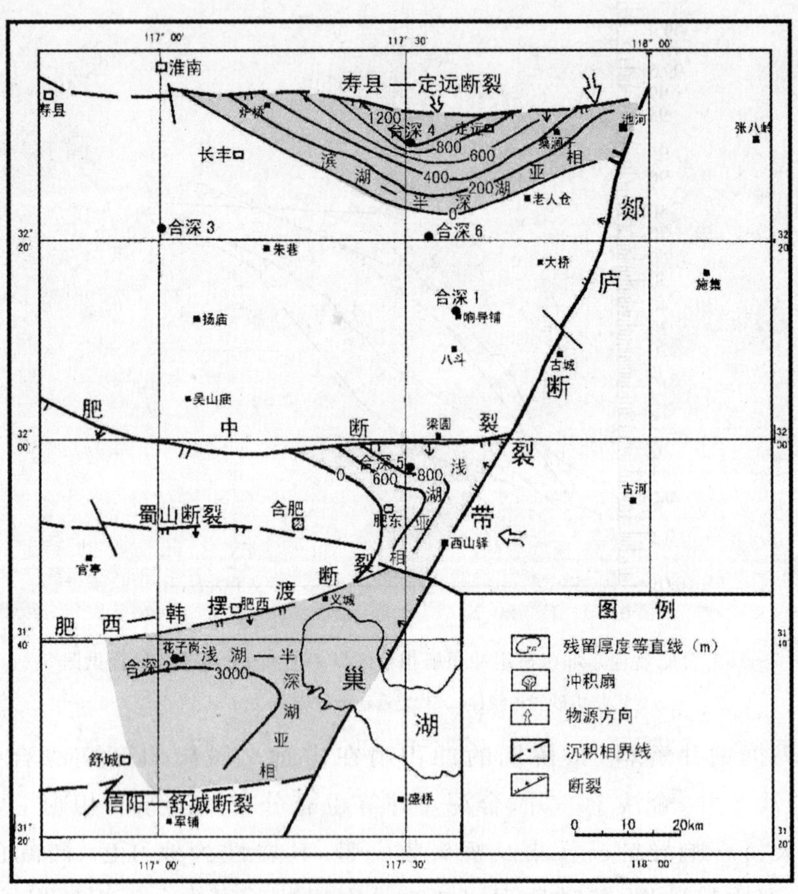

图 7－19　合肥盆地东部定远期沉积相分布图

综上所述，通过对沉积相分析，该区晚白垩世—古近纪沉积空间逐渐向郯庐断裂带附近收缩。响导铺期、张桥期在郯庐断裂带附近广泛发育了平行主断带的冲积扇裙、深水扇和浊积扇等，是郯庐断裂带同沉积伸展活动的重要记录。

四、脉动式伸展型式

经过数十年对郯庐断裂带上中、新生代陆相盆地的勘探，积累了大量资料（苏良友，1983；丁培民，1988；商玉强等，1992；朱筱敏等，1990；张良田等，1989；刘茂强等，1993；刘志逊，1993；许浚远，1997；许坤等，1997；陆克政等，1997；李军等，1998），显示该巨型断裂带与全球构造活动一样，具有脉动式活动的特点。朱光等（2000）曾提出了郯庐断裂带总体上具有脉动式伸展活动规律，并进行了详细论述。

通过野外对地表露头考察和钻井资料及相关地震资料的综合解释，合肥盆地东部沿郯庐断裂带沉积了上白垩统响导铺组、张桥组和古近系定远组，它们的沉积具有明显的旋回性，所对应的层序（图 7－20）与区域地层划分吻合。这些层序表现为三个大的旋回特征，反映出了三次大的伸展事件。

岩石地层单位				厚度(m)	岩性柱状图	层序地层				伸展幕
系	统	组	段			沉积体系配置	体系域	层	序	
古近系		定远组	上段	>1398		河流—洪积扇	CST	层序Ⅲ	8	Ⅲ
			下段	>1771		洪积扇—浅湖	EST AST		7	
					PS					
白垩系	上统	张桥组	上段	>227		辫状河	CST	层序Ⅱ	6	Ⅱ
			中段	443		扇三角洲、滨浅湖	EST		5	
			下段	>415		洪积扇—辫状河	AST		4	
					PD					
		响导铺组	上段	>114		小型三角洲、滨浅湖	CST	层序Ⅰ	3	Ⅰ
			中段	>327		扇三角洲、滨浅湖	EST		2	
			下段	>728		冲积扇—辫状河	AST		1	
					PS					

图 7－20　合肥盆地伸展期层序地层柱状图（据吴跃东等，1999）

CST—萎缩体系域；EST—扩张体系域；AST—冲积体系域

响导铺组在纵向上构成了一个完整的沉积旋回。下段主要由灰紫、紫灰色安山质砾岩，含砾砂岩夹浅灰红色岩屑砂岩组成冲积扇相，纵向上，自下而上由火山质砾岩、含砾岩屑砂岩和岩屑砂岩组成的加积—退积型准层序叠置而成，总体构成冲积体系域（AST）。中段进入湖泊最大扩张期，从盆地东部边缘到盆地内部由扇三角到滨浅湖相沉积体系，盆地边缘扇三角沉积由砾岩与含砾砂岩或粉砂岩组成退积型准层序；西部以浅湖相为主的浅灰红色砂岩、粉砂岩夹含砾砂岩透镜体组成，由粗到细的退积型准层序，该段总体构成湖扩张体系域（EST）。上段为小型扇三角洲相—半深湖相沉积体系，主要由粉砂岩、泥质粉砂岩夹薄层钙质细砂岩和泥岩组成进积—加积型准层序相叠置；盆地中心则为薄层泥岩、粉砂质泥岩夹泥灰岩透镜体组成加积型准层序相叠置，总体构成湖泊萎缩体系域（CST）。

张桥组在纵向上具如下特征：初始充填体系域由加积—退积型准层序组成，从盆地边缘向盆地内部由洪积扇—砾质辫状河—砂质辫状河组成的沉积体系，构成冲积体系域（AST）。之后，进入湖泊扩张期，主要有辫状河流—滨浅湖沉积（吴跃东等，1999），在垂向上主要由 2～3 个退积—加积型叠置的准层序构成，构成湖泊扩张体系域（EST）。晚期盆地由扩展逐渐转为湖泊萎缩期，辫状河流相形成的粗碎屑沉积由盆缘向盆地内部快速推进，形成巨厚的粗碎屑沉积，盆地逐渐被充填，此时水域逐渐萎缩，沉积一套由砖红、紫红色砾岩，含砾砂岩，砂岩组成的辫状河体系，总体上由多个进积型叠置准层序组成，构成湖泊萎缩体系域（CST）。

定远组是在下伏张桥组经历了一段剥蚀之后的又一次伸展活动中沉积（苏良友，1983），与下伏张桥组呈假整合接触。钻孔资料（合深 2、4、5 井）揭示最大钻遇厚度为 3291m（合深 2，据江苏石油勘探局安徽勘探处、胜利石油管理局勘探事业部，2000）。其岩性下部为一套红色砾岩、砂砾岩为主的洪积相的沉积，中部为一套红、灰色相间的砂、泥质互层的湖相沉积，上部为夹石膏层的泥岩，发育有岩盐层。这反映了定远组的沉积经历了由冲积体系域→湖扩张体系域→湖泊萎缩体系域的演化过程。

上述晚白垩世—古近纪时期合肥盆地的沉积充填具有明显的旋

回特征，正是断裂脉动式伸展活动的结果。一次伸展断裂活动，往往从启动时强度较小，对应初期控盆空间也较小，形成以河流相粗碎屑为特征的水进体系域；到中期，随着断裂活动的加剧，盆地可容空间逐渐增大，形成以湖相细碎屑为特征的湖扩展体系域；至晚期随着断裂活动的逐渐停止，则盆地空间逐渐被填满，形成一套粗碎屑的湖萎缩体系域。因此，沉积充填与断裂的伸展活动有着对应的响应关系。通过合肥盆地上白垩统—古近系的三大沉积旋回，反映了郯庐断裂带在该阶段的伸展活动具有三次脉动式运动。

第四节　伸展期合肥盆地的形成模式

合肥盆地东部的郯庐断裂带旁侧，广泛发育了洪积扇，且彼此相连构成了洪积扇裙的沉积景观，很好地反映了该期断裂活动具有伸展正断的特点。从合肥盆地东部沉积相平面看，自断裂带附近的冲积扇相直接到浅—半深湖相，而且半深湖相主要靠近东部沿平行断裂带方向发育，也说明了主控盆断裂在东边。结合前述地震及钻孔资料显示，上白垩统的沉积具有东厚西薄现象，在西面出现超覆、尖灭边界，这一点同样说明了东界为主要活动边界。结合地震剖面及钻孔资料，大桥凹陷的上白垩统在西缘是超覆、尖灭的边界；在肥东凹陷的北部，上白垩统—古近系向西没有出现尖灭，这是由于肥中断裂断陷的叠加影响所致；而肥东凹陷的南部，上白垩统—古近系西缘也是超覆、尖灭的边界。因此，该时期合肥盆地东部的断陷（大桥凹陷、肥东凹陷）主要是受郯庐断裂带伸展控制，其原型为北北东向、东断西超的半地堑式盆地（图 7-21(a)、图 7-21(b)）。

根据前述盆地物源系统的重砂分析、粒度分析、泥砂比及岩石岩性的成分成熟度、结构成熟度等等，反映了盆地东缘具有近物源快速堆积的特点，指示源区为东侧的张八岭隆起。这一点也支持了上述盆地模式。

另外，晚白垩世—古近纪在合肥盆地内部自北向南还受寿县—

定远断裂、肥中断裂和肥西—韩摆渡断裂的伸展控制，出现近东西向展布的沉积楔，分别形成了定远凹陷、丁集凹陷、六安低凸起和舒城凹陷。这说明在该阶段合肥盆地形成与演化不仅受郯庐断裂带伸展断陷活动控制，同时也受盆内东西向伸展断层的伸展作用控制，具区域性双向伸展模式（朱光等，2000，2001；刘国生等，2001）。这些大型东西向伸展断层，普遍向南倾，在地震剖面上向下与原先前陆变形中形成的逆冲断层相连，说明是由后者逆反转而成。这也反映了上叠在前陆盆地之上的断陷盆地特征。

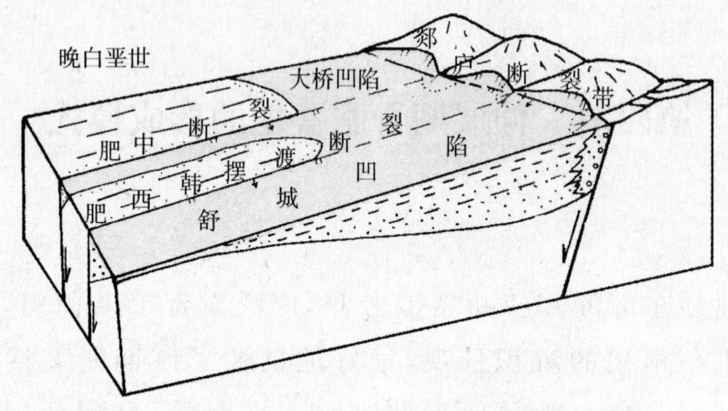

(a)合肥盆地东部晚白垩世断陷盆地模式图

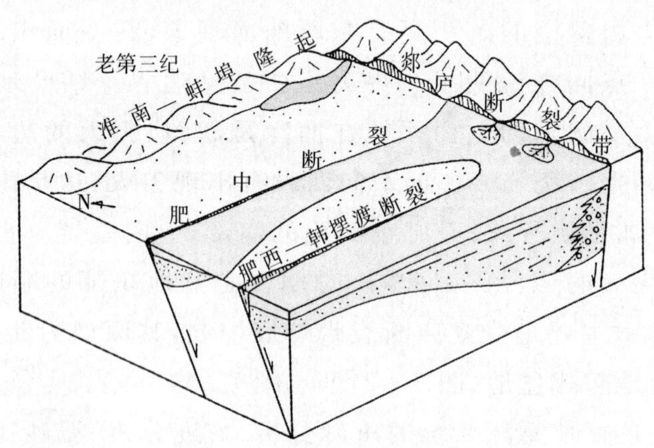

(b)合肥盆地东部古近纪断陷盆地模式图

图 7-21　合肥盆地断陷模式图

第五节　伸展构造的区域动力学背景

同构造沉积盆地的沉积作用与构造环境及其活动性质有着内在的统一性，这一事实与该时期整个中国东部的区域构造应力场有着密切的关系。据朱光等(2000)研究，沿郯庐断裂带在晚白垩世—古近纪时期，由于伸展运动控制发育了一系列断陷盆地(图 7-22)。这些沿着郯庐断裂带发育的断陷盆地，除主要受到边界断裂——郯庐断裂带的控制外，还受到盆地内部其他先存断裂的影响，它们构成了盆地内次一级构造单元如凸起与凹陷的划分边界。如合肥盆地内肥中断裂、肥西—韩摆渡断裂在伸展期的正断将盆地分割成定远凹陷、六安凸起和舒城凹陷。又如渤中盆地南部明显出现了东西向延伸的渤南凸起、黄河口凹陷和垦东凸起。这些现象说明了在 NNE 向郯庐断裂带卷入伸展活动的同时，盆地内近东西向的先存的不同方向的断裂在该时期也产生了伸展。这种现象具有区域多方向拉张应力的特点，是区域性岩石圈上拱而产生的多向伸展的结果。

近年来的地学断面工作揭示(图 7-23)，在整个郯庐断裂带一线，深部结构表现为除了郯庐断裂带南端外，整个断裂带上都出现了显著的软流圈上拱现象。它们出现在中国东部岩石圈总体上拱的大背景下，而在郯庐断裂带下又得到了进一步的加强。由此可见，郯庐断裂带的伸展活动是整个中国东部同期伸展活动的一部分，它是由于中国东部晚白垩世—古近纪整体区域性岩石圈上拱的结果。但是该区巨型断裂的伸展使其下岩石圈上拱得到了进一步加强。

中国东部燕山晚期以来的区域构造演化主要受控于东部的太平洋板块运动体制(朱光等，2001)。据 Engebretson 等研究表明，在早白垩世太平洋区伊泽奈崎(Izanagi)板块向北北西斜向俯冲于东亚大陆下之后，晚白垩世至古近纪时期到中国大陆东部的太平洋板块转为向西正面俯冲于东亚大陆之下。该俯冲运动在 100Ma～85Ma 间的俯冲速度猛增至(233～238)km/Ma(Engebretson et al.，1985)。

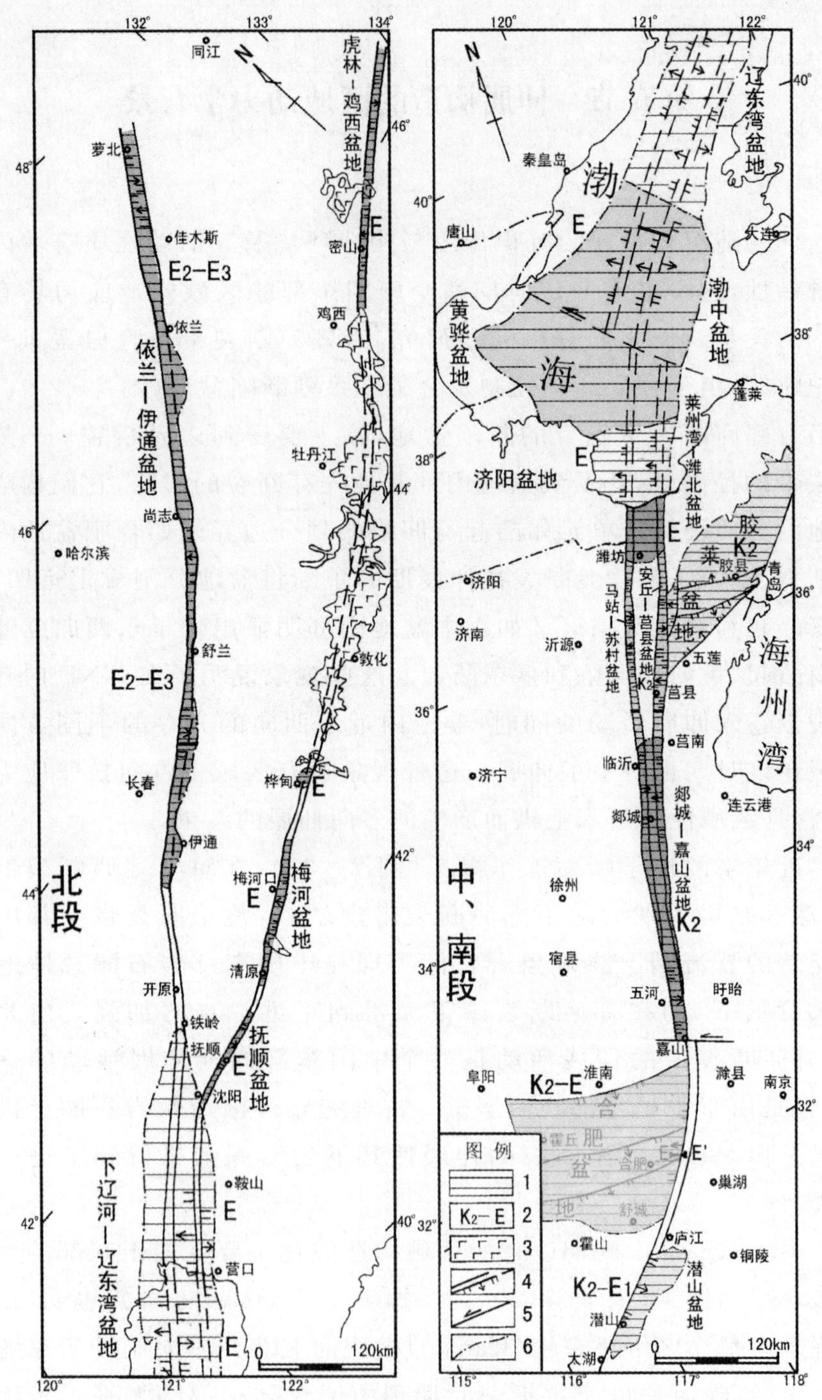

图 7-22　郯庐断裂带上断陷盆地分布图(朱光等,2000)

1. 断陷盆地区;2. 盆地形成时代;3. 新生代玄武岩;4. 正断层;5. 平移断层;6. 盆地。

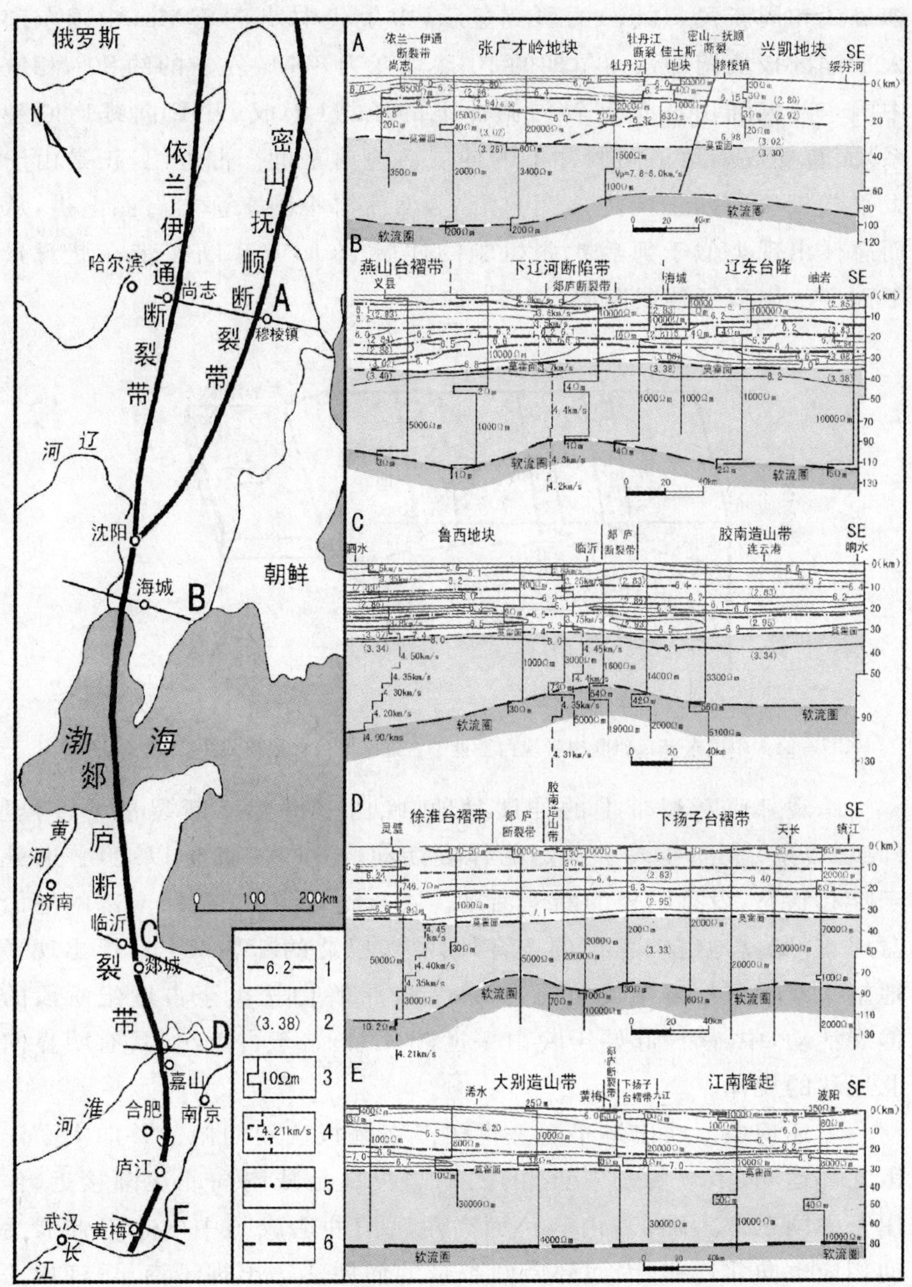

图 7-23　郯庐断裂带及邻区地学断面图(据朱光等,2002)

左图:断面位置图。右图:A—满洲里—绥芬河断面部分(张贻侠等,1998);

B—内蒙古东乌珠穆沁旗—辽宁东沟断面部分(卢造勋等,1992);C—江苏响水—内蒙古满都拉断面部分(马杏垣等,1991);

D—上海奉贤—内蒙古阿拉善左旗断面部分(孙武诚等,1992);E—青海门源—福建宁德断面部分(林中洋等,1992)。

1. P 波速度(km/s)等值线;2. 密度(g/cm^3);3. 视电阻率(Ω·m);4. S 波速度(km/s);5. 分层界面;6. 层圈界面。

李显武和周新民(1999)的研究显示,中生代中期至85Ma,中国东部太平洋区板块俯冲角由早期的10°逐渐变为85Ma左右的约80°,相应中国东部大陆由低角度斜向俯冲下的压扭(形成NNE向郯庐断裂系)而转变成高角正向俯冲下的伸展。晚白垩世—古近纪,正是由于太平洋板块向西正向高角度的俯冲,而使得中国东部岩石圈上拱,从而总体出现类似于弧后扩张机制的伸展活动,郯庐断裂带在此背景下而广泛出现了伸展断陷(图7-24)。

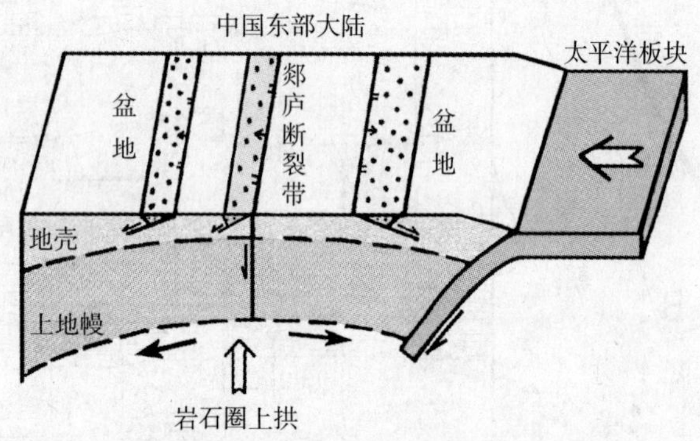

图7-24　中国东部郯庐断裂带晚白垩世—古近纪区域伸展模式图(朱光等,2001)

综观郯庐断裂带上的伸展盆地,晚白垩世郯庐断裂带中、南段(潍坊以南)全部卷入了强烈的伸展活动,而北段(潍坊以北)普遍处于隆起状态,没有明显的断陷活动。古近纪,除了安徽段南部的潜山盆地、合肥盆地继续盆地的发育外,潍坊以北的断裂带上广泛出现了地堑式断陷盆地。由此可见,郯庐断裂带晚白垩世至古近纪阶段的伸展活动,中、南段起始于晚白垩世,北段起始于古近纪,具有明显向北迁移的规律。

上述现象反映出继早白垩世伊泽奈崎板块斜向俯冲并向太平洋区北部运动、消减后,其南部的太平洋板块是从南向北逐渐接近、作用于中国东部大陆的,由其正面高角度俯冲造成的中国东部伸展活动相应也向北迁移,因而郯庐断裂带的伸展活动出现了南早(晚白垩世)北晚(古近纪)的迁移现象。在时间上,由于太平洋板块在不同的时间其运动速率和俯冲幅度的变化表现出脉动式俯冲的特点,由此而导致郯庐断裂带的脉动式伸展活动,相应就出现了所控制盆内沉积的旋回式演变。

近年来对郯庐断裂带的研究发现,从新近纪以来断裂带发生了明显的逆冲活动(朱光等,2000,2001,2002;宋传中等,2002)。对发育在郯庐断裂带上的盆地的油气勘探表明(商玉强等,1992;刘茂强等,1993;陆克政等,1997;周进高等,1999),除山东至皖北段在晚白垩世末以后就缺失沉积外,普遍于古近纪末结束了断陷活动。郯庐断裂带最后一期构造演化表现为受挤压而产生的逆冲构造。该断裂带新近纪以来的挤压活动,不仅记录了中国东部的动力学特征,也密切关系到新构造运动、地震活动及其控制的盆地内的油气勘探。徐嘉炜(1978)曾总结郯庐断裂带最后一期演化为新近纪以来的受压逆冲,兼有小幅度的右行平移。许多从事新构造研究的学者也多持相同的观点(强祖基等,1984;高维明等,1984;陈希祥,1985;方仲景等,1986;国家地震局地质研究所,1987;汤有标等,1990)。郯庐断裂带新近纪以来挤压活动,使合肥盆地在该时期也相应发生了反转(刘国生等,2002),使得盆地受挤压抬升而最终消亡。

第八章　郯庐断裂带新近纪以来的挤压构造与合肥盆地的反转

盆地的反转由国外学者 Glinnie 和 Boeger(1984)提出，Williams 等(1989)和 Mitra 等(1993)强调了反转构造是指同一地质体在不同的地质历史时期应力作用改变造成先存构造的垂向叠加，明确了正反转构造是指先存控盆伸展断层受到挤压作用时所发生的反向运动。20 世纪 90 年代以来国内学者(王燮培等，1989；陈发景 1992；刘和甫，1993，1995；周祖翼，1994；陈昭年、陈发景，1995)等做了大量的专门性研究工作。从国内外油气勘探的实际意义看，构造背景、封阻条件在含油气盆地方面的研究越来越重要。其中断层性质开启和封闭直接关系到油气的运移和圈闭。

作为控制合肥盆地发展与演化的边界断裂——郯庐断裂带，众多地质学家经过数十年的研究，其演化规律逐渐被人们所认识，该断裂带经历晚侏罗世时期的走滑，在旁侧形成了合肥走滑挠曲盆地，控制了下白垩统朱巷组的沉积；晚白垩纪至古近纪伸展断陷，控制了合肥盆地内上白垩统—古近系的沉积；而从新近纪以来，郯庐断裂带发生了明显的逆冲活动，由其所控制的合肥盆地也相应发生了反转，而使盆地受挤压抬升和消亡。通过对合肥盆地及郯庐断裂带的系统研究，发现在新近纪时期，盆地的演化与边界断裂——郯庐断裂带的逆冲活动也有着良好的响应关系。

第一节　反转构造特征

一、盆缘(郯庐断裂带)逆冲构造特征

作为合肥盆地东缘的先存边界断裂——郯庐断裂带，新近纪以来产生了逆向再活动，逆冲构造现象普遍存在，主要表现为逆冲断层

及相应的挤压揉皱带和松散挤压破碎带。如在合肥盆地大桥凹陷东缘，滁州市章广梅山采石场发现若干条逆冲断层切割朱巷组（图 8－1）。这些逆冲断层走向上平行郯庐断裂带，向西逆冲，逆冲断层代表产状为 105°∠70°～85°。受断层影响朱巷组地层被掀斜，倾角达 38°（产状：304°∠38°）。发育在肥东古城东南朱巷组页岩中的一系列北东走向、逆冲断层（代表性产状：110°∠85°）使这套页岩发生了明显的揉皱或褶劈（图 8－2）。而在合肥盆地肥东凹陷东缘，王铁土山梁、山王十八拱水库西侧及桥头集西公路地堑等处均发现盆地内缘张桥组地层与盆地外缘肥东群双山组大理岩之间出现了一系列向东逆冲的逆冲断层及碎裂岩带（图 8－3、图 8－4），碎裂岩带宽达 100 米，它们主要出现在大理岩及其东侧的变形岩体中。

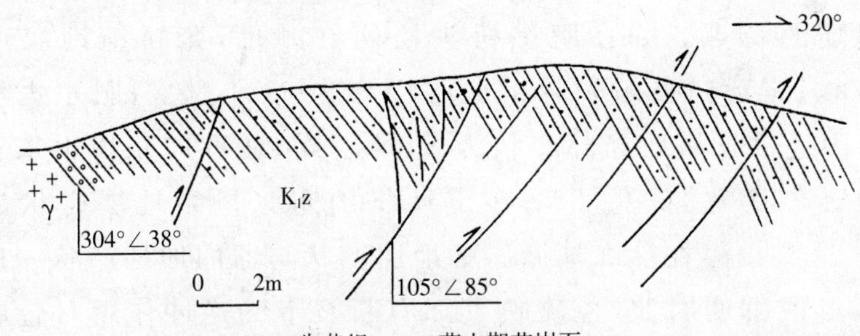

K_1z—朱巷组；γ—燕山期花岗石

图 8－1　合肥盆地东缘章广梅山朱巷组逆冲断层剖面图

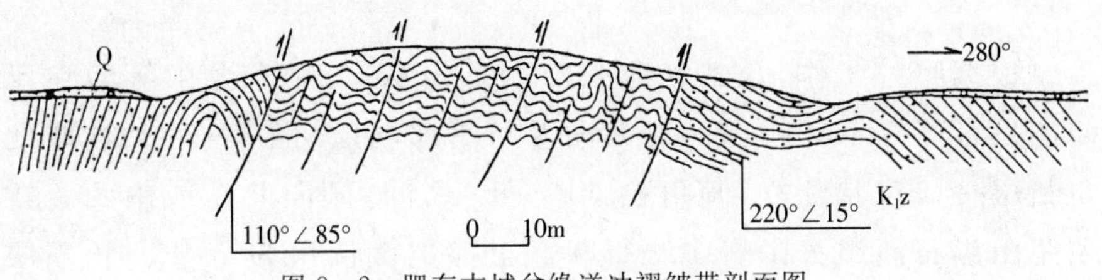

图 8－2　肥东古城盆缘逆冲褶皱带剖面图

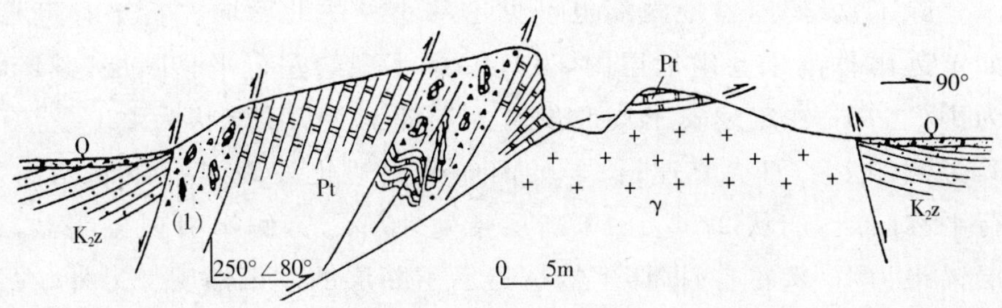

图 8－3　合肥盆地东缘肥东土山梁逆冲构造剖面图

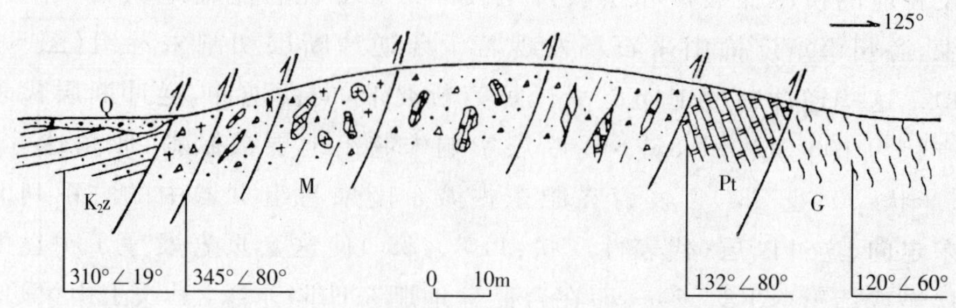

图 8-4　合肥盆地东缘肥东桥头集逆冲构造剖面图

Q—第四系；K_2z—张桥组；K_1z—朱巷组；Pt—肥东群；M—大理岩；G—角闪片麻岩；γ—元古代变形岩体

综上所述，边界断裂以一系列北北东向的单向逆冲断层组成。因逆冲作用使盆缘地层多被掀斜，并且具有越靠近郯庐断裂带地层产状越陡的特点。如在肥东桥头集西红砂厂，张桥组地层产状为283°∠30°；定远广兴东朱巷组地层产状为270°∠20°；肥东古城东南朱巷组因逆冲揉皱后局部产状为265°∠50°；在章广东梅山采石场朱巷组地层产状为304°∠38°；在定远岱山东张桥组地层产状为263°∠40°。这些出露在盆缘被掀斜的地层产状与盆内地层产状一般不大于10°，形成鲜明对照，也反映了郯庐断裂带的逆冲作用对合肥盆地的控制。

二、反转断层组合

根据野外工作，合肥盆地东部如滁州章广、肥东龙山等地在反转期还发育了一系列小型的北西向左行平移断层（图 8-5）。这些北西向断层一般产状陡立，倾角在60°～80°之间，倾向北东或南西。在肥东龙山黑石渡组火山岩中测得断面上擦痕侧伏角为25°E。该断层将早期的北东向左行平移断层错开，水平断距一般为几米。

除了盆缘外，盆地内部也可见这些小型的北西向左行平移断层。如定远雨林南朱巷组地层内，发现一条小型的左行平移断层，其产状为10°∠78°；在定远安子集北发育左行平移断层，产状为220°∠70°，其旁侧伴生了羽状节理；长丰吴山庙公路边也发现了一条北西向左行平移断层，产状225°∠85°，断层带宽10米，旁侧牵引现象明显，地层错距为10米左右，据伴生构造指示了断层的左行性质。另外，在盆地内北西向的节理也常见，它们多与上述的北西向左行平移断层的

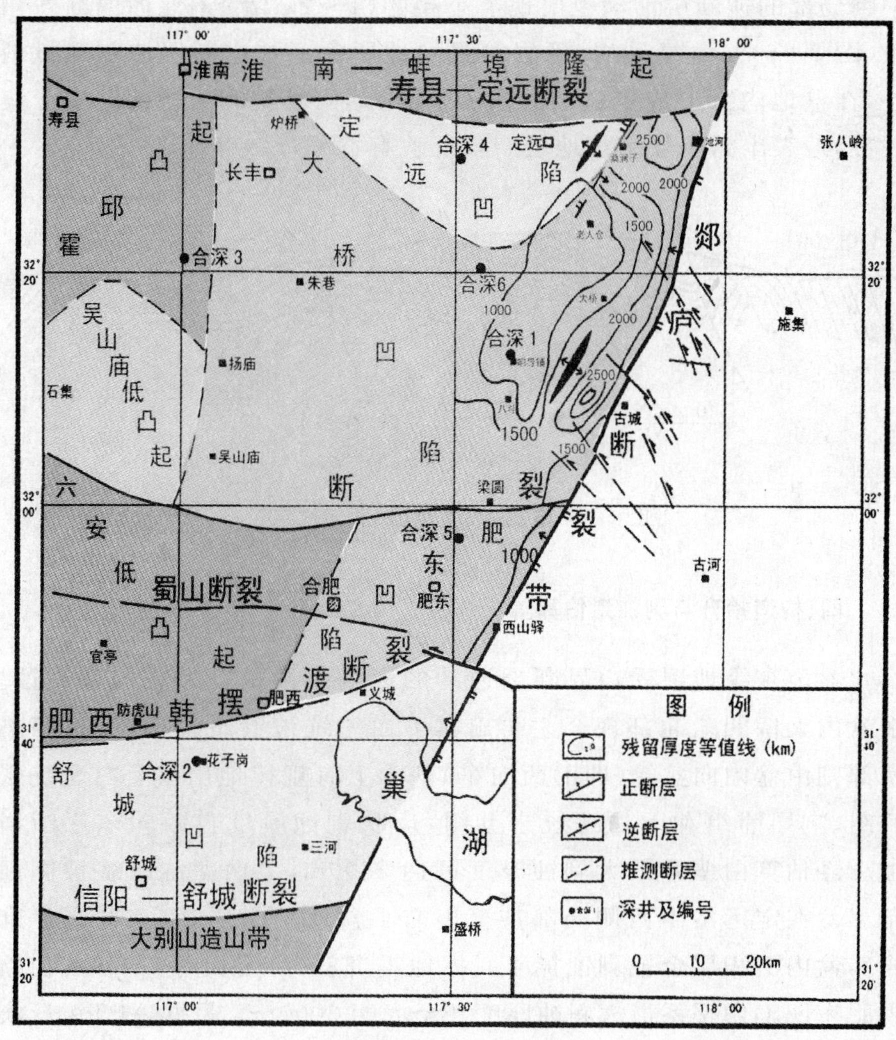

图 8-5　合肥盆地东部新近纪以来反转构造图

成因相同，可以配套。结合以往区域上的研究成果，在合肥盆地东部所发现的这些北西向的左行平移断层与中国东部许多北西向左行平移断裂都是在新近纪以来区域上近东西向挤压活动中形成的。

三、褶皱作用

在郯庐断裂带逆冲活动及盆地反转过程中，盆内软弱岩层在一些地段形成以小型揉皱和断弯褶皱组合，如古城东南盆缘朱巷组泥、页岩中形成了揉皱和一些北东向小型的褶皱；定远雨林朱巷组泥岩中因局部的逆断层活动也出现了小型的（1～2m 宽）南北向的断弯褶皱（图 8-6）。盆缘砂岩、砾岩等强硬地层除了被逆断层切割和掀斜外，在盆地内部形成了宽缓的褶皱，如定远雨林集和大桥凹陷安子集一带，地表出露响导铺组地层产状反映有宽缓背斜存在。

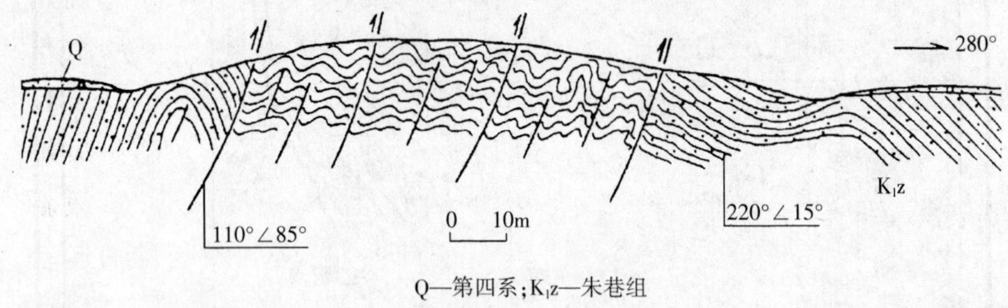

Q—第四系；K_1z—朱巷组

图 8-6　定远雨林逆冲断弯褶皱剖面图

四、构造抬升与剥蚀量估算

盆地东缘地层受边界断裂逆冲的影响而被抬升形成构造剥蚀。在盆内大桥凹陷北部现今主要出露下白垩统朱巷组地层，大桥凹陷南部则由盆内向盆缘（即由西向东）基本上有规律地出露上白垩统张桥组、响导铺组和下白垩统朱巷组，反映剥蚀厚度自西向东逐渐增加。经估算白垩系最大剥蚀厚度可达 2500m，上白垩统已多被剥蚀殆尽。在定远岱山西侧局部甚至出露了盆地的变质基底（花岗片麻岩），盆内沉积层全被剥蚀掉了。据地震资料（薛爱民等，1999），在盆内肥东凹陷白垩系最大剥蚀厚度甚至大于 3000m。另据 AFTA 反演资料，合肥盆地东北部剥蚀率：距今 88Ma～70Ma 为 191m/Ma；距今 50Ma～35Ma 为 77m/Ma。

第二节　郯庐断裂带及盆地新近纪以来应力场分析

在实际工作中对确定断裂的应力状态和恢复其古应力场有多种手段，目前国际上利用断层面上擦痕测量计算主应力轴方位从而求得区域古应力场状态的研究已趋于成熟。例如，法国学者 Mercier et al.(2007)应用此法对郯庐断裂带南段的运动学历史进行了探讨；国内侯明金等(2007)曾专门撰文介绍了这种方法。可以说应用此种方法可以获得比较理想的结果。

本次野外工作自北而南对郯庐断裂(安徽段)及其两侧受其所影响的盆地内断层擦痕进行了系统观测与测量。具体野外工作先确定断层性质，然后测量断层及其上擦痕产状。野外在每一条断层上至少测量8个擦痕数据，以保证计算的可靠性。确定断层性质时要寻找多方面的证据，如相当层的错开，牵引褶皱，R_1与R_2等。利用擦痕确定运动方向有时候并不容易，这时就需要结合阶步、破裂、'V'形或新月形标志、牵引现象、不对称褶皱等运动标志来综合判断断层的运动方向(Miguel Doblas,1998)。如果在同一断层面上观察到多期擦痕，则需要仔细分期，利用晚期擦痕切割并破坏早期擦痕的规则进行判断。本次共布测点50余个，故虑到篇幅，本文择其有代表性的两点予以描述。同时为了与通过断层擦痕所获得的应力场结果加以对比和印证，本次还对断层擦痕对断层附近露头点上的节理进行了分期、配套，室内并对节理进行了统计分析。

一、断层擦痕资料的计算结果与解释

1. 在郯庐断裂带南段余井西北处

在该段从发育在潜山盆地西缘的脆性断层面上获得断层擦痕(表8-1)，该断层发育在盆缘大别群中，断层产状以向SW∠75°—80°为主，野外判断断层性质属于逆冲断性质。通过数据计算得到应力图解(图8-7)。

由图8-7可知，在该点处形成该断层的σ_1为SWW—NEE或近东西向，而σ_3为近南北向。

表8-1　位于大别群中断层擦痕数据

序号	断层面产状	擦痕侧伏角/侧伏向	序号	断层面产状	擦痕侧伏角/侧伏向
1	205°∠81°	25°NW	5	210°∠85°	25°NW
2	200°∠80°	23°NW	6	203°∠75°	20°NW
3	208°∠80°	20°NW	7	215°∠76°	25°NW
4	215°∠76°	33°NW	8	213°∠85°	28°NW

2. 位于桐城陶冲镇

在该点断层发育于 E_2d 地层中，经野外测量获得断层擦痕数据（表 8－2）及求得该点处主应力特征（图 8－8）。

表 8－2　位于古近纪地层中断层擦痕数据

序号	断层面产状	擦痕侧伏角/侧伏向	序号	断层面产状	擦痕侧伏角/侧伏向
1	295°∠53°	86°N	5	295°∠57°	60°NE
2	290°∠59°	80°NE	6	275°∠70°	70°NE
3	290°∠60°	60°NE	7	275°∠70°	85°N
4	285°∠60°	60°NE	8	280°∠65°	70°NE

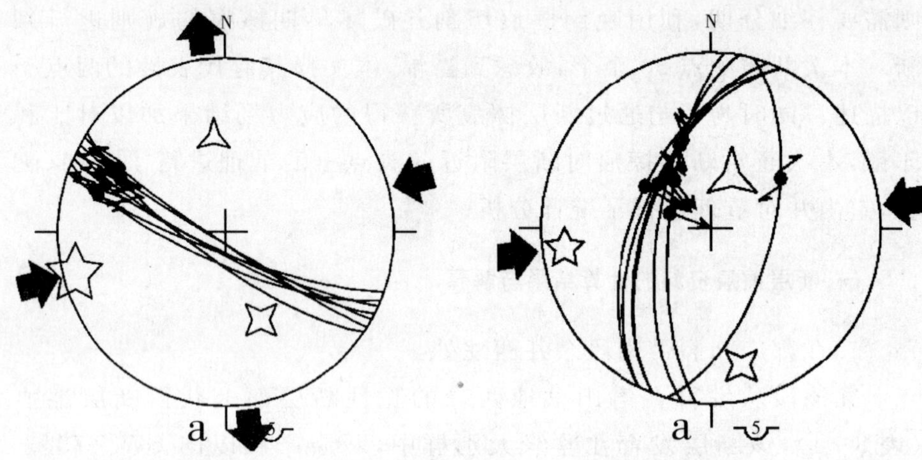

图 8－7　断层擦痕应力图解　　图 8－8　断层擦痕应力图解

从图 8－8 可看出在该点处断层的主亦为 NEE－SWW 或近东西向。

二、节理统计及应力场分析

新近纪的沉积地层在郯庐主断裂带附近几乎没有出露，但考虑到主带的演化连续性，及应力分布的区域性，笔者在主带东侧铜陵一线出露的新近系中测量到一套共轭 X 节理之后，将古老地层中存在的新近纪以来的改造特征加以分辨后得出其结果。将统计后判定为共轭的节理，计算得出如下图形（图 8－9）和数据（表 8－3）。

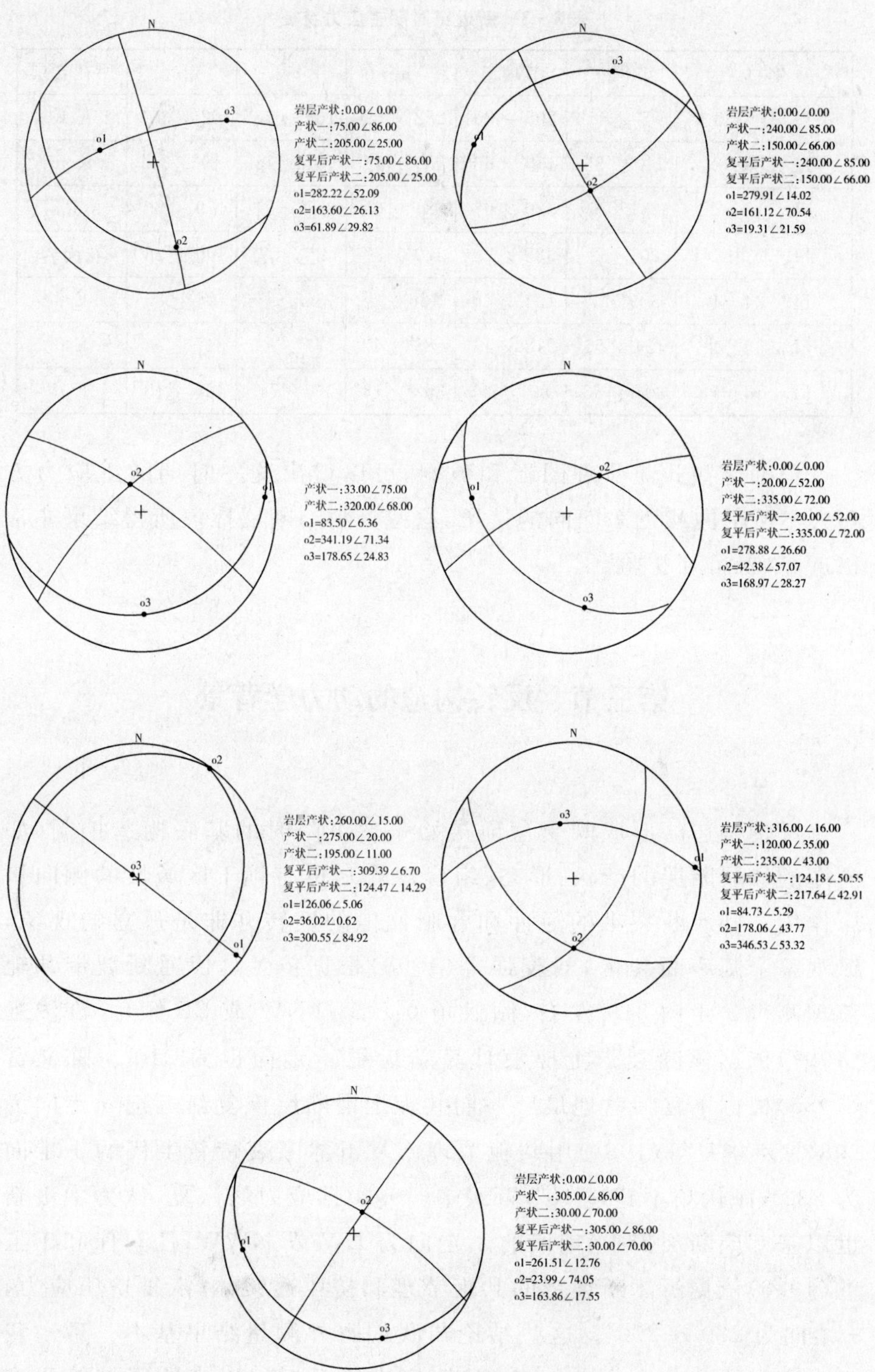

图 8-9　新近纪应力场赤平投影图

表 8-3 新近纪时期主应力特征

名称	节理一	节理二	σ_1	σ_2	σ_3	所在岩层
TL—06—1	75°∠86°	205°∠25°	282°∠52°	164°∠26°	62°∠30°	E_1w
TL—08-2	240°∠85°	150°∠66°	280°∠14°	161°∠71°	19°∠31°	K_1m
TL—17—1	33°∠75°	320°∠68°	84°∠6°	341°∠71°	179°∠25°	R
TL—23—1	20°∠52°	335°∠72°	279°∠27°	42°∠57°	169°∠28°	花岗岩
TL—34—1	309°∠7°	124°∠14°	126°∠5°	36°∠1°	301°∠85°	E_2d
TL—35—1	124°∠51°	218°∠43°	85°∠5°	178°∠44°	347°∠53°	E_2d
TL—55—1	305°∠86°	30°∠70°	262°∠13°	24°∠74°	164°∠18°	E_2d

根据这些共轭节理图形和数据，可以得出这一时期的主应力方向为SWW向或近东西向的挤压，这些资料与断层擦痕所得结果非常相近，二者可互相验证。

第三节 反转构造的动力学背景

反转构造的形成既受盆地初始张裂沉降时的基底构造控制（如前期的伸展断层的产状、形态、组合规律），也有赖于区域性的侧向挤压作用。郯庐断裂带的逆冲和合肥盆地的反转并非是孤立的现象，纵观整个郯庐断裂带，刘茂强等（1993）根据依兰—伊通断裂带共轭节理测得σ_1走向310°左右，倾伏角0°～31°（NW或SE倾）。许浚远（1997）依据该断裂带上擦痕计算新近纪σ_1走向也为310°。陈义贤（1985）根据下辽河盆地最后一期共轭走滑断层恢复新近纪σ_1走向为298°。卢华复等（1984）用共轭节理恢复沂沭断裂带新生代的σ_1走向为232°，倾伏角不超过10°；万天丰（1992）据应力场恢复，认为中更新世以来郯庐断裂带中、南段的σ_1走向为EW或NWW；任有保和于玉兰（1996）依据沂沭断裂带的共轭节理和挤压透镜体，恢复挤压应力，σ_1走向为280°～290°。这些结论与我们野外测量结果基本一致。我们在安徽段充分利用共轭节理、擦痕恢复新近纪以来的区域挤压应力，σ_1走向多变化在280°～260°之间，总体上与郯庐断裂带垂直或近于垂直。在此应力场作用下,郯庐断裂带呈逆冲活动或逆冲兼有小幅度右行是必然之结果。现代震源机制解和地应力测量,可以准确地测定郯庐断裂带所遭受的现代应力场,其结果亦显示主应力方向呈近东西向。由上可见,郯庐断裂带新近纪以来处于近东西向的区域挤压应力作用下。这一区域应力场是区域性岩石圈动力作用的结果。新近纪以来太平洋板块和菲律宾板块向西俯冲中产生了宏大的、北北东向延伸的西太平洋沟—弧—盆体系,其弧后扩张过程中向西推挤着中国东部大陆,使得中国东部大陆新近纪以来出现了近东西向的区域挤压应力场。笔者认为,郯庐断裂带发生了大规模的逆冲活动和合肥盆地的反转,正是在这一区域动力学大背景下形成的。

第四节 反转构造与油气

合肥盆地新近纪以来受挤压形成了一些小型的北西向左行平移断层,这些断层由于时代新、断层岩胶结差,可以成为油气迁移的通道。但是,这些北西向断层规模小、切割一般不深,对盆地内油气的影响是有限的,具有局部性。

由于受郯庐断裂带的影响,使得合肥盆地东缘距主边界断裂2km范围内北北东向逆冲断裂构造发育,因此,这一边缘地带受改造、破坏较强会导致油气逸散,应是今后油气勘探避免的地方。但在该带以西,因后期的反转形成了宽缓的背斜构造,如定远雨林集背斜、安子集背斜等对下白垩统及其以下层位的油气可能形成较有利的构造圈闭。

第九章　主要结论

本文通过对郯庐断裂带发生、发展、演化、构造特征的研究，通过对郯庐断裂带周边构造——合肥盆地的沉积学方面的分析，发现合肥盆地对郯庐断裂带活动有着良好的沉积—断裂响应关系。通过研究主要取得了以下成果：

1. 通过对大别造山带东缘郯庐断裂带详细野外工作，首次发现存在有两期左行走滑韧性剪切带，在野外对其进行了分期，并分别对两期走滑剪切带糜棱岩内白云母进行了$^{40}Ar/^{39}Ar$测年，获得晚期者年龄为120Ma～130Ma，属于晚侏罗世—早白垩世（朱光与徐嘉炜，1998，1999；朱光等，2001）；早期者年龄为190Ma，本次所测5个样品年龄吻合，属同造山期年龄。这一结果首次从郯庐断裂带本身证明了其起始时间应为印支—早燕山时期，属于大别—苏鲁造山带印支—早燕山期陆陆碰撞造山期的转换走滑构造。在此基础上，本文首次从沉积—断裂耦合的角度，系统地对合肥盆地与郯庐断裂带的响应进行了研究，发现造山期的郯庐断裂带不仅影响着盆地的基底构造格架，而且从盆地内侏罗系沉积、充填序列、沉积中心的分布及沉积相和地震相研究，表明该时期郯庐断裂带的活动还影响着盆地的发育。盆地对断裂有着良好的响应关系，从沉积学方面进一步证明了郯庐断裂带在同造山时期的存在。

2. 通过对合肥盆地内下白垩统朱巷组的沉积特征分析，进一步佐证了郯庐断裂带在同造山的走滑之后于早白垩世时期又发生了大规模的左行走滑活动。由于其走滑活动，而使得断裂西侧近旁侧合肥盆地产生走滑挠曲，控制了该时期盆地的沉积可容空间；在盆地东侧因断裂带的走滑而使得张八岭隆起进一步隆升，为合肥盆地的沉积提供了物源系统。首次提出该时期的合肥盆地东部为一走滑挠曲盆地的模式。

3. 合肥盆地的伸展活动发生于晚白垩世至古近纪，伸展活动是叠加在前两期走滑构造之上，以半地堑式断陷为主。该时期的沉积特征是沿郯庐断裂带和盆地内先存近东西向断层发生正断，构成半地堑式楔形沉积。这一时期的伸展活动具有区域性，与中国东部同期一系列断陷盆地形成的动力学背景一致，是太平洋板块向西正面高角度俯冲、中国东部岩石圈上拱中出现的构造。通过利用层序地层学的理论，对盆地内上白垩统及古近系的沉积体系域进行了分析，该时期存在三个沉降旋回，说明郯庐断裂带在该时期经历了三次明显的断陷事件，反映出郯庐断裂带的伸展活动具有脉动式特征。

4. 在详细的X射线衍射分析基础上，通过对取自安参1井中不同深度的岩芯样品，采用不同的测年方法，首次获得了安参1井钻遇地层的系统同位素年代学数据。结合安参1井测井与地震资料，进行了综合分析与解释，建立了安参1井地层完整的划分方案和地层时代柱。这项成果填补了盆地内地层缺少系统同位素年龄的空白。界定了安参1井钻遇各地层的时代界限，自上而下为：下白垩统朱巷组底界深度－378m；上侏罗统周公山组底界深度－744.05m；中侏罗统圆筒山组底界深度为－2785m；下侏罗统防虎山组底界深度是－4046m。经同位素年代学分析，该井缺失三叠系与上二叠统，下二叠统底界深度为－4250m；石炭系上统底界深度－5150m。发现该井缺失下石炭统至上奥陶统，上石炭统直接覆盖在中奥陶统之上，反映为华北地层区特征。

安参1井地层中黏土矿物的X射线衍射分析结果对进一步研究合肥盆地的热演化及埋藏史提供了依据。本文的研究成果也为合肥盆地的未来石油勘探等提供了参考。

附 录

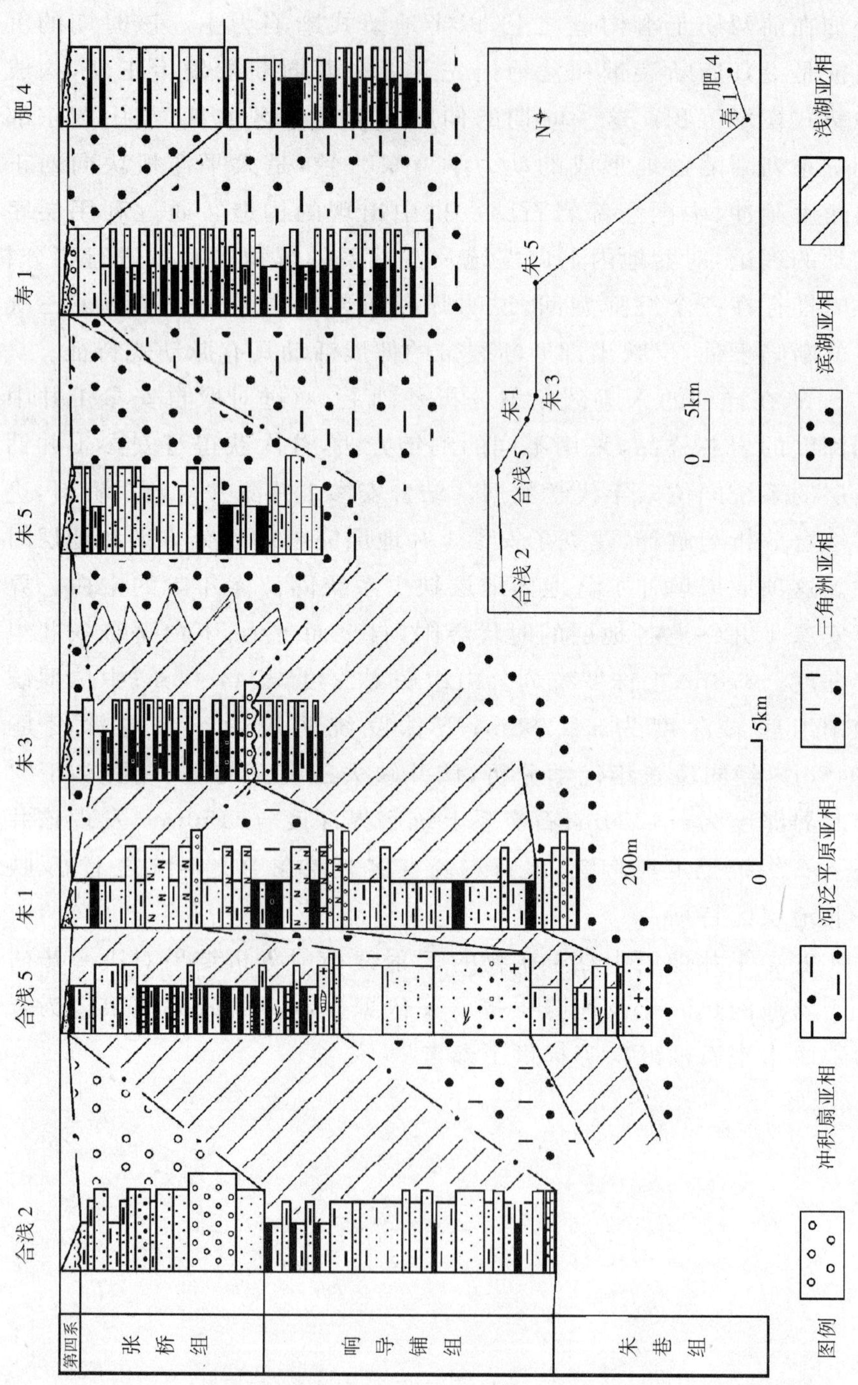

图版Ⅰ-1 合浅2～肥4井沉积相连孔剖面

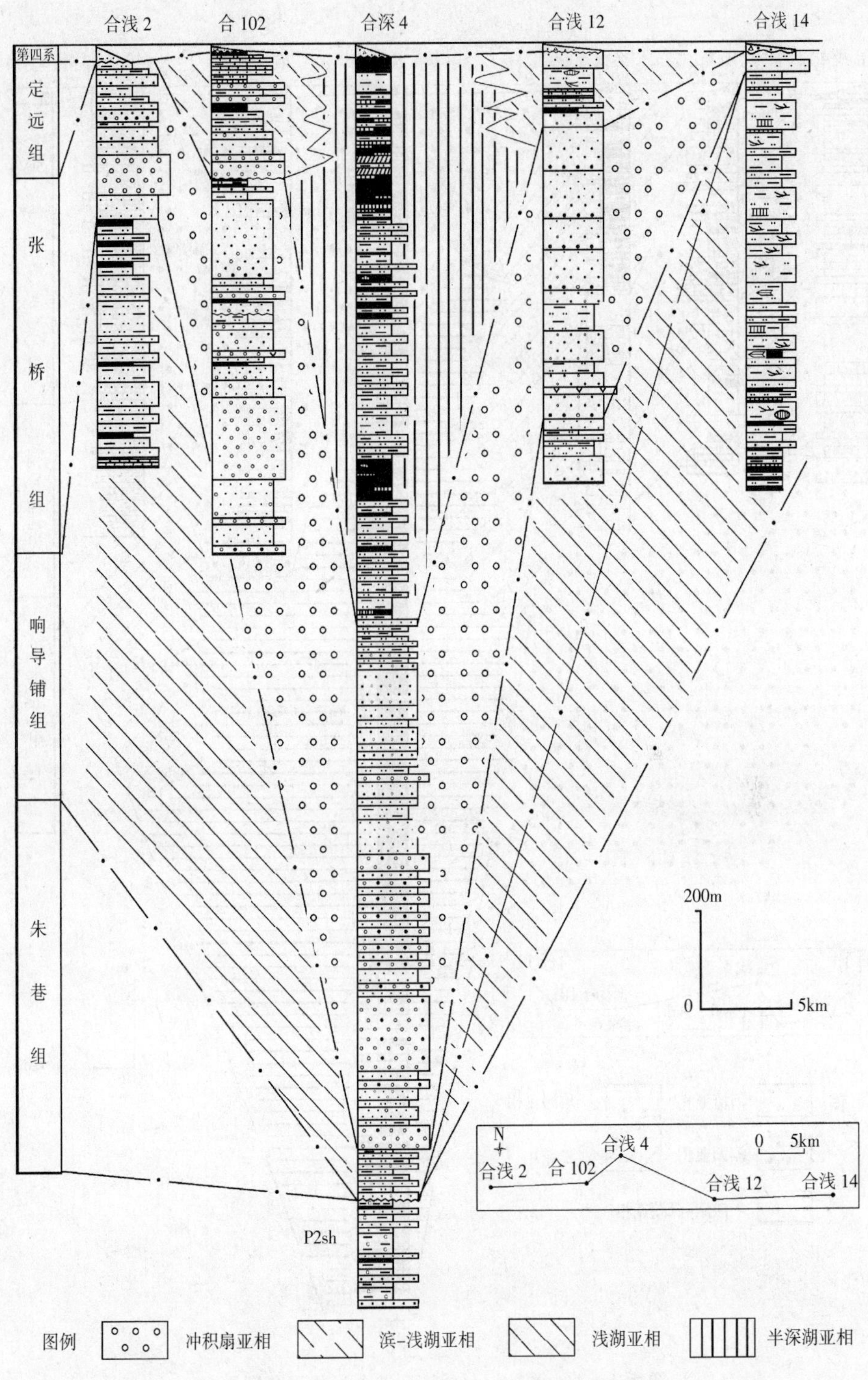

图版Ⅰ-2　合浅 2～合浅 14 井沉积相连孔剖面

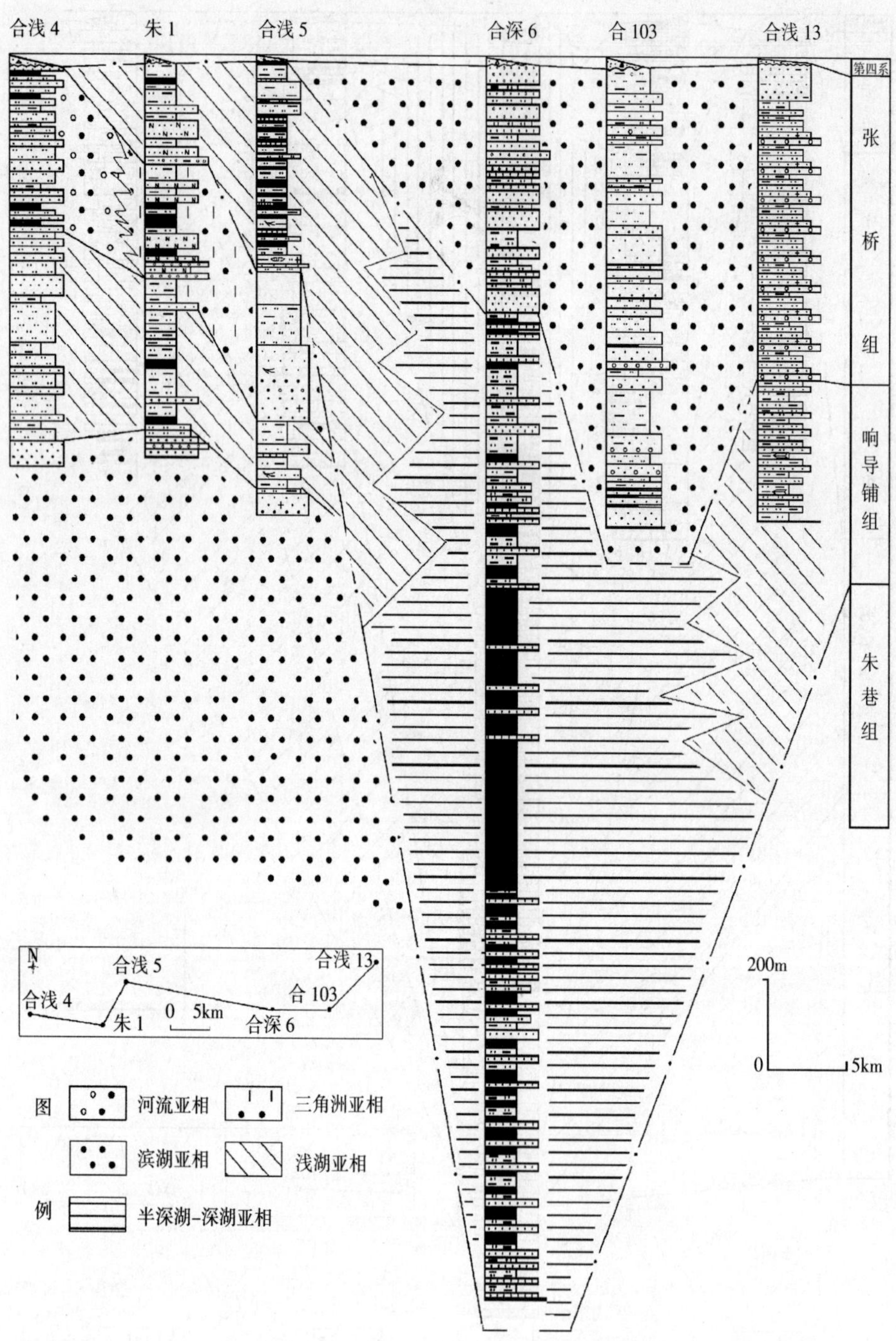

图版Ⅰ-3　合浅 4～合浅 13 井沉积相连孔剖面

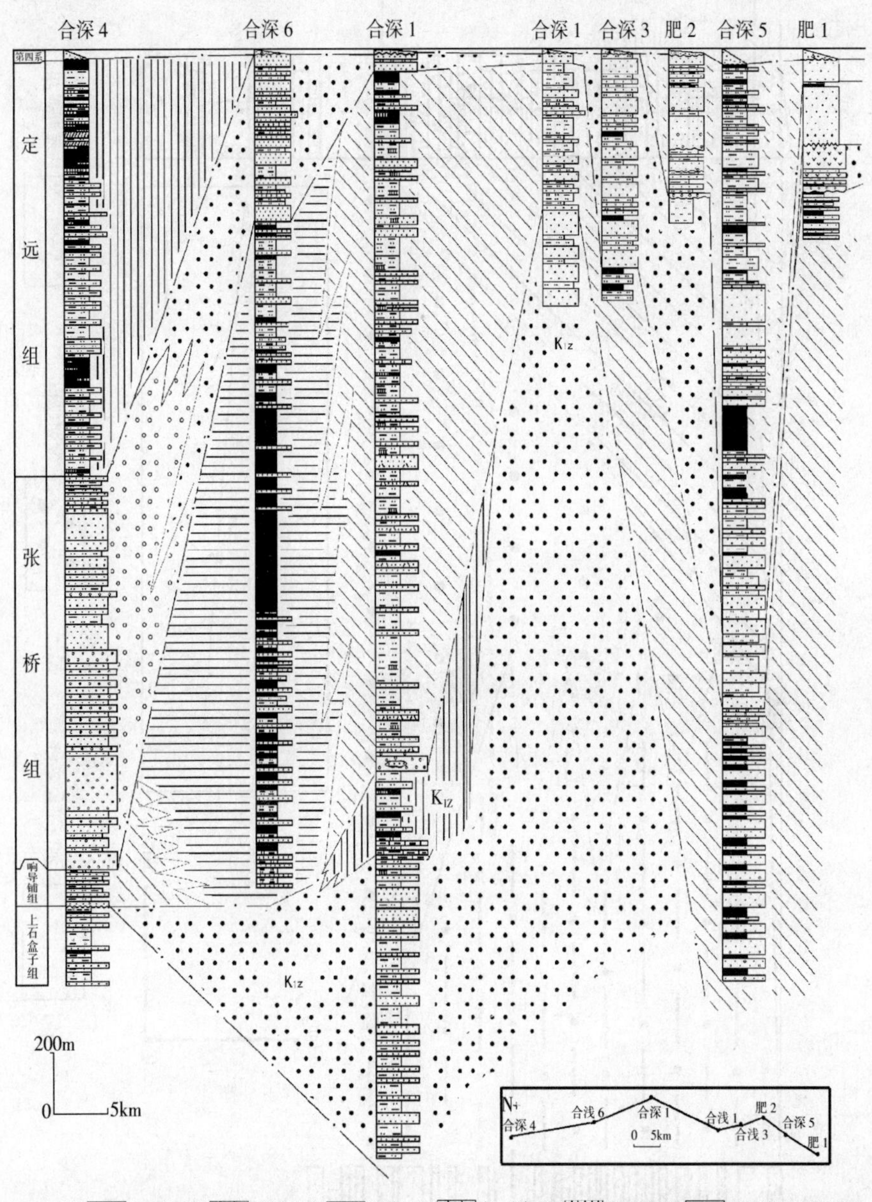

图例 冲积扇亚相 浅湖亚相 滨湖亚相 滨－浅湖亚相 半深湖亚相 半深湖－深湖亚相

图版Ⅱ-4　合深4～一肥1井沉积相连孔剖面

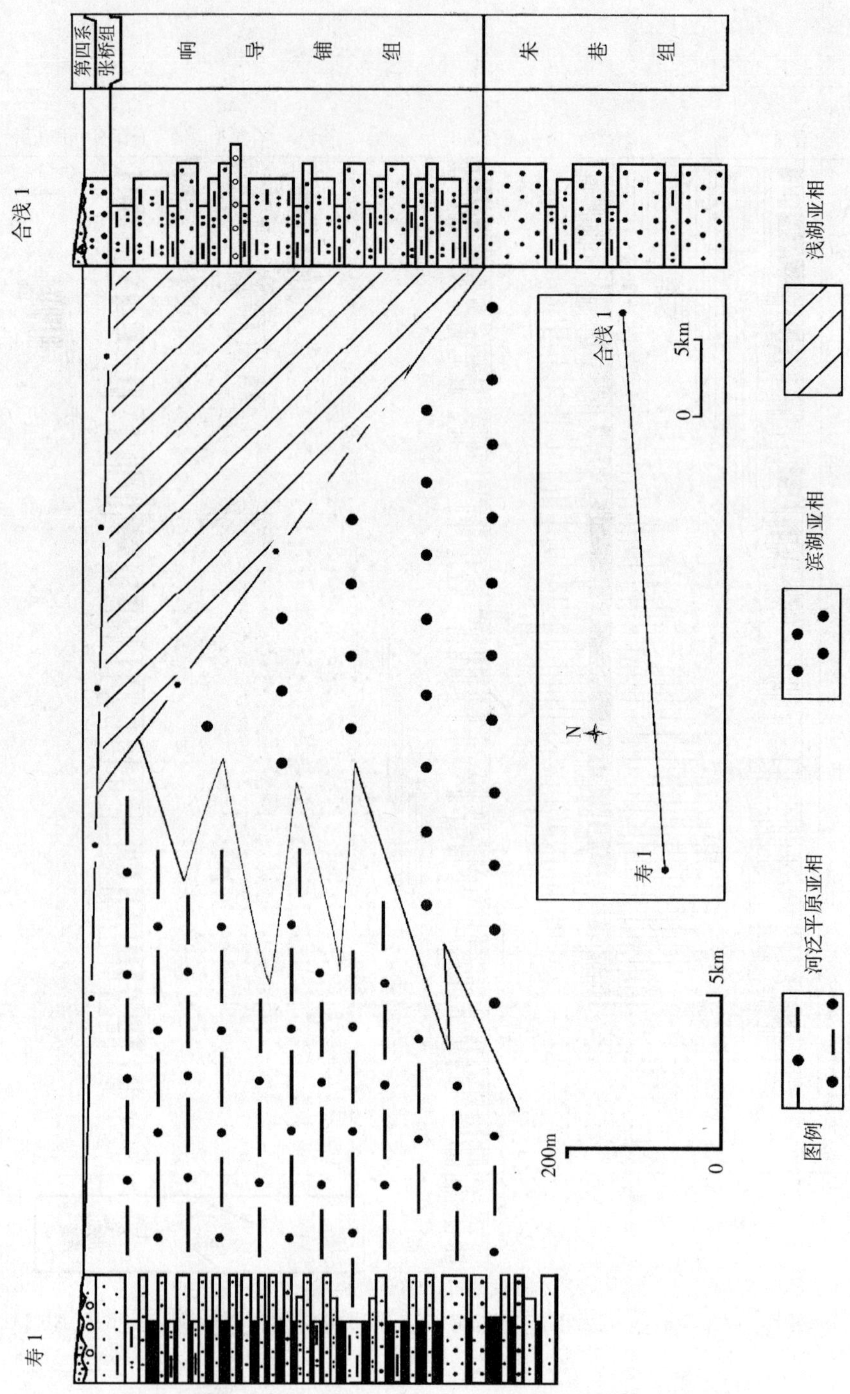

图版Ⅰ-5　寿 1～合浅 1 井沉积相连孔剖面

参考文献

1. 安徽省地质矿产局. 安徽地质志[M]. 北京:地质出版社,1987.

2. 安徽省石油化工局石油勘探处地质队. 合肥盆地石油地质阶段工作总结,1975.

3. 安徽省地质矿产局区域地质调查队. 安徽地层志(白垩系分册)[M]. 合肥:安徽科学技术出版社,1988.

4. 陈发祥. 合肥盆地石油地质条件[J]. 石油地震地质,1992,4(4):85-94.

5. 陈江峰,董树文,邓衍尧,等. 大别造山带钾、氩年龄的解释——差异上升的地块[J]. 地质论评,1993,39(1):17-22.

6. 陈沪生,张永鸿,徐师文,等. 下扬子及邻区岩石圈结构构造特征与油气资源评价[M]. 北京:地质出版社,1999:160-162.

7. 陈道公,彭子成. 皖苏若干新生代火山岩的钾氩年龄和铅锶同位素特征[J]. 岩石学报,1988,4(2):3-12.

8. 陈道公,刘诺新. 中国新生代火山岩年代学与地球化学[M]. 北京:地震出版社,1992:171-200.

9. 陈廷愚,牛宝贵,刘志刚,等. 大别山腹地燕山期岩浆作用的同位素年代学研究及其地质意义[J]. 地质学报,1991,(4):329-336.

10. 陈沪生,张永鸿,徐师文,等. 下扬子及邻区岩石圈结构构造特征与油气资源评价[M]. 北京:地质出版社,1999:160-162.

11. 陈丕基. 郯庐断裂巨大平移的时代与格局[J]. 科学通报,1988,33(4):289-293.

12. 陈义贤. 辽河裂谷盆地断裂演化序次和油气藏形成模式[J]. 石油学报,1985,6(2):1-11.

13. 陈发景等. 中国中、新生代含油气盆地构造和动力学背景[J].

现代地质,1992,6(3):317－327.

14. 陈昭年,陈发景.反转构造与油气圈闭[J].地学前缘,1995,2(3):96－101.

15. 陈希祥.郯庐断裂(中段)挽近时期的新活动[J].海洋地质与第四纪地质,1985.5(1):91－97.

16. 陈沪生,张永鸿,徐师文,等.下扬子及邻区岩石圈结构构造特征与油气资源评价[M].北京:地质出版社,1999:160－162.

17. 陈发景等.中国中新生代含油气盆地构造和动力学背景[J].现代地质,1992,6(3):317－327.

18. 邓乃恭.中生代华夏类型构造和郯庐断裂体系的特征与形成机制[J].构造地质论丛,1984,(3):33－38.

19. 丁培民.渤海大地构造[J].海洋地质与第四纪地质,1988,8(3):9－14.

20. 董树文,吴宣志,高锐,等.大别造山带地壳速度结构与动力学[J].地球物理学报,1998,41(3):349－261.

21. 董波,张德润,李学田,等.合肥盆地磁场特征[J].石油实验地质,2002,24(3):243－249.

22. 窦立荣,宋建国,王瑜.郯庐断裂带北段形成的年代学及其意义[J].地质论评,1996,42(6):508－512.

23. 方仲景,丁梦林,向宏发,等.郯庐断裂带的基本特征[J].科学通报,1986,(1):52－55.

24. 鄂莫岚,赵大升.中国东部新生代玄武岩及深源岩石包体[M].北京:科学出版社,1987.

25. 冯增昭.沉积岩石学[M].北京:石油工业出版社,1994,162－164.

26. 高维明,李家灵,孙竹友.沂沭活动断裂及其地震构造.构造地质论丛(三)[M].北京:地质出版社,1984:263－271.

27. 高劢,乔秀夫,刘敦一,等.直接测定内蒙古腮林忽洞组碳酸盐岩 Pb－Pb 同位素年龄[J].中国区域地质,1995,(4):348－352.

28. 国家地震局中国地震区划图编委会.中国及邻区地震震源机制图及说明书[M].北京:地震出版社,1991.

29. 葛宁洁,周导之.安徽肥东群变质岩系定年[J].安徽地质,

1993,3(3):22－25.

30. 侯明金等,断裂带的动力学分析—"利用断层面上擦痕的观察、测量计算主应力轴状态"方法简介. 安徽地质,2007,42(2):362－318.

31. 黄怀曾,吴功建. 岩石圈动力学研究[M]. 北京:地质出版社,1994.

32. 黄德志,邱瑞龙,刘德良,等. 安徽省嘉山管店—全椒龙王尖断裂的厘定和构造岩透射电镜分析及地质意义[J]. 地质论评,2000,46(1):58－63.

33. 国家地震局地质研究所. 郯庐断裂[M]. 北京:地震出版社,1987:83－141.

34. 张贻侠,孙运生,张兴洲,等. 中国满洲里—绥芬河地学断面[M]. 北京:地质出版社,1998.

35. 卢造勋,夏怀宽. 内蒙古东乌珠穆沁旗至辽宁东沟地学断面[M]. 北京:地震出版社,1992.

36. 马杏垣,刘昌铨,刘国栋. 江苏响水至内蒙古满都拉地学断面[M]. 北京:地质出版社,1991.

37. 孙武城,徐杰,杨主恩,等. 上海奉贤至内蒙古阿拉善左旗地学断面[M]. 北京:地震出版社,1992.

38. 韩树芬. 安徽北部中新生代沉积盆地分析[M]. 北京:地质出版社,1996.

39. 贾红义,刘国宏,张云银,等. 合肥盆地形成机制与油气勘探前景[J]. 安徽地质,2001,11(1):9－18.

40. 贾红义,吕希学,李云平,等. 合肥盆地重力场特征[J]. 石油实验地质,2002,24(3):232－242.

41. 金隆裕. 郯(城)—庐(江)裂谷中段及其两侧新生代火山岩钾-氩年龄值[J]. 山东地质情报,1983,(4):41－50.

42. 李四光. 旋钮构造[M]. 北京:科学出版社,1974.

43. 李秀新,刘德良. 合肥盆地重磁场解析延拓对深部构造分析的意义[M]. 石油物探. 北京:地质出版社,1979,(2).

44. 李曰俊,胡世玲,金福全,等. 杨山晚古生代沉积盆地成因类型及与桐柏—大别造山带关系的探讨[J]. 地质科学,1997,32(1):19－25.

45. 李曙光，李惠民，陈移之，等. 大别山—苏鲁地体超高压变质年代学—Ⅱ、锆石 U－Pb 同位素体系[J]. 中国科学(D 辑)，27(3)：200－206.

46. 李曙光，Hart S R，邓双根，等. 华北、华南陆块碰撞时代的钐—钕同位素年龄证据[J]. 中国科学(B 辑)，1989，(3)：312－319.

47. 李曙光，刘德良，陈移之，等. 中国中部蓝片岩的形成时代[J]. 地质科学，1993，28(1)：21－27.

48. 李曙光，肖益林，刘德良. 大别山石马地区石榴黑云片麻岩的 Sm－Nd、K－Ar 年龄及冷却速率[J]. 地质科学，1995，30(2)：174－182.

49. 李曙光，Jagoutz E，肖益林，等. 大别山—苏鲁地体超高压变质年代学—Ⅰ. Sm－Nd 同位素体系[J]. 中国科学(D 辑)，1996，26(3)：249－257.

50. 劳秋元. 郯庐断裂带前古生代、古生代的形成演化. 构造地质论丛(三). 北京：地质出版社，1984：80－93.

51. 李学明，李彬贤. 安徽管店岩体的同位素地质年龄和郯庐断裂带的动力变质作用[J]. 中国科学技术大学学报，1985，12(增刊)：254－261.

52. 刘和甫. 沉积盆地地球动力学分类及构造样式分析[J]. 地球科学，1993，18(6)：699－724.

53. 刘和甫. 伸展构造及其反转作用[J]. 地学前缘，1995，2(1)：113－124.

54. 刘和甫，夏义平，殷进垠，等. 走滑造山带与盆地耦合机制[J]. 地学前缘，1999，6(3)：121－132.

55. 刘国生，朱光，王道轩，等. 郯庐断裂带张八岭隆起段走滑运动与合肥盆地的沉积响应[J]. 沉积学报，2002，20(2)267－273.

56. 刘国生，朱光，宋传中，等. 郯庐断裂带新近纪以来的挤压构造与合肥盆地的反转[J]. 安徽地质，2002，12(2)：81－85.

57. 刘国生，宋传中，王道轩，等. 郯庐断裂带(K2－E)的伸展活动及其对合肥盆地的控制[J]. 合肥工业大学学报，2002，25(5)：672－677.

58. 刘国生，朱光，王道轩，等. 合肥盆地东部朱巷组 X 射线衍射分析及其油气意义[J]. 合肥工业大学学报，2003. 26(1)：31－36.

59. 刘文灿,王果胜. 北淮阳地区中生代逆冲推覆构造[J]. 现代地质,1999,13(2):143-148.

60. 刘若新. 中国新生代火山岩年代学与地球化学[M]. 北京:地震出版社,1992.

61. 刘茂强,杨丙中,邓浚国,等. 伊通—舒兰地堑地质构造特征及其演化[M]. 北京:地质出版社,1993.

62. 刘志逊. 伊兰—伊通断裂带北部下第三系沉积环境与聚煤规律简析[J]. 黑龙江地质,1994,5(3):25-35.

63. 刘文灿,李博文,潘宝友,等. 皖东巢湖—滁州地区中生代构造变形特征[J]. 现代地质,2001,15(1):13-20.

64. 刘成斋,赵宗举,易万霞,等. 合肥盆地速度场特征[J]. 石油实验地质,2002,24(3):255-260.

65. 刘勇. 与走滑断裂伴生的构造结及各种相关的沉积盆地[J]. 海相油气地质,1999,4(3):49-52.

66. 卢华复,俞鸿年,丁幼文,等. 试论郯庐断裂带中段新构造期构造应力场的演化. 构造地质论丛(三). 北京:地质出版社,1984.

67. 陆克政,漆家福,戴俊生,等. 渤海湾新生代含油气盆地构造模式[M]. 北京:地质出版社,1997.

68. 鲁国明,朱光,李学田,等. 郯庐断裂带对合肥盆地油气地质条件的控制[J]. 石油实验地质,2002,24(3):216-222.

69. 李军,王燮培. 渤海湾盆地构造格架及演化[J]. 石油与天然气地质,1998,19(1):63-6866.

70. 李显武,周新民. 中国东南部晚中生代俯冲带探索[J]. 高校地质学报,1999,5(2):164-169.

71. 李忠,李任伟,孙枢,等. 合肥盆地南部侏罗系砂岩碎屑组分及其物源构造属性[J]. 岩石学报,1999,15(3):438-445.

72. 李忠,孙枢,李任伟,等. 合肥盆地中生代充填序列及其对大别造山作用的指示[J]. 中国科学(D辑),2000,30(3):256-263.

73. 李任伟,李忠,江茂生,等. 合肥盆地碎屑石榴石组成及其对源区恢复和地层对比的意义[J]. 中国科学(D辑),2000,30(增刊):91-98.

74. 林船勇,史兰斌,何永年,等. 中国东部幔源包体的变形特征及其上地幔流变学意义.浅祥麟主编.伸展构造研究[M].北京:地质出版社,1994:87-98.

75.马杏垣,刘昌铨,刘国栋.江苏响水至内蒙满都拉地学断面[M].北京:地质出版社,1991.

76.闵育顺.涠西南凹陷第三系沉积物中黏土矿物的研究[J].矿物学报,1983,(3):33-42.

77.牛漫兰,朱光,宋传中,等.郯庐断裂带火山活动与深部地质过程新认识[J].地质科技情报,2000,19(3):21-26.

78.牛漫兰,朱光,刘国生,等.郯庐断裂带中南段中生代岩浆活动的构造背景与深部过程[J].地质科学,2002,37(4):393-404.

79.潘长春,周中毅.沉积盆地古地温测定方法及其应用[M].广州:广东科技出版社,1992.

80.丘俭生,王德兹,周金城,曾家湖.山东中生代橄榄安粗岩系火山岩的地质、地球化学特征及岩石成因[J].地球科学-中国地质大学学报,1996,21(5):546-552.

81.强祖基,叶士中.1668年山东莒县—郯城8.5级大震区的活动断裂特征[J].地震地质,1985,7(2):19-26.

82.任建业,陆永潮,李思田,等.伊舒地堑构造演化的沉积响应[J].地质科学,1999,34(2):196-203.

83.宋传中,牛漫兰,刘国生,等.郯庐断裂带南段及邻区中、新生代盆地的反转机制[J].合肥工业大学学报,2002,26(3):325-330.

84.宋传中,朱光,刘洋,等.郯庐断裂带肥东韧性剪切带的变形规律、同位素年龄及其构造意义[J].地质论评,2003,49(1):10-16.

85.宋广达,徐春华,宋明水,等。重磁资料在断裂运动学研究中的应用——以合肥盆地东西边界断裂运动学研究为例[J].安徽地质,2004,14(1):6-10.

86.宋明水,江来利,李学田,等.大别造山带对合肥盆地的构造控制[J].石油实验地质,2002,24(3):209-215.

87.苏尚国,周旬若,顾德林.山东沂水郯庐断裂带中段中生代火山岩特征及演化[J].地质论评,1999,45(增刊):565-571.

88.苏良友.安徽合肥盆地石油地质特征探讨[J].安徽石油地质,1983,No.7:23-33.

89. 索书田,毕先梅,周汉文. 极低级变质作用——以右江中生代构造带为例[M]. 北京:地质出版社,1999.

90. 孙枢. 华北断块南部前寒武纪地质演化[M]. 北京:冶金工业出版社,1985.

91. 孙荣圭,偹广振,李茂松. 安徽境内郯庐断裂带的构造史[J]. 构造地质论丛,1984,3:152－159.

92. 商玉强,文琼英,张宝政. 沂沭断裂带内王氏组的沉积环境及构造意义[J]. 山东地质,1992,8(1):30－41.

93. 汤家富,许为. 郯庐断裂带南段并无巨大平移——来自安徽境内的证据[J]. 地质论评,2002,48(5):449－456.

94. 汤有标,姚大全. 郯庐断裂带赤山段晚更新世以来的活动性[J]. 中国地震,1990,6(2):63－69.

95. 万天丰. 山东省构造演化与应力场[J]. 山东地质,1992,8(2):70－101.

96. 万天丰,朱鸿. 郯庐断裂带的最大左行走滑断距及其形成时期[J]. 高校地质学报,1996,2(1):14－27.

97. 王道轩,刘因,李双应,等. 大别超高压变质岩折返至地表的时间下限:大别山北麓晚侏罗世砾岩中发现榴辉岩砾石[J]. 科学通报,46(14):1216－1220.

98. 王清晨,从柏林. 大别山超高压变质岩地球动力学意义[J]. 中国科学(D辑),1996,26(3):271－276.

99. 王清晨,从柏林,马力. 大别造山带与合肥盆地的构造耦合[J]. 科学通报,1997,42(6):575－580.

100. 王行信,王少依. 塔里木盆地第三系伊利石结晶度纵向变化的地质意义[J]. 新疆石油地质,1998,19(3):213－217.

101. 王河锦,周健. 关于伊利石结晶度诸指标的评价[J]. 岩石学报,1998,14(3):395－405.

102. 王开发,张玉兰,王永元,等. 合肥盆地朱巷组孢粉组合及其地质时代和古植被古气候[J]. 地质科学,1985,20(4):401－407.

103. 王瑜. 中生代以来华北地区造山带与盆地的演化及动力学[M]. 北京:地质出版社,1998.

104. 王燮培. 反转构造及其石油地质意义[J]. 地球科学,1989,14

(1):101－108.

105. 王清晨,从柏林,马力. 大别造山带与合肥盆地的构造耦合[J]. 科学通报,1997,42(6):575－580.

106. 王小凤,李中坚,陈柏林,等. 郯庐走滑断裂系的形成演化及其地质意义. 郑亚东等主编. 第30届国际地质大会论文集[M]. 北京:地质出版社,1998,14:176－196.

107. 王小凤,李中坚,陈柏林,等. 郯庐断裂带[M]. 北京:地质出版社,2000:320－321.

108. 王锡亮. 论山东地区燕山期地壳运动及其岩浆岩的形成时代[J]. 山东地质情报,1992,(3):1－6.

109. 王河锦,朱明新,徐庆生,等. 狭缝系统与伊利石结晶度Kubler指数的测定及相关问题讨论[J]. 地质论评,2000,46(6):588－593.

110. 王义天,李继亮. 走滑作用的相关构造[J]. 地质科技情报,1999,18(3):30－34.

111. 吴海威,张连生,嵇少丞. 红河—哀牢山断裂带——喜山期陆内大型左行走滑剪切带[J]. 地质科学,1989,(1):1－7.

112. 吴跃东,侯明金,刘家云. 合肥盆地东北缘白垩纪地质特征及沉积环境分析[J]. 安徽地质,1999,9(2):102－107.

113. 吴劲薇,陈小明,杨忠芳. 成岩伊利石 K－Ar 年龄分析及其意义[J]. 高校地质学报,2001,7(4):444－448.

114. 肖文交,周兆秀,杨振宇,等. 大别—郯庐—苏鲁造山带复合旋转拼贴作用[J]. 地球科学进展,2000,15(2):147－153.

115. 肖庆辉. 中国地质科学近期发展战略的思考[M]. 武汉:中国地质大学出版社,1991.

116. 解习农,李思田. 陆相盆地层序地层研究特点[J]. 地质科技情报,1993,12(1):22－26.

117. 解习农,程守田,陆永潮. 陆相盆地幕式构造旋回与层序构成[J]. 地球科学,1996,21(10):27－33.

118. 徐嘉炜. 郯庐断裂带的平移运动及其地质意义,国际交流地质学术论文集(1)[M]. 北京:地质出版社,1980:129－142.

119. 徐嘉炜. 论走滑断层作用的几个主要问题[J]. 地学前缘,

1995,2(1-2):125-136.

120. 徐树桐,江来利,刘贻灿,等. 大别山区(安徽部分)的构造格局和演化过程[J]. 地质学报,1992,66(1):1-14.

121. 徐树桐,刘贻灿,江来利,等. 大别山的构造格局和演化[M]. 北京:科学出版社,1994.

122. 徐嘉炜,王萍,秦仁高,等. 郯—庐断裂带南段深层次的塑性变形特征及区域应变场[J]. 地震地质,1984,6(4):1-16.

123. 徐嘉炜,马国锋. 郯庐断裂带的十年回顾[J]. 地质论评,1992,38(4):316-324.

124. 徐嘉炜. 试论郯庐断裂带的平移及其地质找矿意义[J]. 地质矿产研究,1978,5:1-30.

125. 徐佩芬,刘福田,王清晨,等. 大别—苏鲁碰撞造山带的地震层析成像研究——岩石圈三维速度结构[J]. 地球物理学报,2000,43(3):376-385.

126. 徐佑德,邱连贵,黄开权,等. 合肥盆地安参1井随钻地质综合研究[J]. 石油实验地质,2002,24(3):223-227.

127. 许志琴. 郯庐裂谷系概述[J]. 构造地质论丛,1984,(3):39-46.

128. 薛爱民,杨小毛. 利用磷灰石裂变径迹资料反演合肥盆地古地温和估计沉降率与剥蚀率[J]. 地球物理学报,1994,37(6):787-794.

129. 薛爱民,金维浚,袁学诚. 大别山北缘合肥盆地中、新生代构造演化. 高校地质学报[J]. 1999,5(2):157-163.

130. 薛爱民,金维浚. 合肥盆地油气地质及其与大别造山带构造耦合[M]. 北京:石油工业出版社,2001.

131. 许浚远. 伊舒地堑新生代构造演化[J]. 地球科学,1997,22(4):406-410.

132. 许坤,潘耀丽,彭峰. 辽河盆地下第三系层序分析[J]. 地层学杂志,1997,21(4):267-273.

133. 夏应菲,杨浩. 电子自旋共振(ESR)方法在第四纪红土年代学研究中的应用[J]. 江苏地质. 1997,21(4):220-223.

134. 杨文采,余长青. 根据地球物理资料分析大别—苏鲁造山带超高压变质带演化的运动学与动力学[J]. 地球物理学报,2003,44(3):346－359.

135. 杨文采,程振炎,陈国九,等. 苏鲁超高压变质带北部地球物理调查(Ⅰ)——深反射地震[J]. 地球物理学报,1999,42(1):41－52.

136. 杨巍然,杨坤光,刘忠明,等. 桐柏—大别造山带加里东期构造—热事件及其意义[J]. 地学前缘,1999,6(4):247－252.

137. 杨森楠,陈仁义,钱熊虎. 中生代时期大别山的造山运动和造山带构造[J]. 地球科学,1987,12(5):495－502.

138. 杨坤光,马昌前,许长海,等. 北淮阳构造带与大别造山带的差异性隆升[J]. 中国科学(D辑),1999,29(2):97－103.

139. 杨忠芳,季峻峰,车忱,等. 沉积岩中伊利石的烷基胺阳离子处理和K－Ar定年分析[J]. 科学通报,2002,47(16):1261－1264.

140. 业渝光,刁少波,戴春山,等. 辽河盆地下第三系砂岩层ESR测年的初步研究[J]. 海洋地质与第四纪地质,1997,17(1):17－24.

141. 张永军,黄钟瑾. 张八岭推覆体及其成因机制[J]. 高校地质学报,1998,4(4):444－451.

142. 张家声. 沂沭断裂带中段基底韧性变形带[J]. 地震地质,1983,5(2):11－24.

143. 张家声. 郯庐剪切带的性质及意义[J]. 地球科学,1992,17(4):363－471.

144. 张良田,黄洪. 安徽中新生代陆相坳、断陷盆地的特征及演化浅析[J]. 中国区域地质,1989,(2):129－136.

145. 张升平,汪启年,张交东,等. 合肥盆地电性特征[J]. 石油实验地质,2002,24(3):250－254.

146. 赵孟为,Ahrendt H & Wemmer K. K－Ar测年法在确定沉积岩成岩时代是的应用——以鄂尔多斯盆地为例[J]. 沉积学报,1996,14(3):11－21.

147. 赵翔,陈睿. 走滑断裂带上的楔状旋转盆地与障碍构造[J]. 中国地震,1989,5(3):55－60.

148. 赵杏媛,张有瑜,等. 黏土矿物与黏土矿物分析[M]. 北京:海洋出版社,1990:131－154,.

149. 赵宗举,杨树锋,陈汉林,等. 合肥盆地基底构造属性[J]. 地质科学,2000,35(3):288-296.

150. 赵宗举,杨树锋,周进高,等. 合肥盆地逆掩冲断带地质—地球物理综合解释及其大地构造属性[J]. 成都理工学院学报,2000,27(2):151-157.

151. 钟嘉猷. 实验构造地质学及其应用[M]. 北京:科学出版社,1998:61-79.

152. 周进高,赵宗举,邓红婴. 合肥盆地构造演化及含油气性评价[J]. 地质学报,1999,37(1):15-23.

153. 钟增球,索书田,张宏飞,等. 桐柏—大别山碰撞造山带的基本组成与结构[J]. 地球科学,2001,26(6):560-567.

154. 周汉文,盛吉虎,杜远生. 豫西东秦岭造山带核部杂岩中大理岩 Pb-Pb 等时线年龄及其地质意义[J]. 矿物学报,1998,18(4):385-389.

155. 周建波,胡克,申宁华,等. 郯庐断裂中段石场-中楼拉分盆地的确定[J]. 地质科学,1999,34(1):18-28.

156. 朱光,徐嘉炜,Fletcher C J N,等. 应用 X 射线分析胶北蓬莱群板岩中的变质作用[J]. 地质与勘探,1994,30(2):42-49.

157. 朱光. 用伊利. 石结晶度确定碎屑沉积岩甚低级变质等级[J]. 石油勘探与开发,1995,22(1):33-35.

158. 朱光,徐嘉炜,孙世群. 郯庐断裂带平移时代的同位素年龄证据[J]. 地质论评,1995,41(5):452-456.

159. 朱光,徐嘉炜,刘国生,等. 下扬子地区沿江前陆盆地形成的构造控制[J]. 地质论评,1998,44(2)120-129.

160. 朱光,徐嘉炜. 郯庐断裂带的平移幅度、平移时代及其构造模式. 陈毓川等主编. 第 30 届国际地质大会论文集,第十四卷(构造地质学、地质力学)[M]. 北京:地质出版社,1998:167-175.

161. 朱光,徐嘉炜,刘国生,等. 下扬子地区前陆变形构造格局及其动力学机制[J]. 中国区域地质,1999,18(1),73-79.

162. 朱光,徐嘉炜. 郯庐断裂带与大别-苏鲁造山带的关系. 马宗晋等主编. 构造地质学-岩石圈动力学研究进展[M]. 北京:地震出版社,1999:343-349.

163. 朱光,刘国生,宋传中,等. 郯庐断裂带脉动式伸展活动[J].

高校地质学报,2000,6(3):396－404.

164. 朱光,刘国生,王道轩,等. 郯庐断裂带的脉动式伸展活动[J]. 高校地质学报,2000,6(3):396－404.

165. 朱光,宋传中,王道轩,等. 郯庐断裂带走滑时代的$^{40}Ar/^{39}Ar$年代学研究及其构造意义[J]. 中国科学(D辑),2001,31(3):250－256.

166. 朱光,王道轩,刘国生,等. 郯庐断裂带的伸展活动及其动力学背景[J]. 地质科学. 2001,36(3):269－278.

167. 朱光,牛漫兰,刘国生,等. 郯庐断裂带早白垩世走滑运动中的构造、岩浆、沉积事件[J]. 地质学报,2002,76(3):323－334.

168. 朱光,刘国生,牛漫兰,等. 郯庐断裂带晚第三纪以来的浅部挤压活动与深部过程[J]. 地震地质,2002,24(2):265－277.

169. 朱光,候明金,王勇生,等. 郯庐断裂带早白垩世的走滑运动与中国东部构造格局的转换[J]. 安徽地质,2003,13(2):89－96.

170. 朱光,王道轩,刘国生,等. 郯庐断裂带的演化及其对西太平洋板块运动的响应[J]. 地质科学,2004,39(1):36－49.

171. 朱筱敏,信荃麟,赵景龙. 辽东湾南部下第三系地震地层学研究[J]. 海洋地质与第四纪地质,1990,10(4):11－20.

172. 朱志澄,构造地质学[M]. 武汉:中国地质大学出版社,1990:192－202.

173. Akai P, Merriman R J and Robets B, et al. Crystallinity, crystallite size and lattice strain of illite－muscovite and chlorite: comparison of XRD and TEM data for diagenetic to epizonal pelites. Eur. J. Mineral. 1996,8:1119－1137.

174. Akai P, Sassi F P and Sassi R. Simultaneous Measurements of chlorite and illite crystallinity: a more reliable tool for monitoring low－to very low grade metamorphism in metapelites. A case study from the Sourthern Alps (NE Italy). Eur. J. Mineral. 1995,7:1115－1128.

175. Ames L, Tilton G R, Zhou G. Timing of collision of the Sino－Korean and Yangtze cratons: U－Pb zircon datingof coesite－bearing eclogites. Geology, 1993,21:339－342.

176. Arkai P. Chlorite crystallinity: an empirical approach and correlation with illite crystallinity, coal rank and mineral faces as exemplified by Palaeozoic and Mesozoic rocks of northeast Hungary. Journal of metamorphic geology. 1991, 9: 723 – 734.

177. Aronson J L & Douthitt C B. K – Ar systematics of acid – tresated illite – smectite: implication for evoluting age and crystal structure. Clays and Clay Minerals, 1986, 34: 473 – 482.

178. Barnes P M, Sutherland R, Davy B, Delteil J. Rapid creation and destruction of sedimentary basin on mature strike – slip faults: an example from the offshore Alpine Fault, New Zealand. Journal of Structural Geology, 2001, 23(11): 1727 – 1739.

179. Bozkurt E, Kocyioit A. The Kazova basin: an active negative flower structure on the Almus fault zone, a splay fault system of the North Anatolian fault zone, Turkey. Tectonophysics, 1996, 265: 239 – 254.

180. Bucher – Nurminen K. A recalibration of the chlorite – biotite – muscovite geobarometer. Contributions to Mineralogy and Petrology, 1987, 96: 519 – 522.

181. Chavagnac V, Jahn B M. Coesite – baering eclogites from the Bixiling Complex, Dabie Mountains, China: Sm – Nd ages, geochemical characteristics and tectonic implications. Chemical Geology, 1996, 133: 29 – 6 – 51.

182. Chen P J. Displacement along the Tancheng – Lujiang fault zone andmigration of Late Mesozoic volcanism in eastern China. The Tancheng – Lujiang Wrench Fault System. Chichester: John Wiley & Sons Ltd. 1993, 105 – 122.

183. Chung S L. Trace element and isotope characteristics of Cenozoic basalts around the Tanlu fault with implications for the eastern plate boundary between north and south China. The Journal of Geology, 1999, 107: 301 – 312.

184. Clauer N, Srodon J, Francu J & Sucha V. .K– Ar dating of illite fundamental particle separated from illite – smectite. Clay Min-

erals. 1997,32:181 - 196.

185. Cong, B. , Wang, Q. , Zhai, M. et al. , UHP metamorphic rock in the Dabie - Su - lu region, China: Their formation and exhumation. Island Arc, 1994(3):135 - 150.

186. Coward M P. Reis A C eds. Collision Tectonics. Geol soc. landon special Publication. 1986,19:115 - 157.

187. Davis G H, Reynolds S J. structural geology of Rocks and Regions, New Yok; Jhon Wiley & Sons Inc. ,1996,357 - 371.

188. Dewolf and Hallidary. U - Pb dating if a remagnetized Paleozoic limestone. Research Letter, 1991, 18.

189. Dunlap W J, Teyssier C, McDougall I, Baldwin S. Thermal and structural evolution of the intracratonic Arltunga Nappe Complex, central Australia. Tectonics, 1995, 14:1182 - 1204.

190. Dunlap W J. Neocrystallization or cooling? $^{40}Ar/^{39}Ar$ ages of white mica from low - grade mylonites. Chemical Geology, 1997, 143:181 - 203.

191. Engebretson D C, Cox A, Gordon R G. Relative motions between oceanic and continental plates in the Pacific basin. The Geological Society of American, Special Paper, 1985, 206, 1 - 8.

192. evolution ofJapan. In geodynamic of the Western Pacific - Indonisian Region. Geodynamic series. Washington D C. Am Geophys Union 1983, V. 11. 303 - 317.

193. Furlong K P, Hugo W D, Zandt G. Geometry and evolution of the San Andress Fault Zone in northern California. Journal of Geophysics Resarch, 1989, 94:3100 - 3110.

194. Freund R. Kinematics of transform and transcurrent faults. Tectonophiccs. 1974, 21:93 - 134.

195. Gilder S A, Leloup P H, Courtillot V, et al. Tectonic evolution of the Tancheng - Lujiang (Tan - Lu) fault via middle Triassic to Early Cenozoic paleomagnetic data. Journal of Geophysical Research, 1999, 104(B7):15365 - 15390.

196. Glennie K W, P L Boeger. sole pit inversion tectonics.

Petroleum Geology of G the Contineal Sheft of North－west Europe. 1984，110－120.

197. Guo Z Y. structures. mechanism andhistory of the middle segment（Yishu belt）of the Tancheng － lujiang fault zone. The Tancheng－Lujiang Wrench fault system. Chichester：John Wiley & Sons Ltd. 1993，77－88.

198. Hacker B R，Ratschbacher L，Webb L，McWilliams M O，Ireland T，Calvert A，Dong S，Wenk H － R，Chateigner D. Exhumation of ultrahigh－pressure continental crust in east central China：Late Triassic－Early Jurassic tectonic unroofing. Journal of Geophysical Research，2000，105(B6)：13339－13364.

199. Hacker B R，Wang Q. Ar/Ar geochronology of ultrahigh－pressure metamorphism in central China. Tectonics，1995，14(4)994－1006.

200. Harding T P. Seismic characteristics and identification of negative flower structure，positive flower structure and positive structural inversion. AAPG，1985，69：582－600.

201. Hoisch T. A muscovite－biotite geothermometer. American Mineralogist，1989，74：565－572.

202. Hsu K J，Li J，Chen I，Wang Q，Sun S and Sengor A M C. Tectonic evolution of Qinling Mountains，China. Eclogae. Geol. Helve.，1987，80：735－752.

203. Hunziker C J，Frey M，Clauer N，Dallmeyer R D，Friedrichsen R D，Flehmig W，Hochstrasser K，Roggwiler P & Schwander H. The evolution of illite to muscovite：mineralogical and isotopic data from the Glarus Alps，Switzerland. Contributions to Mineralogy and Petrology，1986，92：157－180.

204. Jahn B M，Comichet J，Cong B. Crustal evalution of the Qinling－Dabie orogen：Isotopic and geochemical constraints from coesite－baering eclogites of the Su－Lu and Dabie Terranes，China. Chinese Science Bulletin，1995，40：116－119.

205. John B M et al. A late Permian formation of Taiwan

(marbles from Chia - Li Well No. 1): Pb - Pb isochron and Sr isotopic evidence and its regional geological signifance. Journal of the Geological Society of China (Taiwan), 1992, 35(2): 193 - 218.

206. John B M, Pb - Pb dating of young marbles from Taiwan. Nature, 1988, 332: 429 - 432.

207. John B M, Bertrand S J. Morin N & Mace J. Direct dating of stromatolitite carbonates from the Schmidtsdrif Formation (transvaal Dolomite), South Africa, with implications on the ages of the Ventersdorp Supergroup. Geology, 1990, 18: 1211 - 1214.

208. Jonas E C and Brown T S. Analysis of interlayer mixtures of three clay mineral types by X - ray diffraction. J. Sed. Petro. 1959, 29(1): 77 - 86.

209. Krumm S, Buggisch W. Sample preparation effects on illite crystallinity measurement: grain - size gradation and particle orientation. Journal of Metamorphic Geology, 1991, 9: 671 - 678.

210. Kubler B . La cristallinite de I illite et les zone a Fait superieures du metamorphisme in Etages Tectoniques colloque de Nechatel. 1967, 105 - 121.

211. Li Z X. Collision between the north and south blocks: A crust - detachment model for suturing in the region east of the Tan - Lu fault. Geology, 1994, 22: 739 - 742.

212. Maruyama S, Isozaki Y, Kimura G, Terabayashi M. Paleogeographic map of the Japanese Islands: plate tectonic systhesis from 750Ma to the present. Island Arc, 1997, 6: 121 - 142.

213. McClay K R, P G BuChanan. Thrust fault in inverted extensional basins. Thrust Tectonics. London. New York, Tokyo, Melbourne Madras: Chapman & Hall, 1992, 93 - 104.

214. Mercier J. L. et al. Structure and stratigraphical constraints on the kinematics histroy of the Southern Tan-Lu Fault Zone during the Mesozoic Anhui in China. Tectonophsics. 2007, 439(2007) 33 - 66.

215. Mitra S. Fault—ProPagation folds: geometry, kinematic development and hydrocanbon traps. AAPG. 1990, 74(6): 921 - 945.

216. Miyata T. Slimp indicative of paleoslope in Cretaceous Izumi sedimentary basin along median Tectonic Line, southwest Japan. Geology ,1990,18:392 – 394.

217. Monterat C, Ort d' Estevou P. The diversity of Late Neogene sedimentary basins generated by faulting in the Eastern Betic Cordiliera, SE Spain. Journal of Petroleum Geology,1999, 22(1):61 – 80.

218. Moody J G. Hill M J. Wrench fault tectonics. Geol, Soc , Anner. Bull. ,1956,67:1207 – 1246.

219. Moorbath S, Taylor P N, Orpen J L, et al. First direct radiometric dating of Archean stromatolitic limestome. Nature,1987, 326:865 – 867.

220. Okay A I and Sengor A M C. Evidence for intracontinental thrust related exhumation of the ultra – high – pressure rocks in China. Geology,1992,20:411 – 414.

221. Onstott T C, Mueller C, Vrolijk P J & Pevear D R. Laser $^{40}Ar/^{39}Ar$ microprobe analyses of fine – grained illite. Geochimica et Cosmochimica Acta,1997,61(18):3851 – 3861.

222. Perry E A Jr. Diagenesis and the K – Ar dating of shales and clay minerals. Geol. Soc. Am. Bull. ,1974,85:827 – 830.

223. Reynolds R C and Hower I. The nature of interlayering in mixed – layer illite montmorillonites. Clays and clay minerals. 1970, 18:25 – 36.

224. Reynolds R C. Interstratified clay minerals. In:Brindley G W and Brown G,ed. Crystal structure of clay minerals and their X – ray identification,London:Mineralogical Soc. 1980,249 – 303.

225. Ratschbacher L, Hacker B R, Webb L E, McWilliam, O. M. ,Ireland T, Dong S W, Calvert A, Chateigner D. Exhumation of the ultrahigh – pressure continental crust in east central China: Cretaceous and Cenozoic unroofing and the Tan – Lu fault zone. , Journal of Geophysical Research,2000,105(B6):13303 – 13338.

226. Sanderson D J, Marchini W R D. Transpression. Journal of

Structural Geology,1984,6(5):449 – 458.

227. Smith P E et al. Direct ratiometric age determination of carbonate diagenesis using U – Pb in secondary calcite. Eart Planet. Sci. Lett. ,1991,105:474 – 491.

228. Smith P F and Farquhar. Direct dating of Phanerozoic sediments by the 238U – 206Pb methord. Nature,1989,341.

229. Srodon J. X – ray powder diffraction identification of illitic materials. Clays and clay minerals. 1984,32(5):337 – 349.

230. Steewart M, Strachan R A. Structure and early kinematic history of the Great Fault Zone, Scotland. Tectonics,1999,18(2):326 – 342.

231. Sylvester A G. Wrench fault tectonics. AM Assoc Petro geol (Reprint series). 1984,28:374.

232. Sylvester A G. Strike – slip faults. Centennial Articles. Geological Society ofAmerica Bulletin. 1988,100:206 – 242.

233. Taira A. Saito Y. Hashimoto M. The role of oblique subduction and strike – slip tectonics in the Tancheng – Lujiang Wrench fault system. Chichester: John Wiley & Sons Ltd. 1993,139 – 14.

234. Tapponier p. Peltzer G. Armijio R. On the mechanics of the collision betweenIndia and Asia. In Sengor A M C. Plate tectonics and orogenic research after 25 years; a tethyan perspective. Earth – Science Reviews. 1990 (1 – 2).

235. Tullis J and Yund R A. Hydrolytic weakening of experimentally deformed Westerly granite and Hale albite rock. Journal of Structural Geology,1980,2(4):439 – 451.

236. Venture G, Vilardo G, Milano G, Pino N A. Relationships among crustal structure, volcanism and strike – slip tectonics in the Lipari – Vulcano volcanic complex (Aeolian Islands, southern Tyrrhenian Sea, Italy). physics of The Earth and Planetary Interiors, 1989,116(1 – 4):31 – 52.

237. Wang Q, Liu X, Maruyama S et al. Top boundery of the

Dabie UHPM rocks,Central China. Journal of Southeast Asia Earth Sciences,1995,11:195－300.

238. Watson M P, Hayward A B, Parkinson D N et al. Plate tectonics history, basin development and petroleum source rock deposition onshore China. Marine and Petroleum Geology,1987,(4):205－225.

239. Wilcox R E. Harding T P. Seely D R. Basic Wrench tectonics. AM Assoc Petro geol bull. 1973. 57:74 － 96 Xu J W (editor). The Tancheng－Lujiang wrench fault system. chichester: John Wiley & Sons Ltd. 1993,279.

240. Woodcock N H,Fischer M. Strik－slip duplexes,Journal of structural geology,1986,8(7):725－735.

241. Xu J W. Zhu G. Tong W X. Cui K R. Liu Q. Formation and evolution of the Tancheng－Lujiang wrench faultsystem :a major shear system to the Northwest of the Pacific Ocean. Tectonophysics. 1987,134:273－310.

242. Xu J W ed. The Tancheng－Lujiang Wrench Fault System [2]. Jone Wiley & Sone. Ltd,UK,1993,1－74.

243. Yang C and Hesse R. Clay minerals as indicatics of diagebetic and anchi metamorphism grade in an overthrust belt external domain of Southern Canadian Appalachinas. Clay Minerals. 1991,26:211－231.

244. Yin A and Nie S Y. An indendation model for the North and South China collision and the development of the Tan－Lu and Honam fault system,eastern Asia. Tectonics,1993,12(4):801－813.

245. Zhang Zh M,Liou J G & Coleman,R G. An outline of the plate tectonics of China. Geol Soc Am Bull,1984,95:295－312.

246. Zhong D L. Preliminary discussion on the tectonic evolution of Ailaoshan tectonic zone and its adjiacent area. Report in the IGCP Project 1986,224.

图书在版编目(CIP)数据

合肥盆地东部对郯庐断裂带活动的沉积响应/刘国生著.—合肥:合肥工业大学出版社,2009.12

ISBN 978-7-5650-0152-9

Ⅰ.合… Ⅱ.刘… Ⅲ.含油气盆地-地质构造-研究-合肥市 Ⅳ.P548.254 P618.130.2

中国版本图书馆CIP数据核字(2009)第238439号

合肥盆地东部对郯庐断裂带活动的沉积响应

刘国生 著　　　　责任编辑 孟宪余

出 版	合肥工业大学出版社	版 次	2009年12月第1版
地 址	合肥市屯溪路193号	印 次	2009年12月第1次印刷
邮 编	230009	开 本	710毫米×1000毫米 1/16
电 话	总编室:0551-2903038	印 张	13
	发行部:0551-2903198	字 数	260千字
网 址	www.hfutpress.com.cn	印 刷	合肥工业大学印刷厂
E-mail	press@hfutpress.com.cn	发 行	全国新华书店

ISBN 978-7-5650-0152-9　　　　定价:36.00元

如果有影响阅读的印装质量问题,请与出版社发行部联系调换。